누구나 할수있는
제품&사출금형 NX모델링

이정원 저

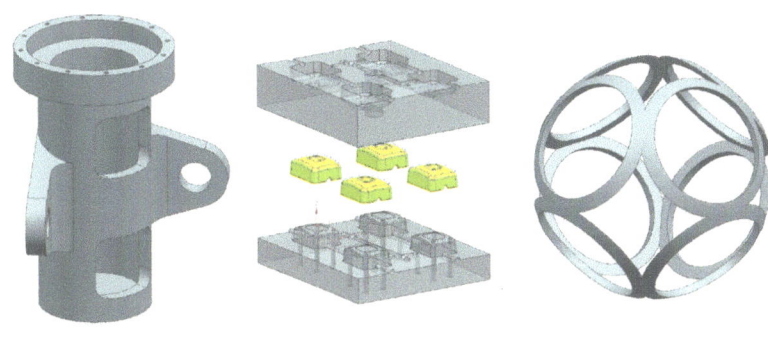

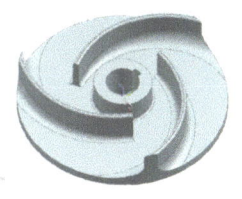   

머리말

최근 비대면 시대와 친환경이 대두되는 시점에서 플라스틱 사출성형 제품 산업이 저하되는 문제들이 야기되고, 사출 분야의 산업들이 많이들 어려워지고 있는 추세라고 한다.
하지만, 단순히 영원히 없어질 수 있는 분야라고 하기엔 아직도 공부하고 연구해야 할 과제들이 많다. 스마트팩토리나 4차산업시대와 연계하여 이 시대에서도 충분히 살아남을 수 있는 분야라고 자부하고 싶다.
그리고, 사출분야 뿐만 아니라 기계분야에 처음 뛰어들어 공부를 시작하는 학생들은 단순히 3D프로그램을 숙지하는 것 만으로, 도면공부에 만족하는 경우들이 있다.

본 교재로 공부를 하면서 도면에 자신감을 갖기를 바라는 것이 첫 번째 목표이다.

3D프린터와 관련된 시제품을 만들던지 제품을 가지고 사출분야의 설계에 이르기까지 지속적인 공부와 노력이 필요한 상황이다.
3D소프트웨어들의 종류는 다양하게 많이 있지만, 그 중 UG NX프로그램은 그동안 유저들에게 지속적인 사랑을 받아오고, 기계, 금형, 가공분야등에 다양하게 사용되어져 왔다.

본 저자는 그동안 대학에서 NX와 CATIA등의 소프트웨어를 강의해 오며, 학생들에게 수업적으로 아쉬웠던 부분들을 보완하고, 활용하기 위해 수업에 도움이 될 수 있도록 기초적인 내용들로 정리하였다.

교재를 낸지 벌써 10년 이상의 시간이 훌쩍 지났고, 오랜만에 새로운 교재를 집필하게 되어 감회가 새롭다.
본 교재는 설계의 지식을 아주 깊게 다루지는 않았다.
말 그대로 초보자들에게 도움이 되거나 개념을 잡을 수 있는 내용으로 시작하려고 한다.
아직 부족한 내용들이 있을 수 있겠지만, 독자들의 쓴 소리도 귀기울여 좀더 전문적인 내용으로 후에 보완해서 좋은 내용으로 보답하고 싶다.

이 책을 만들며, 기회를 주신 명인북스 박한용 대표님께 감사드리며, 가까이 도와주시는 교수님들께도 감사드리고 또, 나의 사랑하는 가족들에게 감사함을 전하고 싶다.

2021년 8월 20일
이 정 원 씀

CONTENTS

- **◉**_UG NX START ! 7
- **◉**_자주 묻는 질문 13
- **01**_스케치 Drawing 21
- **02**_스케치의 구속 조건 29
- **03**_모델링 (Modeling) - 돌출 45
- **04**_모델링 (Modeling) - 돌출 (BOOLEAN) 63
- **05**_모델링 (Modeling) - 구멍 (Hole) 69
- **06**_모델링 (Modeling) - 튜브 (Tube) 73
- **07**_모델링 (Modeling) - 회전 (Revolve) 79
- **08**_모델링 (Modeling) - 모서리 블렌드 85
- **09**_모델링 (Modeling) - 블록/원통 93
- **10**_모델링 (Modeling) - 복사 기능 99

CONTENTS

⑪ _ 모델링 (Modeling) - 모따기 (Chamfer) 105

⑫ _ 모델링 (Modeling) - 쉘 (Shell) 109

⑬ _ 모델링 (Modeling) - 리브 (Rib) 113

⑭ _ 모델링 (Modeling) - 구배 (Draft/Taper) 117

⑮ _ 모델링 (Modeling) - 패드/포켓 (pad/pocket) 127

⑯ _ 좌표계 기능 135

⑰ _ 곡면 기능 145

⑱ _ 동기식 모델링 157

⑲ _ MOLD 코어 캐비티 파팅 163

⑳ _ 코어 및 캐비티 모델링 따라 연습 해보기 189

㉑ _ 코어 ,캐비티, 복합조립도2D CAD도면 배치하기 203

● _ 사출 연습도면 225

UG NX START!

● UG NX START !

1 NX 모델링 환경 처음 시작

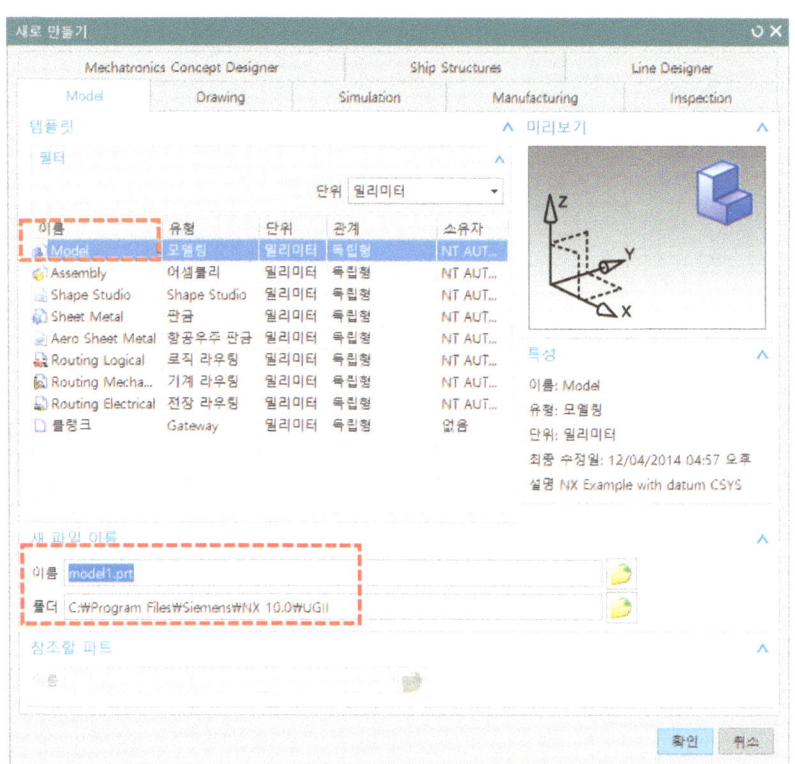

[새로만들기] 아이콘을 실행하면 그림과 같은 창이 실행된다.

모델링 작업 시 저장할 이름과 폴더 위치를 먼저 지정 후 새 창을 열어준다.

나중에 저장해도 관계없다.

2 NX화면 구성

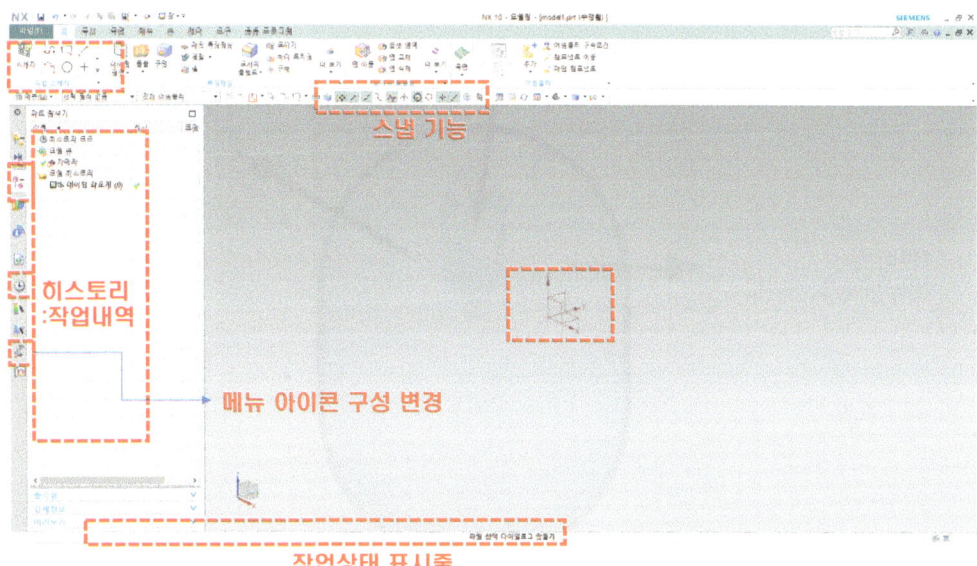

9

3 스케치 아이콘

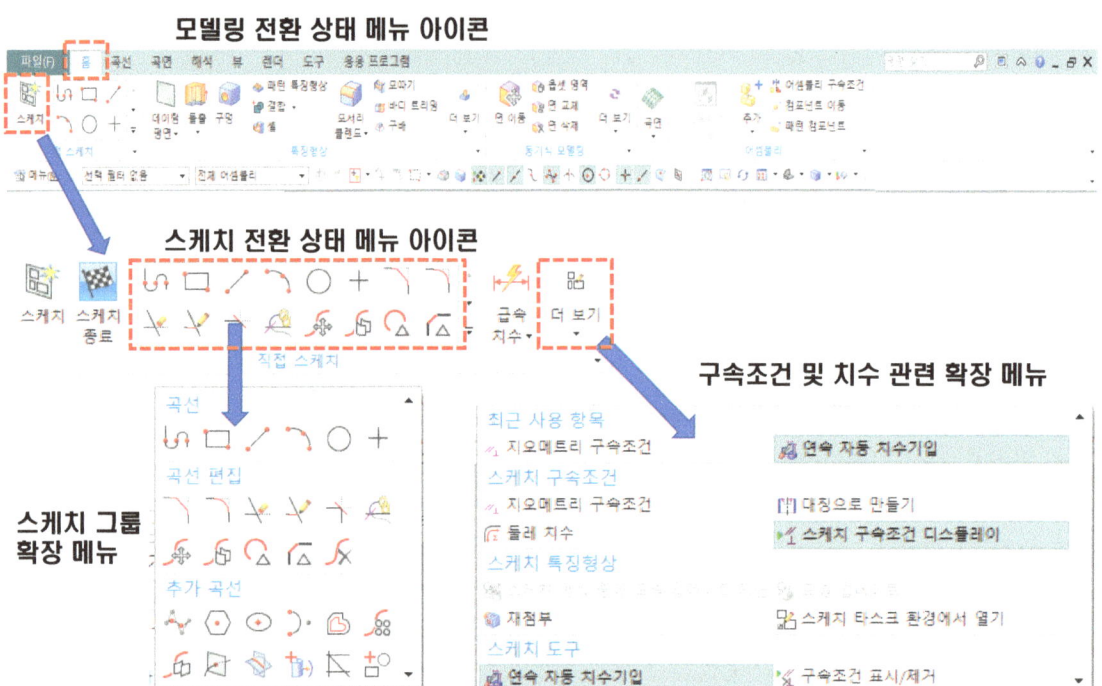

4 마우스 기능

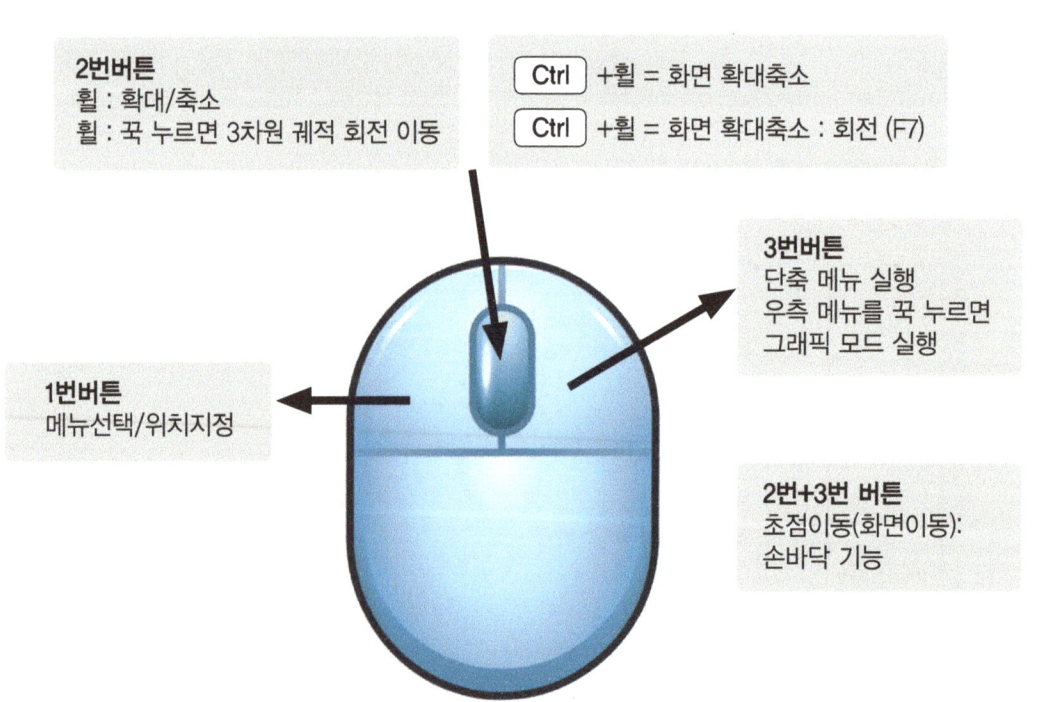

5. 자주 사용하는 단축키를 정리하시오.

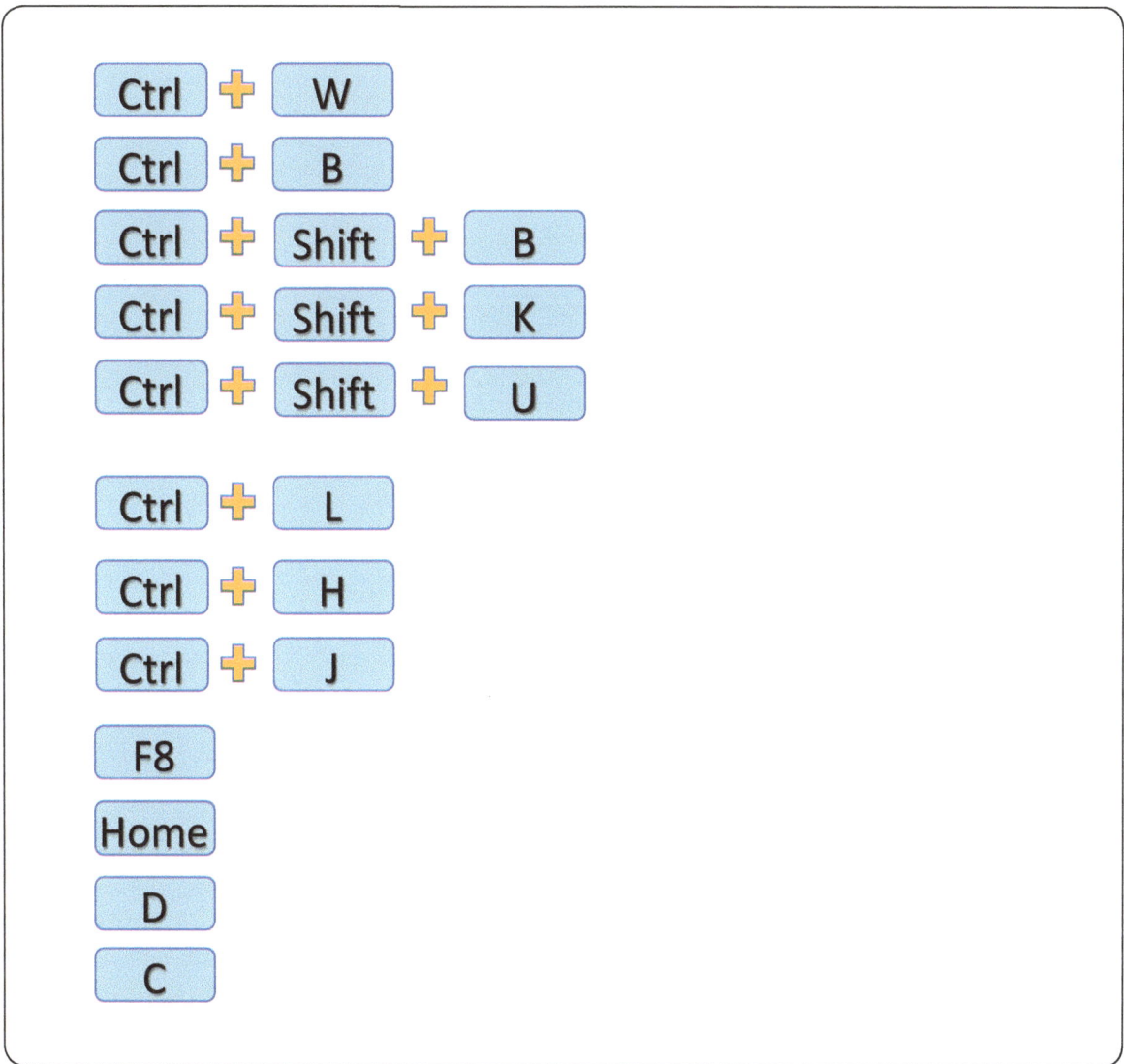

자주 묻는 질문

자주 묻는 질문

1 자주 묻는 질문 정리1

단축키 설정은 어떻게??

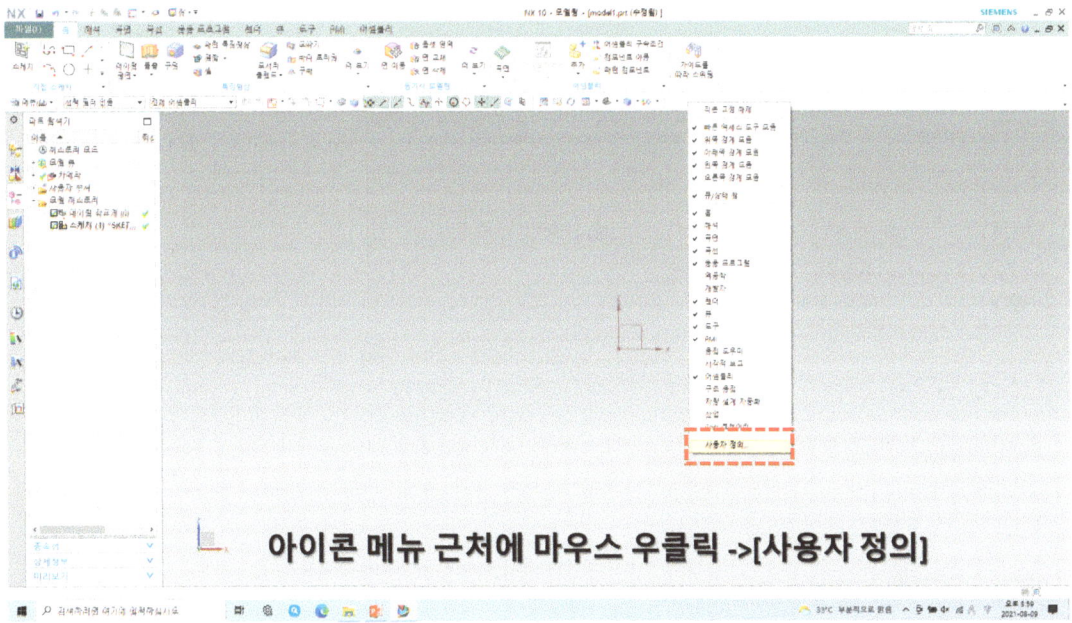

아이콘 메뉴 근처에 마우스 우클릭 ->[사용자 정의]

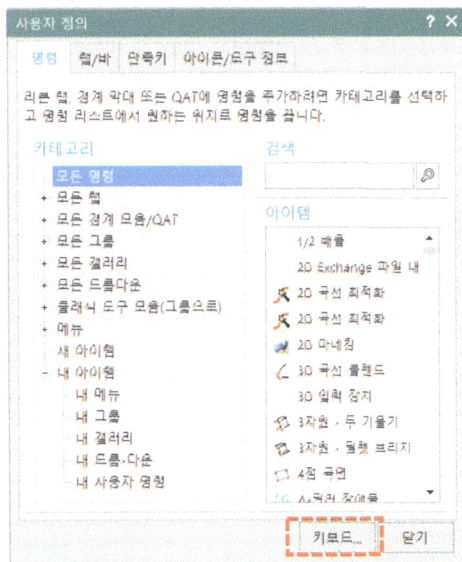
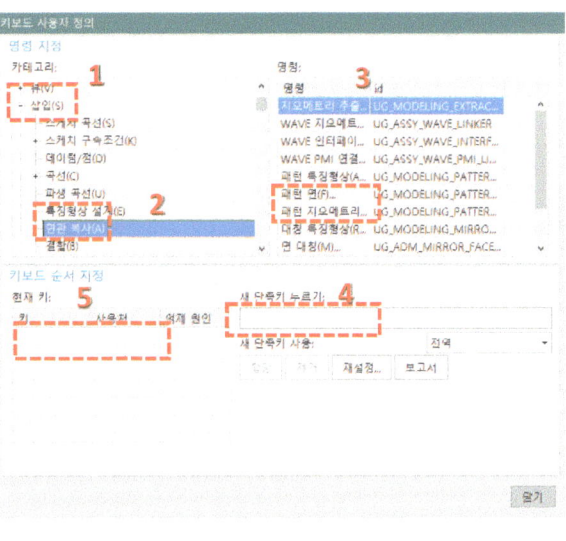

[키보드]-> 왼쪽 메뉴카테고리 기능 선택 -> 우측 명령 선택
키보드에서 버튼을 눌러 단축키를 설정한다. 왼쪽 현재 키에 단축키가 표시된다.

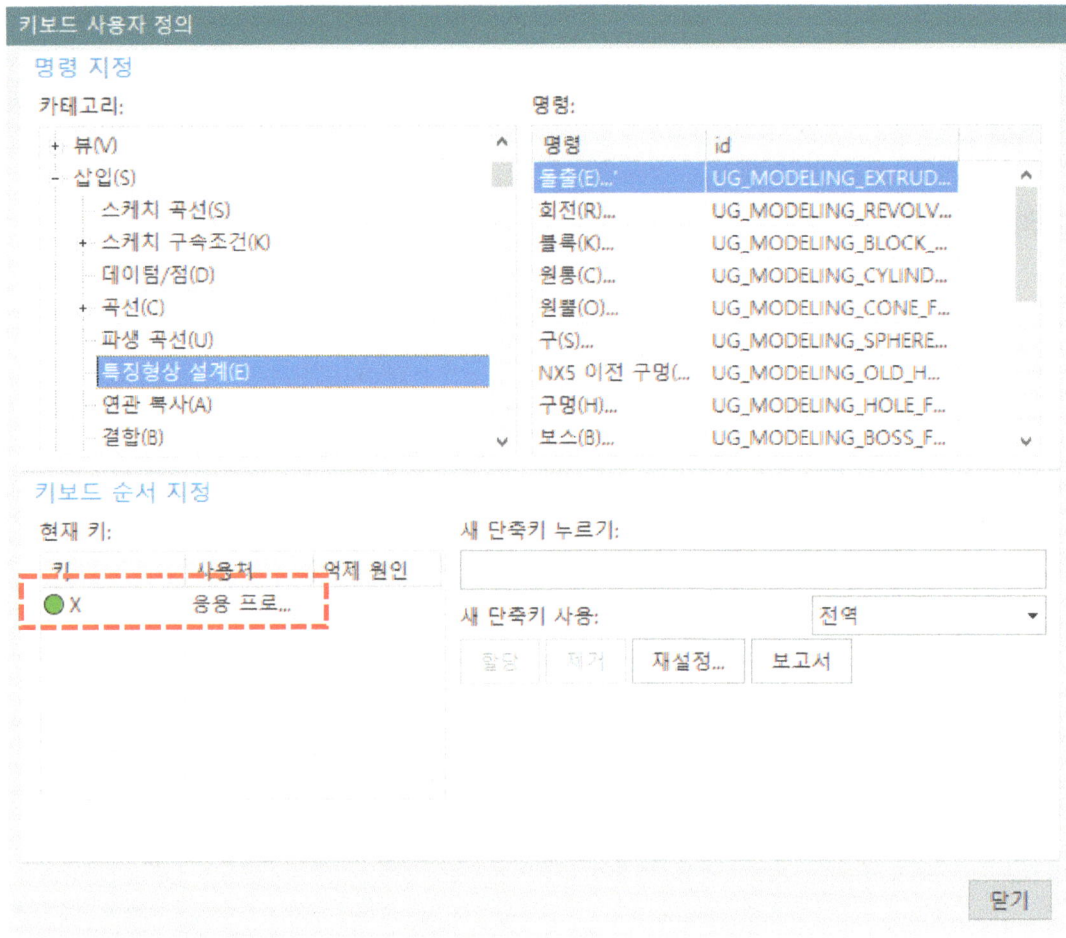

이미 단축키가 설정되어 있는지 단축키가 중복되어 설정되지 않도록 주의한다.

2 자주 묻는 질문 정리2

한글과 영문버전으로 바꾸는 방법??

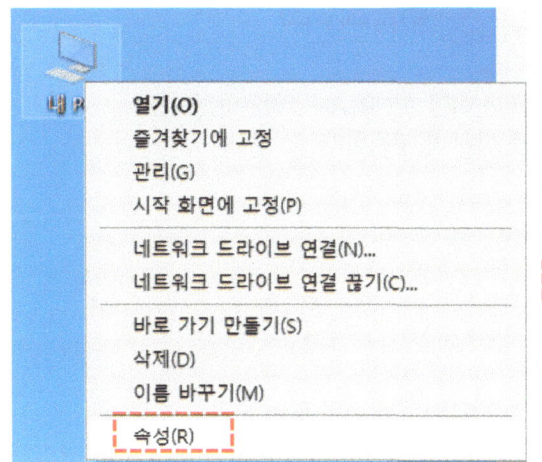

1. 바탕화면의 [내PC]-마우스 우클릭-[속성] 실행

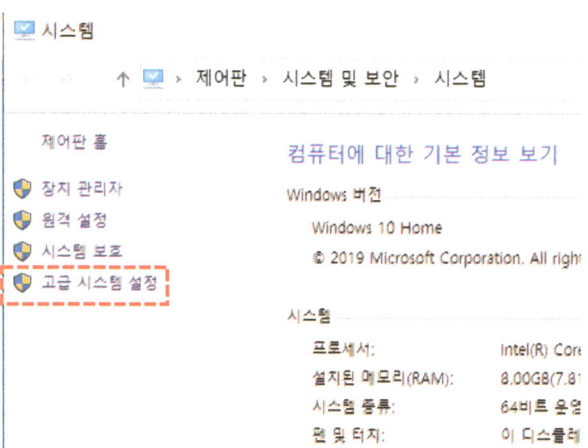

2. 시스템 창이 뜨면 왼쪽의 제어판 메뉴에서 [고급 시스템 설정] 메뉴를 선택

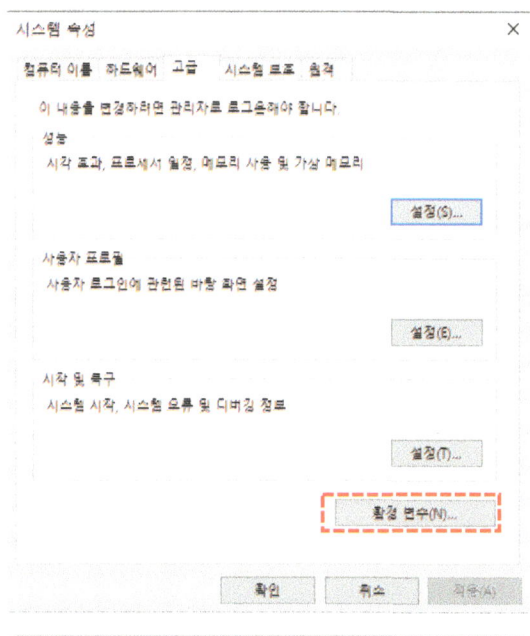

3. [시스템 속성]창에서 [환경 변수]메뉴 실행

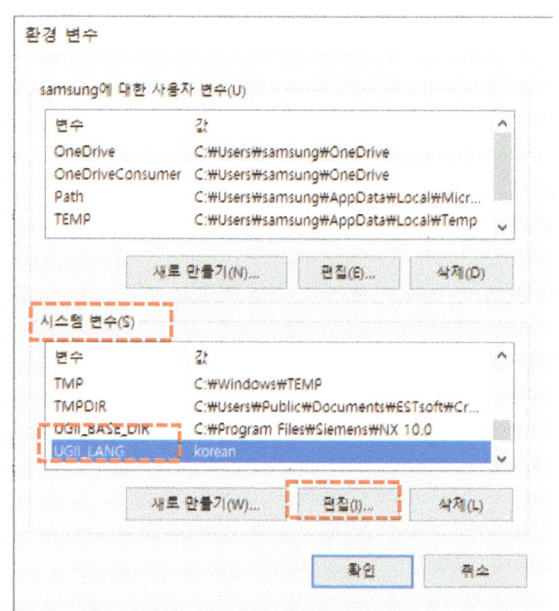

4. 하단 [시스템 변수]에서 'UGII_LANG' 항목을 선택한다. 현재는 한글버전으로 설정되어 있다. 영문으로 바꿀 경우 [편집]메뉴 선택한다.

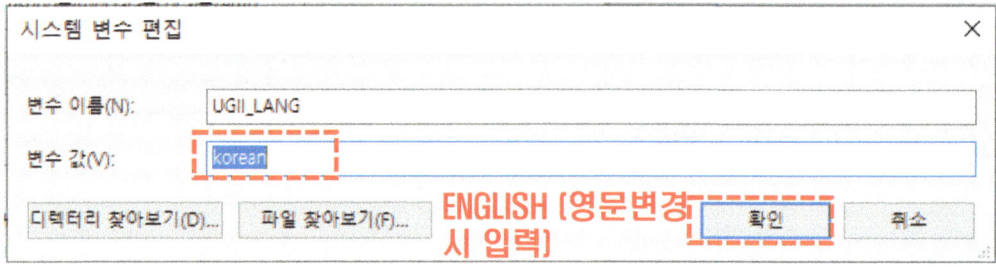

5. 시스템 변수 편집 창이 뜨면 [변수값] 항목에 한글버전이면 "KOREAN", 영문버전이면 "ENGLISH"를 입력한 후 [확인]버튼을 누르고, NX를 다시 재 구동한다.

3 자주 묻는 질문 정리3

NX작업 도중 화면이 잘려서 보일 때??

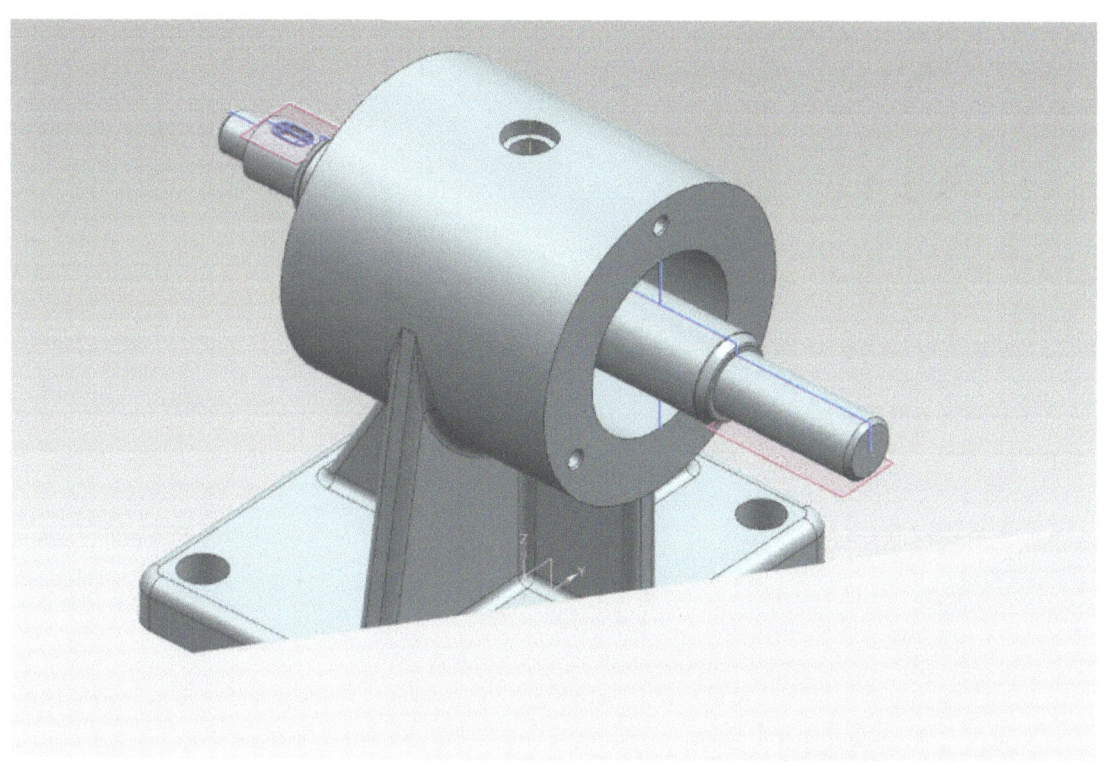

작업 중 일시적인 현상이므로 메뉴 상단의 [맞춤]아이콘을 실행한다.

01
스케치 Drawing

01 스케치 Drawing

1 스케치 메뉴

- **곡선 : 그리기 기능**
  프로파일/직사각형/선/호/원/점

- **곡선 편집 : 곡선 수정 기능**
  모따기/필렛/빠른트리밍/빠른연장/코너만들기

- **추가 곡선 : 특정도형 그리기 및 복사 기능**
  Studio spline/다각형/타원/옵셋 곡선/대칭 곡선/
  곡선 투영/파생된 선

스케치 기능 중 위에서 표시된 기능들은 자주 사용하는 기능들 이므로 꼭 습득하길 바란다.
여기서, 몇가지 특정 기능, 즉 자주 잊어버릴 수 있는 기능을 다음 내용에서 설명하도록 하겠다.

1 주요 스케치 메뉴 기능 설명

❶ 코너 만들기

❷ 옵셋 곡선

❸ 대칭 곡선

❹ 곡선 투영

❺ 파생된 선

1-1. 코너 만들기

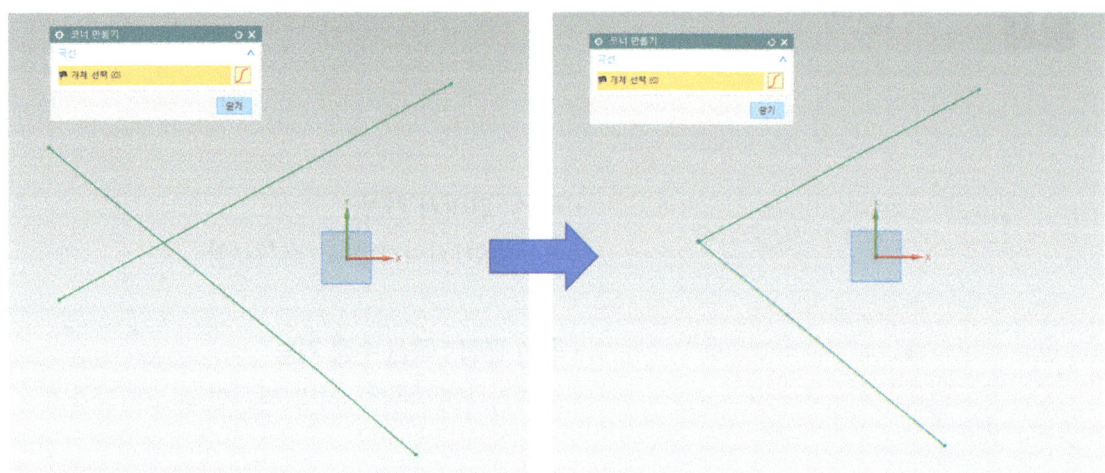

두가지의 교차되는 선 객체가 있을 때 남길 위치 두 객체를 선택해주면 모서리가 정리된다.

1-2. 옵셋 곡선

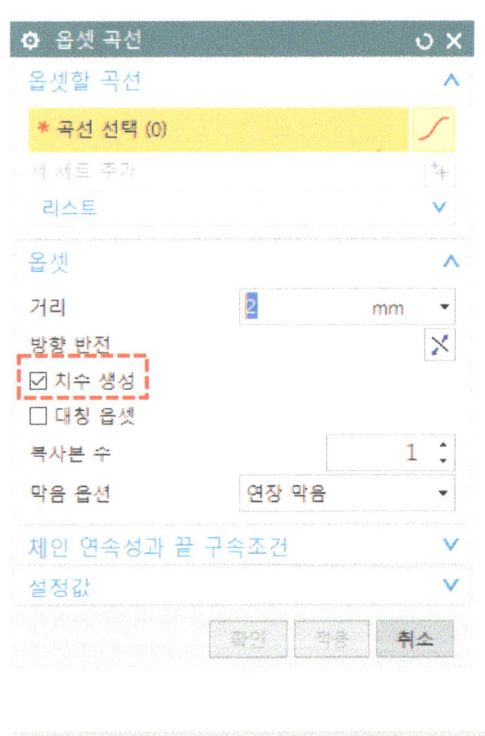

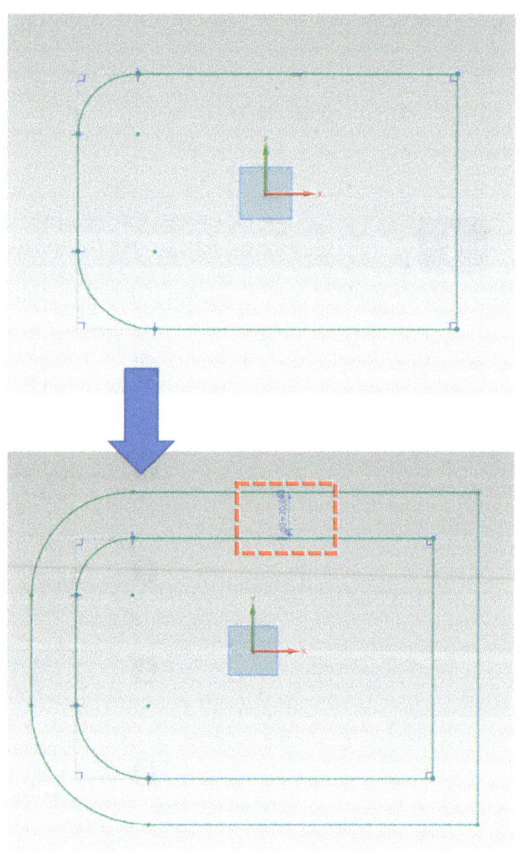

자동으로 치수가 생성이 되어 거리 값 만큼의 치수 구속이 적용된다.

01 · 스케치 Drawing

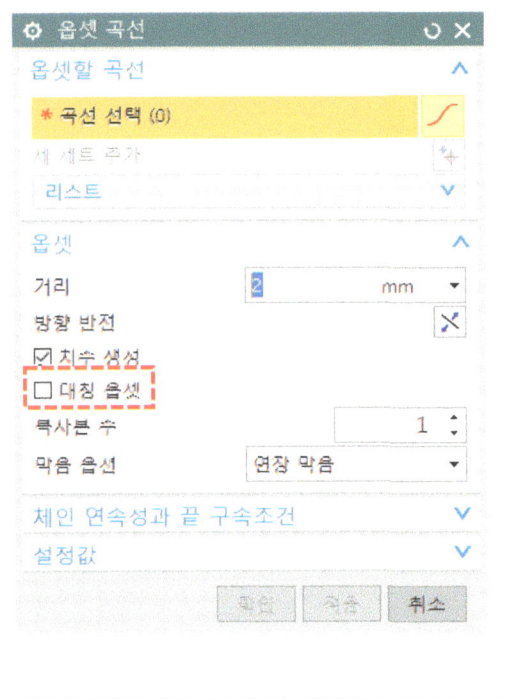
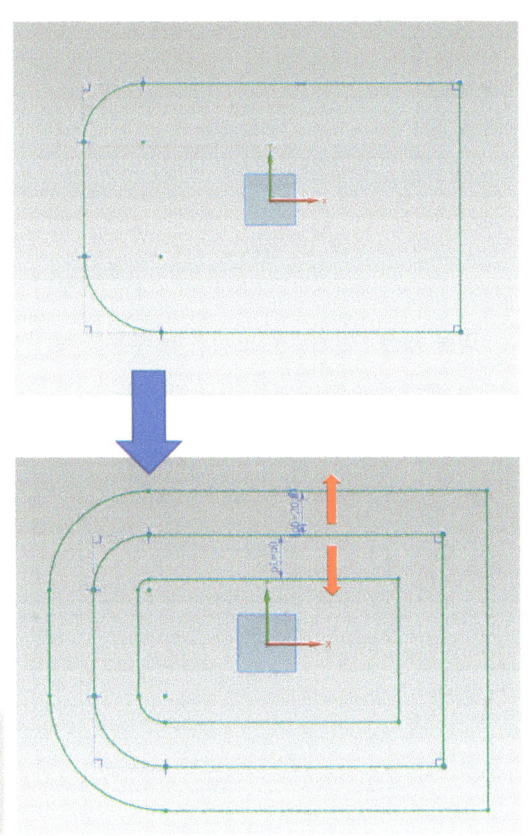

대칭 옵셋은 양 방향으로 거리 값 만큼 복사된다.

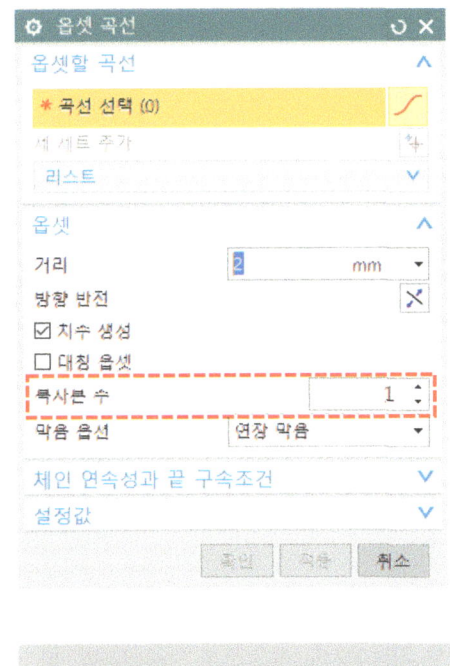
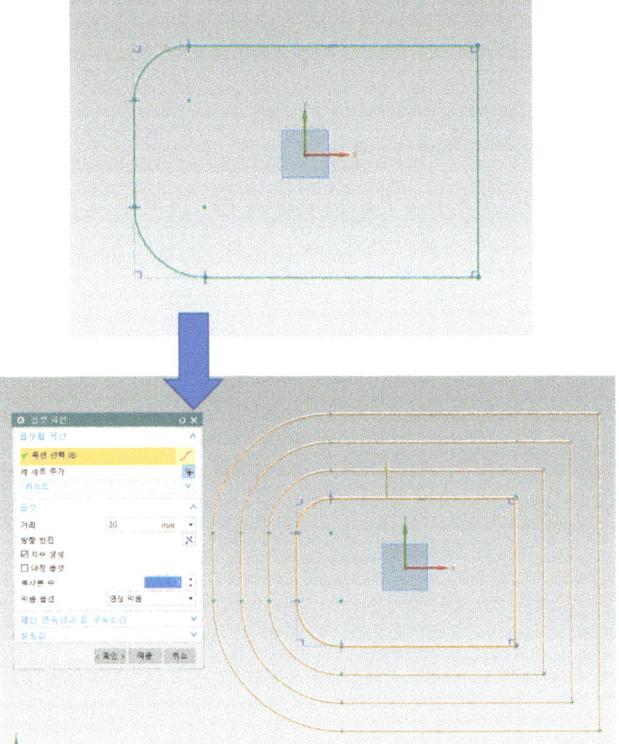

복사 될 개수 만큼 숫자를 입력하면 여러 개도 복사된다.

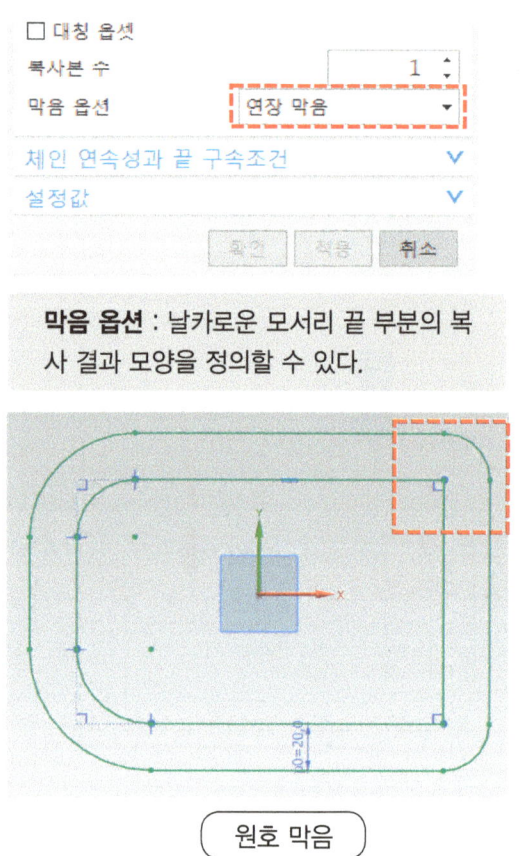

막음 옵션 : 날카로운 모서리 끝 부분의 복사 결과 모양을 정의할 수 있다.

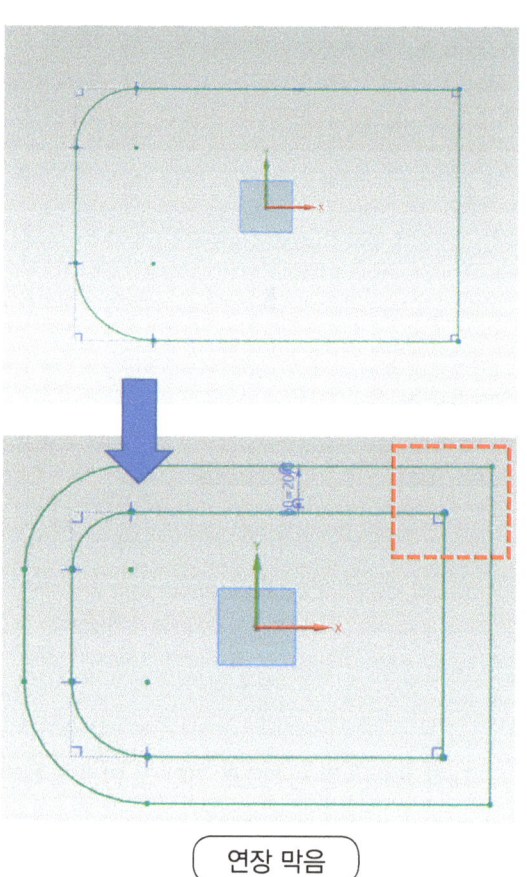

원호 막음   연장 막음

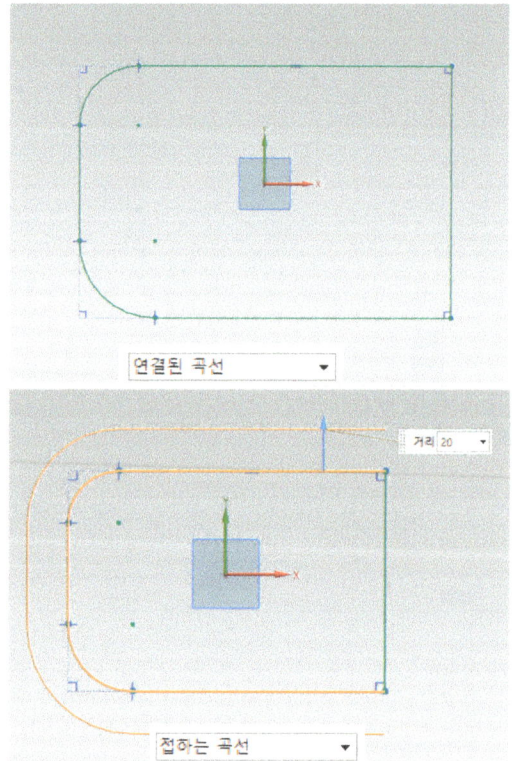

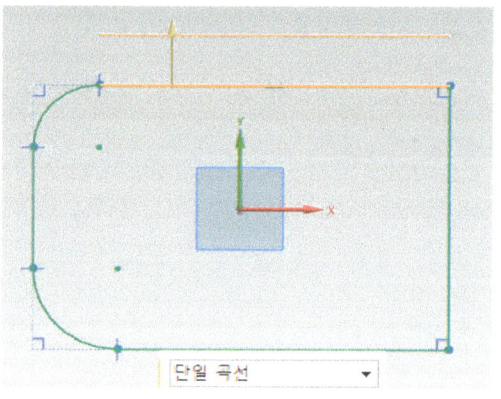

다른 기능에서도 동일하게 사용되지만, 곡선 규칙에서의 옵션에 따라 선택 부위를 다르게 복사할 수 있다.

1-3. 대칭 곡선

대칭 곡선 기능은 좌우, 상하등의 대칭 복사라는 것도 장점이지만, 원본을 수정할 시 복사본도 링크가 걸려 있어 함께 수정된다.

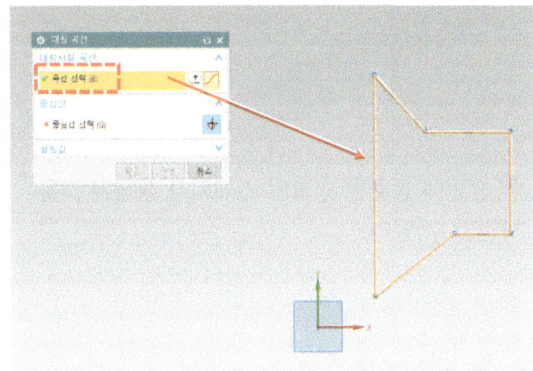

1. [대칭곡선]을 실행 후 왼쪽의 도형을 선택한다.

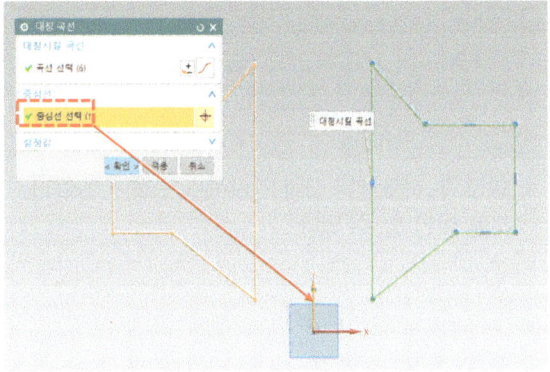

2. 중심선 메뉴를 먼저 선택 한 후 Y축을 선택하면 미리보기가 되어지며, [확인]버튼을 누른다.

 ### 1-4. 곡선 투영

같은 형태의 스케치를 다른 공간에 또 그려야 할 경우 같은 작업을 반복하여 작업시간이 낭비되지 않도록 [곡선 투영]기능을 활용하여 기존의 형상을 그대로 가져온다.

1. 윗쪽의 평면에 아래 형상을 동일하게 그려야 한다.

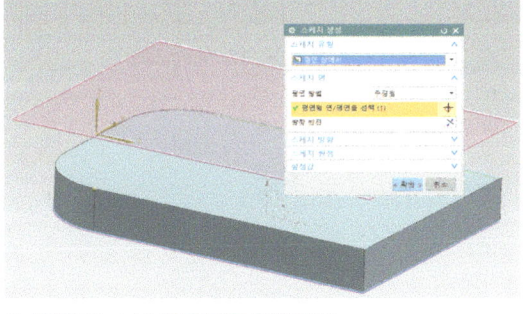

2. 평면에 스케치작업을 적용한다.

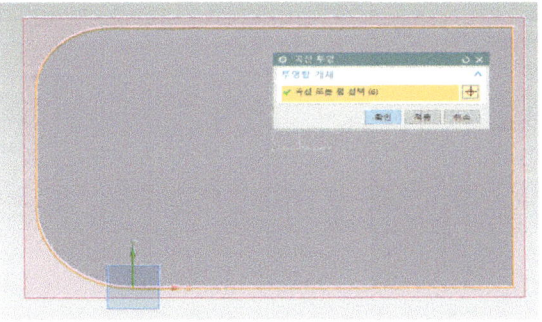

3. [곡선 투영]을 실행하여 모델링 형상의 가장자리 모서리 부분을 선택한다.

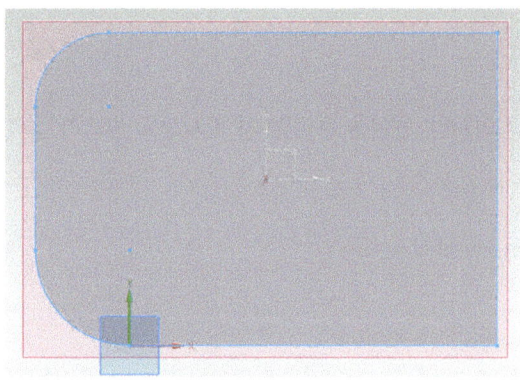 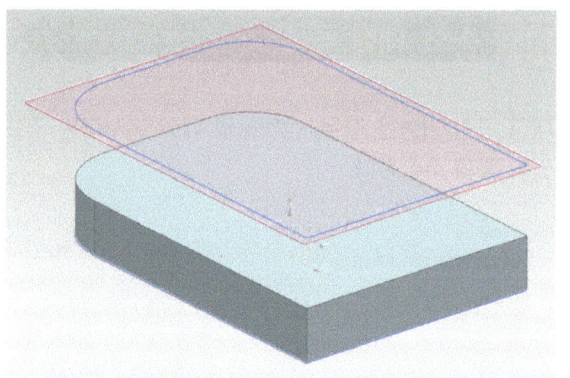

4. 실행 후 하늘색의 선태 가장자리 부분에 생성된 것을 확인 할 수 있다.

5. 윗 평면에 동일한 형상의 스케치가 생성된 것을 확인할 수 있다.

1-5. 파생된 선

마주보는 두 개의 객체 중간 위치에서 새로운 선을 생성한다.
중심선을 그리거나 중간 위치를 계산해서 그려야 할 때 편리하게 사용할 수 있다.

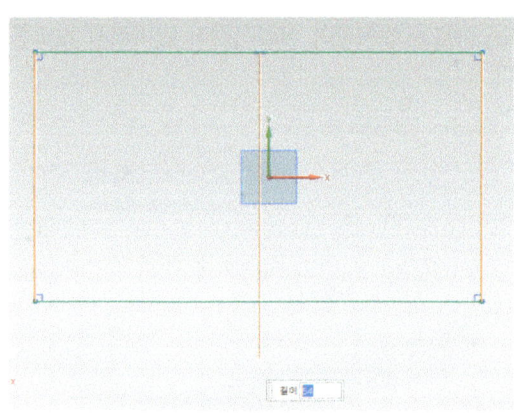 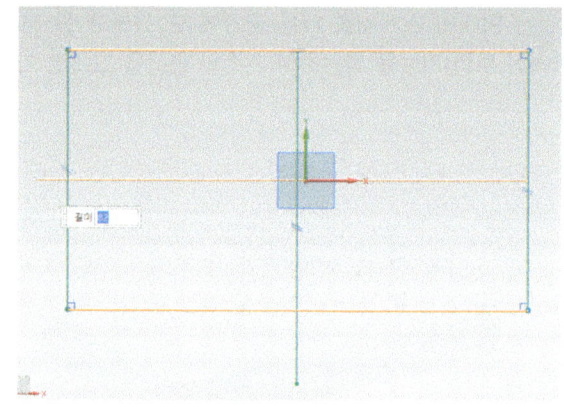

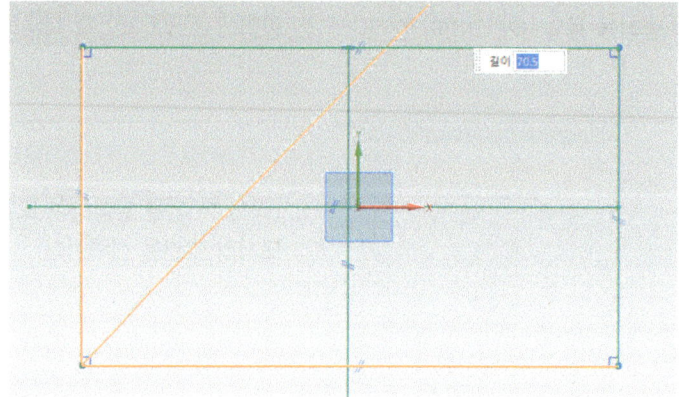

02

스케치의 구속 조건

02 스케치의 구속 조건

2-1 구속 조건 메뉴

■ **구속 조건이란?**

작업중인 형상(선이나 모형)이 자유롭게 움직일 수 없도록 즉, 변형이 되지 않도록 치수기입이나 형상에 해당하는 특정 조건들을 사용하여 고정된 형태로 정형화 되도록 적용하는 조건을 말한다. 구속조건에는 크게 두가지로 나뉜다. 치수 구속과 형상 구속으로 나누어진다.

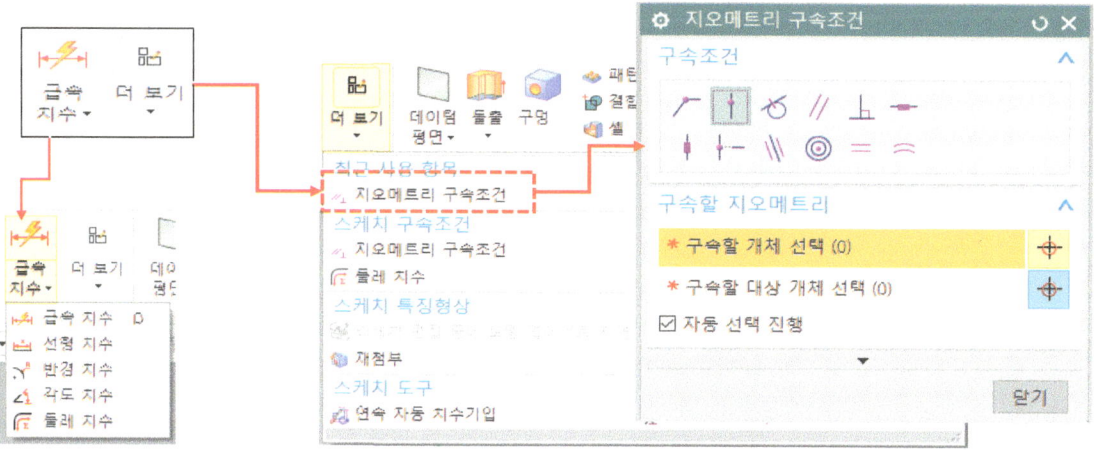

2-2 치수 구속 · 자동 치수 설정

스케치 환경에서 치수 기입 시 버전에 따라 환경설정에 따라 치수 기입이 자동으로 입력되는 경우도 있고, 작업자가 직접 [급속 치수]를 이용해서 기입할 때가 있다.

개인의 편의에 따라 사용방법은 다를 수도 있지만, 혹시라도 설정이 필요하다면 아래 메뉴를 참고한다.

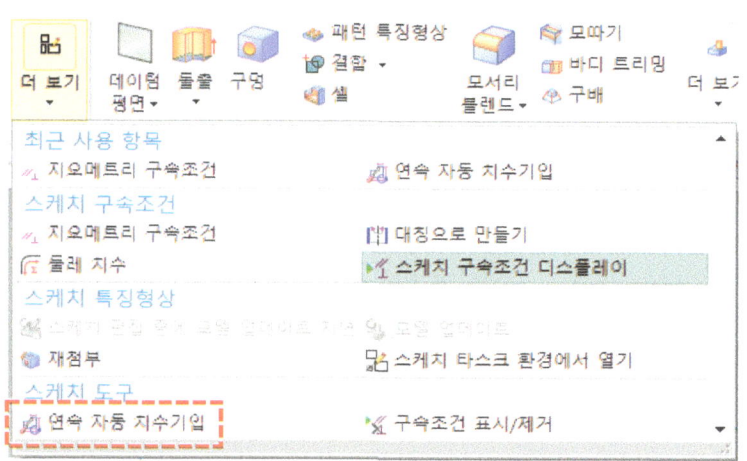

[더보기]

[연속 자동 치수 기입] 메뉴가 어둡게 켜져 있으면 자동으로 치수 기입이 되고, 색상 표시가 그림처럼 표시되어 있지 않으면 자동 치수 기입이 되지 않는 상태이다.

2-3 구속 조건 · 치수 구속 (D)

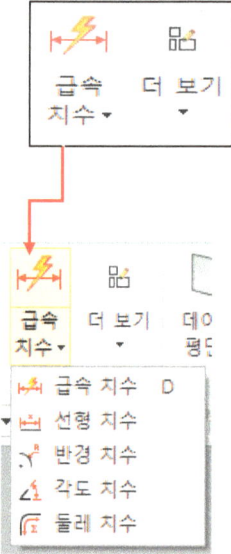

대부분의 치수는 [급속 치수]기능만으로도 사용이 가능하다.
간혹 원이나, 호, 곡선 등 치수 인식이 안될 경우 아랫쪽의 치수아이콘을 사용한다.

구속의 기준은 무조건 x,y 좌표축이 보이는 원점과의 관계가 있어야만 한다.

정상적인 구속이 되었는지 확인하는 방법은 세가지이다.

1. 치수 구속 실행 시 선의 색상을 확인한다.
2. NX프로그램 작업 상태 표시줄에메시지를 확인한다.
3. 마우스를 이용해 도형 객체들을 움직여 보고, 형상이 움직이는지 고정되어 있는지의 상태를 육안으로 확인한다

2-4 구속 조건 · 치수 구속

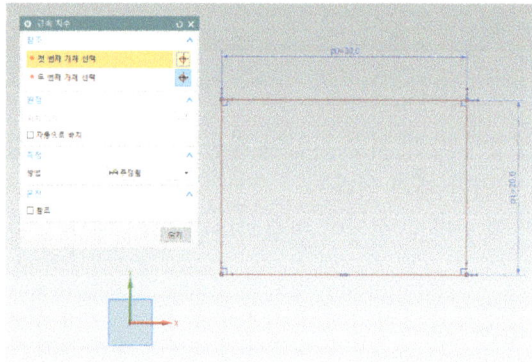

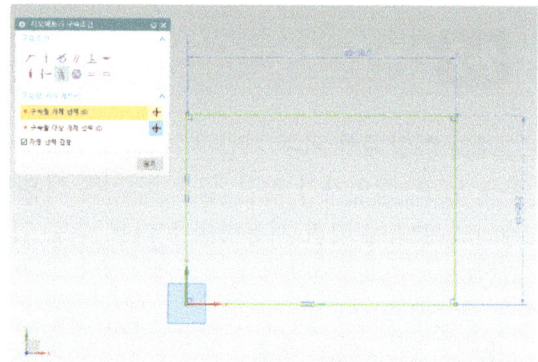

[틀린 구속]

치수 기입을 했더라도 원점에 사각형을 그리지 않았다.
치수기입 중 사각형 선의 색상이 갈색이다.
색상이 갈색일 경우 구속이 안되었다는 표시이다.

[맞는 구속]

치수 기입을 하기 전에 사각형을 원점 위치에 그렸다.
치수기입 중 사각형 선의 색상이 연두색이다.
색상이 연두색일 경우 정상적인 구속이 되었다는 표시이다.

2-5 구속 조건 · 형상 구속 (C)

형상 구속이 잘 적용되었는지 확인하는 방법은?

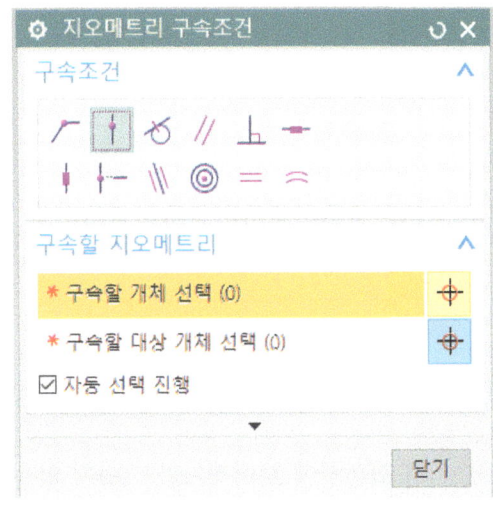

치수기입으로 구속을 적용하였더라도 형상에 대한 구속을 적용해야 완벽히 구속이 되는 경우가 있다.

형상 구속 역시 좌표축이 보이는 원점과의 관계가 있어야만 한다.

정상적인 구속이 되었는지 확인하는 방법은 앞에서 설명한 세가지는 동일하다.

1. 치수 구속 실행 시 선의 색상을 확인한다.
2. NX프로그램 작업 상태 표시줄에 메시지를 확인한다.
3. 마우스를 이용해 도형 객체들을 움직여 보고, 형상이 움직이는지 고정되어 있는지의 상태를 육안으로 확인한다.

2-6 구속 조건 · 형상 구속 (C)

형상 구속이 잘 적용되었는지 확인하는 방법은?

형상 구속의 경우 세가지 방법 이외에 추가적인 것들이 구속 조건이 표시된 기호를 확인하는 것이다.

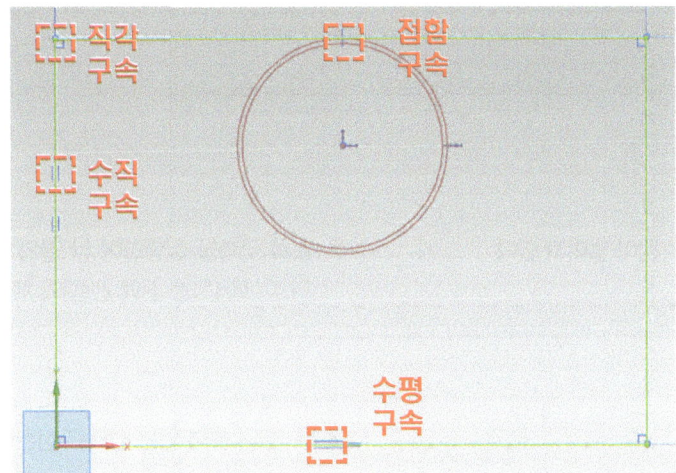

간혹, 형상 구속 조건을 정확히 입력하였다고 하더라도 기호 표시가 보이지 않아 구속 상태를 확인할 수 없는 경우가 있다. 혹시라도 표시가 나오지 않는 경우는 다음 장을 확인하길 바란다.

2-7 구속 조건 · 형상 구속 표시가 안 보일 때

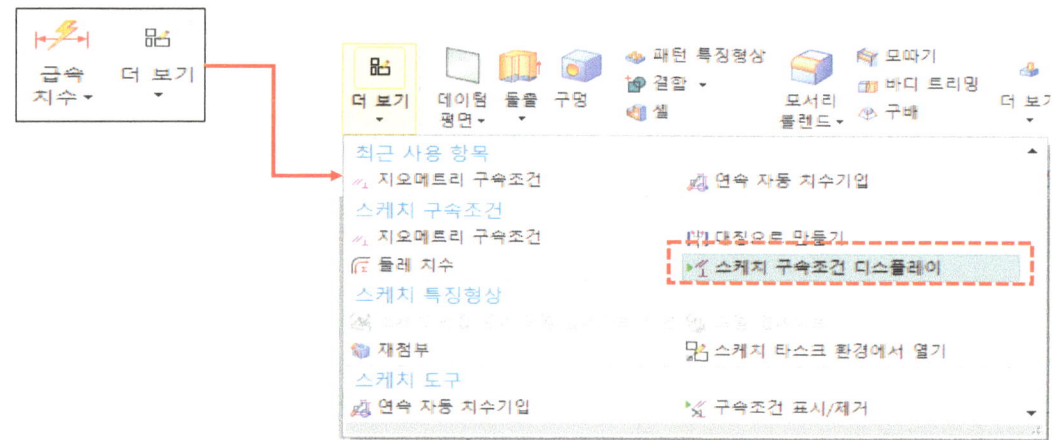

[더 보기]
하위 아이콘 중 그림처럼 [스케치 구속 조건 디스플레이] 메뉴 색상이 다르게 나오는 이유는 'ON' 상태임을 표시한다.
구속 조건이 위 처럼 켜져 있을 경우는 형상 구속 기호 표시가 화면상에 보이겠지만 그렇지 않을 경우는 본 메뉴를 눌러 켜 주면 된다.

형상 구속 - 일치

둘 이상의 꼭지점 또는 점이 일치하도록 구속합니다.

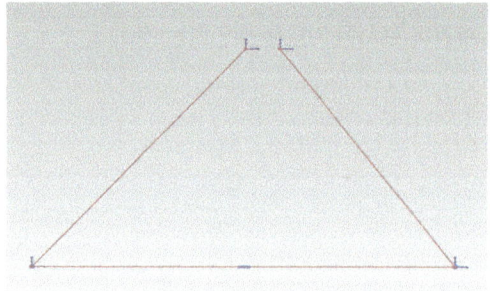

1. 삼각형의 모서리 두 점이 벌어져 있다.

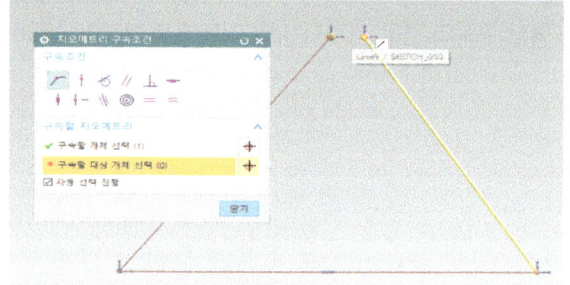

2. 일치 구속을 실행하여 양 끝의 두 점을 각 각 선택한다. 이 때 [자동 선택 진행]에 체크

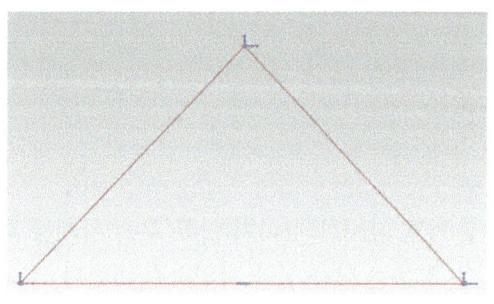

3. 두 점이 붙어 있는 상태로 전환되었다.

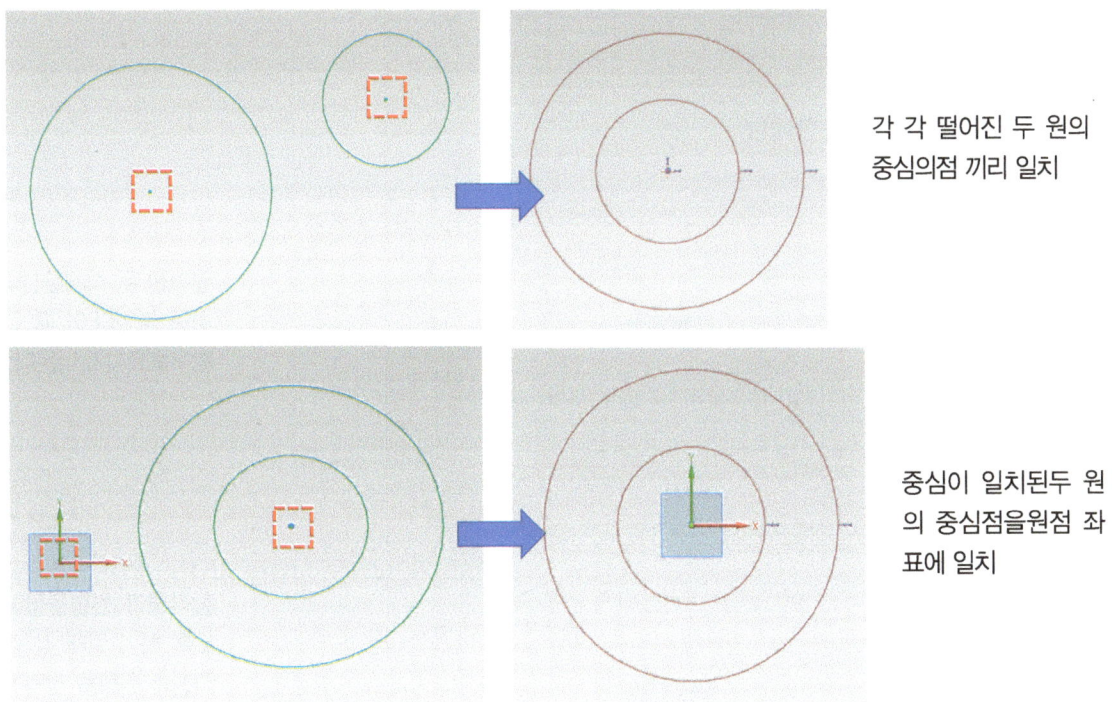

형상 구속 · 곡선 상의 점

꼭지점 또는 점이 곡선 위에 있도록 구속합니다.

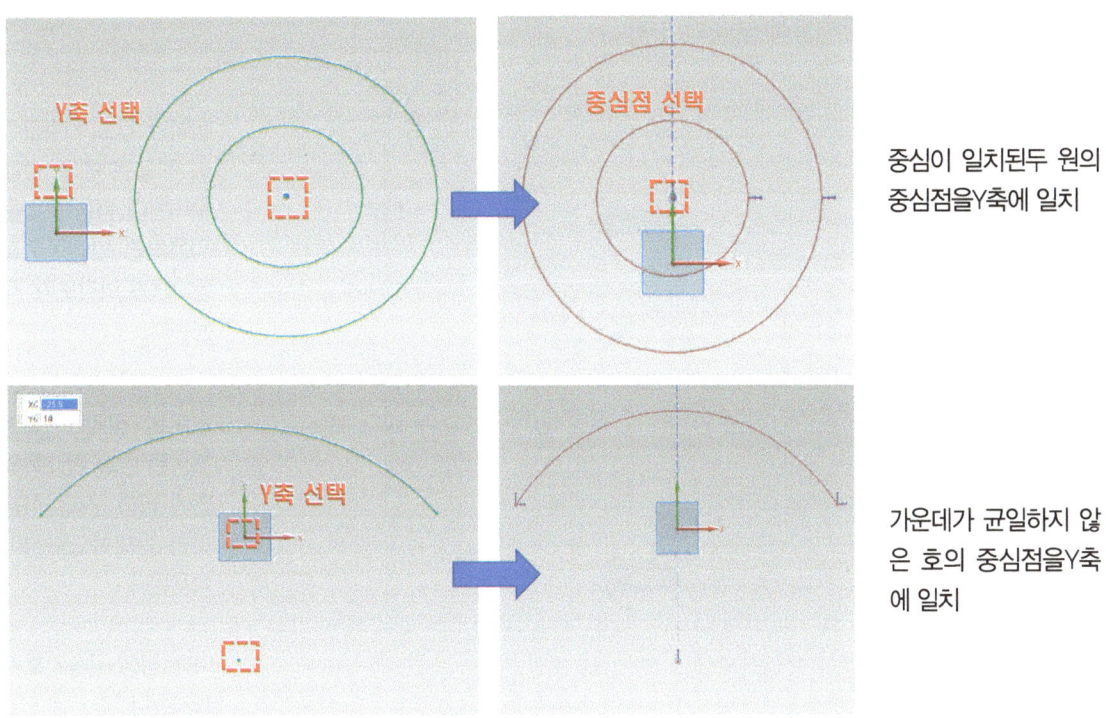

형상 구속 · 접함

두 곡선이 접하도록 구속합니다.

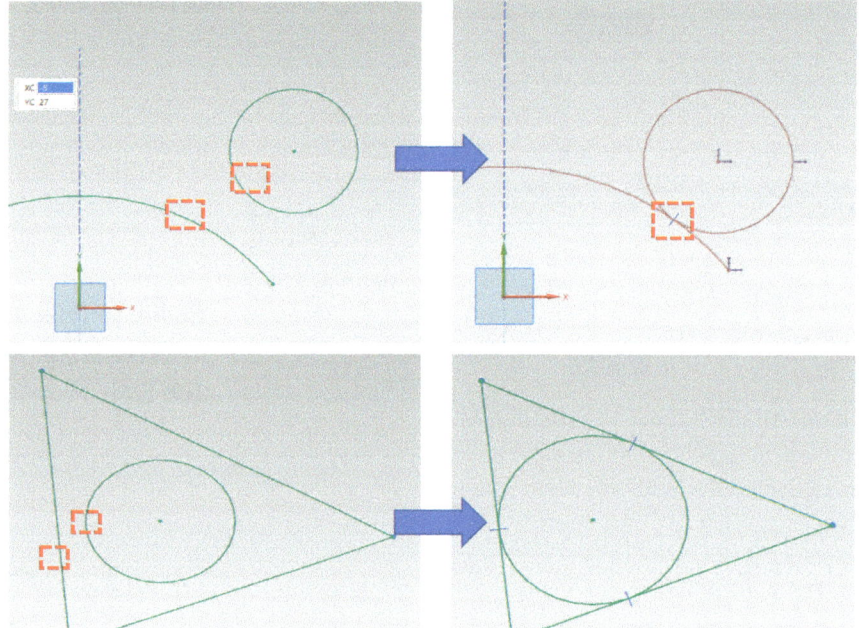

떨어진 두 객체를 선택하여 붙인다. 이 때 접함구속표시가 나온다.

삼각형과 원형을 접하도록 하기 위해 각 각 직선과 원형을 선택하여 총 세번의 접함구속을 적용하였다.

형상 구속 · 평행

둘 이상의 곡선이 평행하도록 구속합니다.

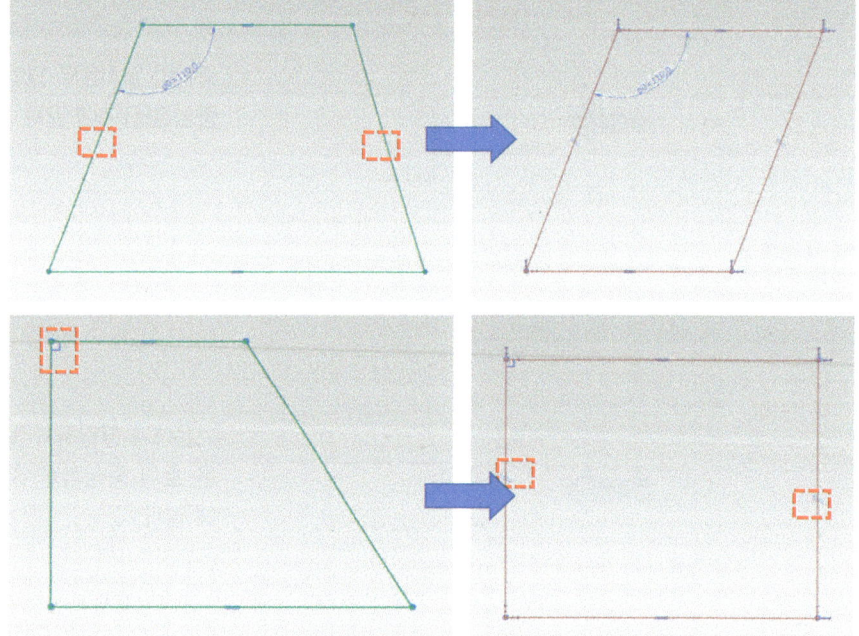

한쪽만 각도 치수구속이 적용된 변과 반대쪽의변에 평행 구속을 적용하면 반대쪽도같은 100도의각도가 적용된다.

한쪽만 직각 구속이 적용된 변과 반대쪽의 변에 평행 구속을적용하면 반대쪽도수직이 적용된다.

이때 평행 구속기호가 표시된다.

형상 구속 · 직각

두 곡선이 직교하도록 구속합니다.

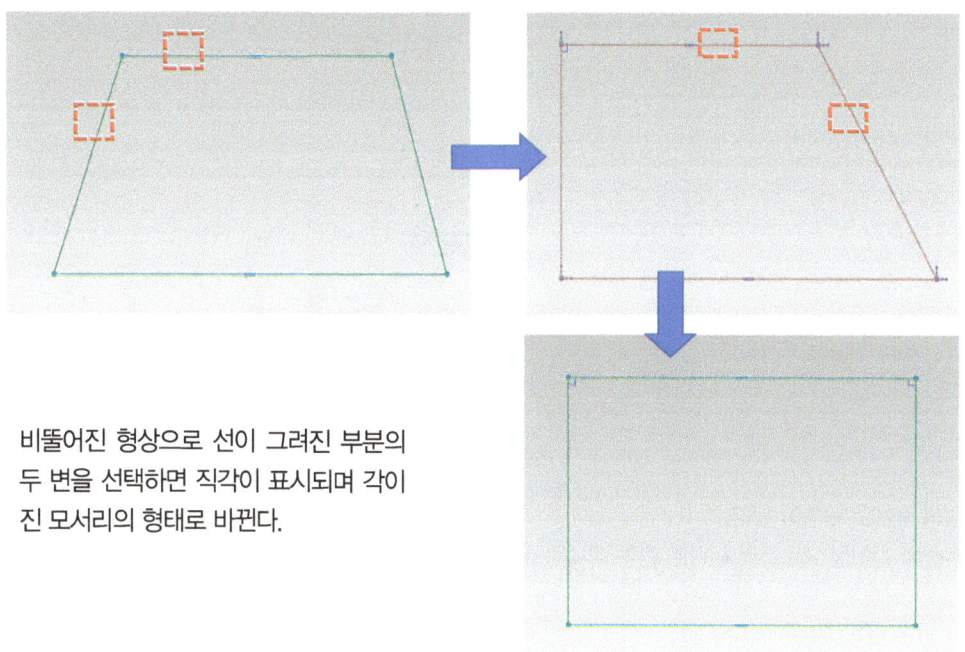

비뚤어진 형상으로 선이 그려진 부분의 두 변을 선택하면 직각이 표시되며 각이 진 모서리의 형태로 바뀐다.

형상 구속 · 수평/수직

하나 이상의 선이 수평/수직하도록 구속합니다.

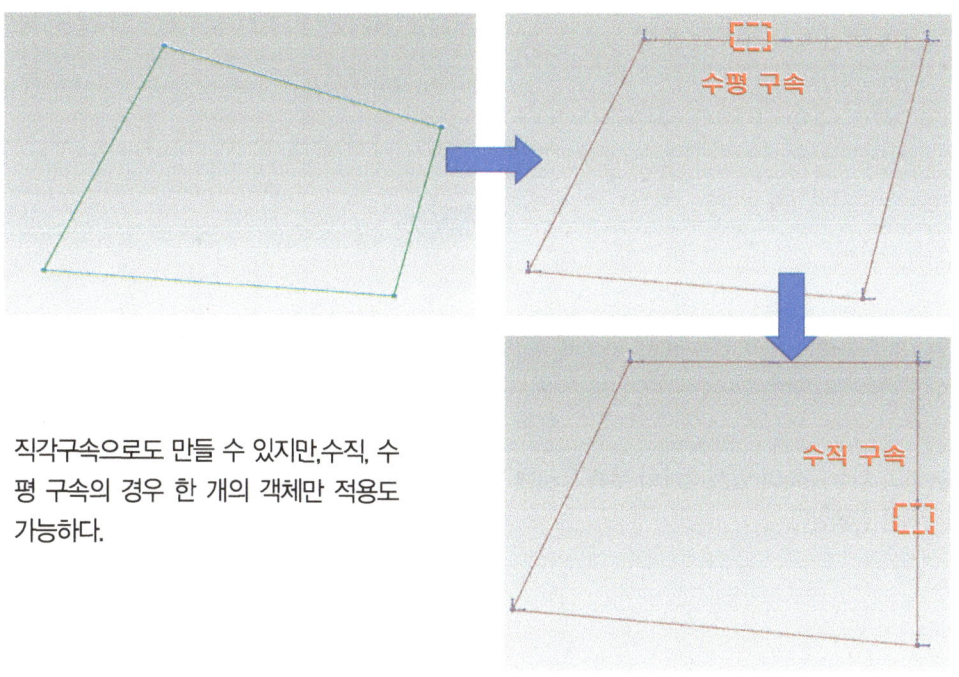

직각구속으로도 만들 수 있지만, 수직, 수평 구속의 경우 한 개의 객체만 적용도 가능하다.

형상 구속 · 중간점

꼭지점 또는 점이 선의 중간점에 정렬되도록 구속합니다.

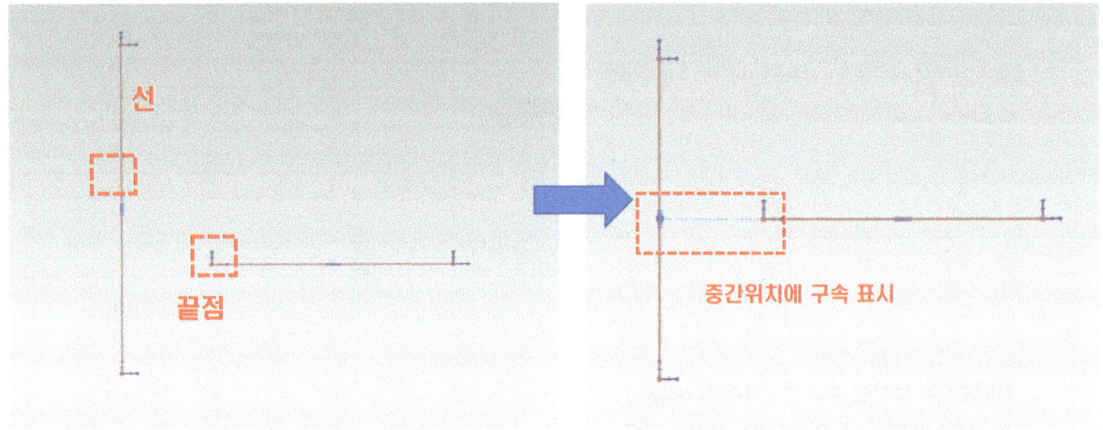

선과 점의 관계로 구속이 된다.
지정한 선의 길이를 모르더라도 다른 한쪽 객체의 점을 선택하면 자동으로 중간 위치를 찾아 구속이 된다.

형상 구속 · 동일 직선상

둘 이상의 선이 동일 직선상에 있도록 구속합니다.

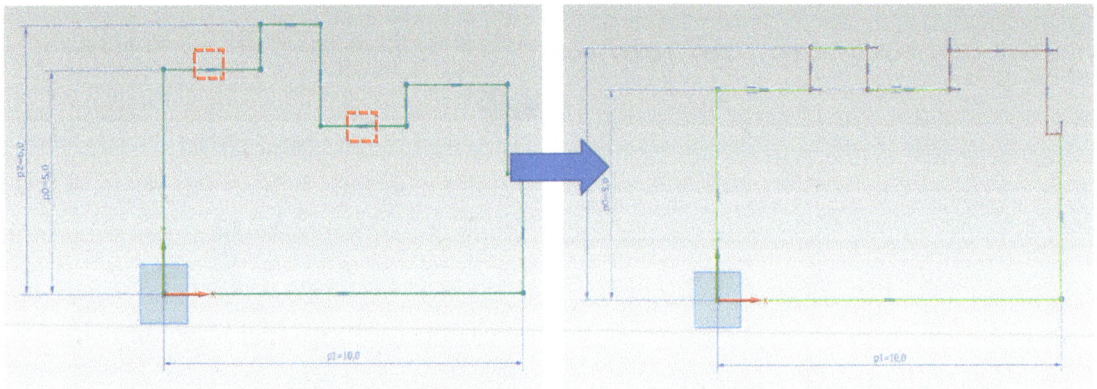

5mm높이의 치수 구속이 있는 객체와 우측 표시된 부분의 객체를 선택한다.

형상 구속 · 동심

둘 이상의 곡선이 동심이 되도록 구속합니다.

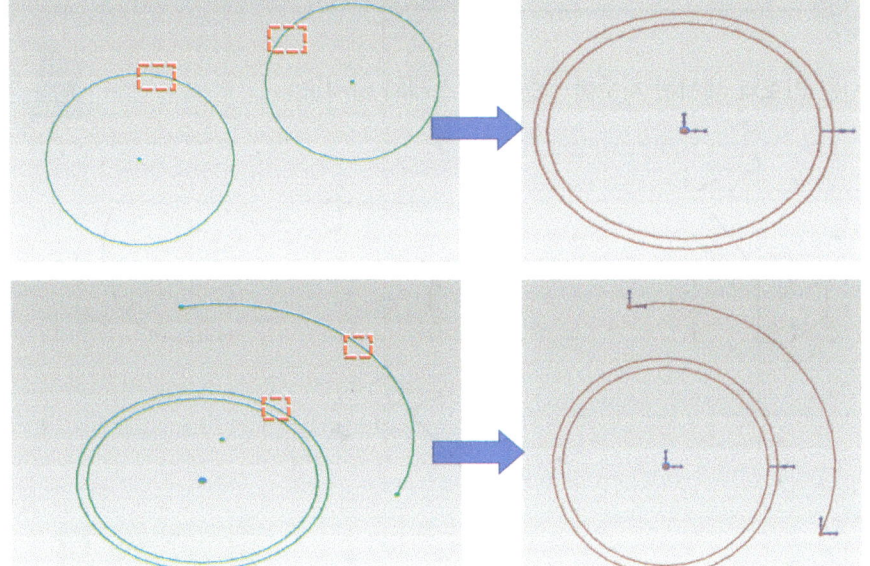

앞에서 일치구속에서도 두 원의중심점을 맞추는것이 가능했지만원 객체만 선택하더라도 바로중심을 인식해서동심원이 만들어진다.

원이든 호든 중심점을 갖고 있는 객체는 어떤 것이든 선택만 하면 중심위치를 찾아 구속할 수 있다.

형상 구속 · 같은 길이/같은 반경

둘 이상의 선이 같은 길이가 되도록 구속합니다.
둘 이상의 원호가 같은 반경을 가지도록 구속합니다.

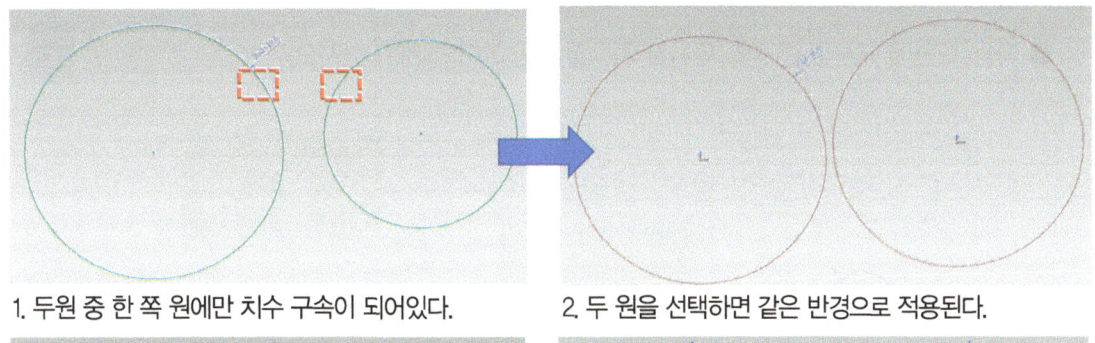

1. 두원 중 한 쪽 원에만 치수 구속이 되어있다.
2. 두 원을 선택하면 같은 반경으로 적용된다.

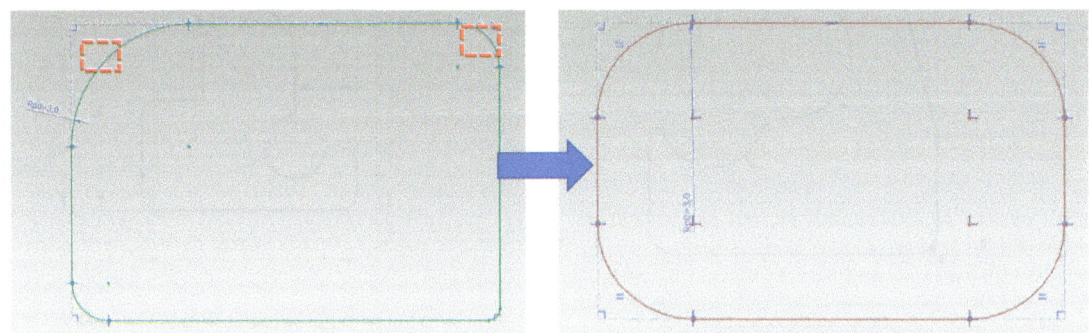

1. 네 개의 모서리중 한군데만 반지름 치수가 적용되어 있다.
2. 치수가 적용된 호와 다른 호를 선택하면 같은 크기가 되며, 부등호 기호로 보이는 구속 표시가 보인다.

Sketch 예제

도면 1

■ 다음 도면에 표시된 번호와 제시된 치수를 적용하여 스케치 하시오.

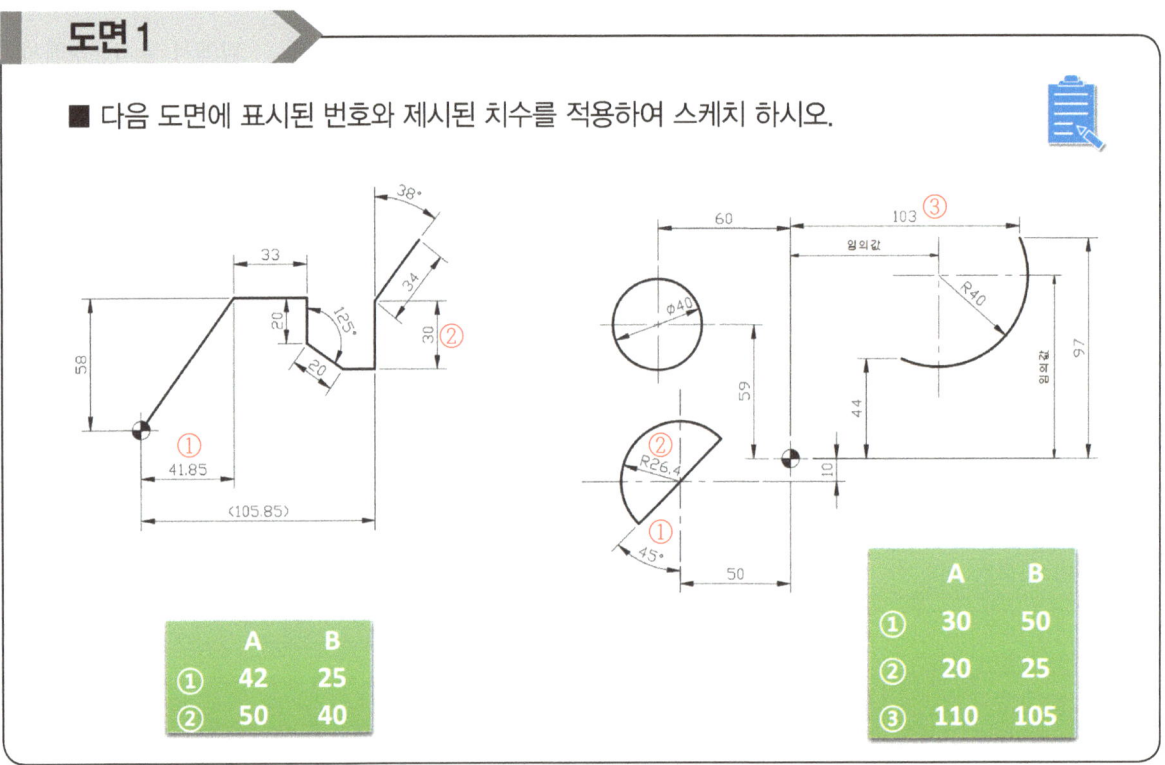

도면 2

■ 다음 도면에 표시된 번호와 제시된 치수를 적용하여 스케치 하시오.

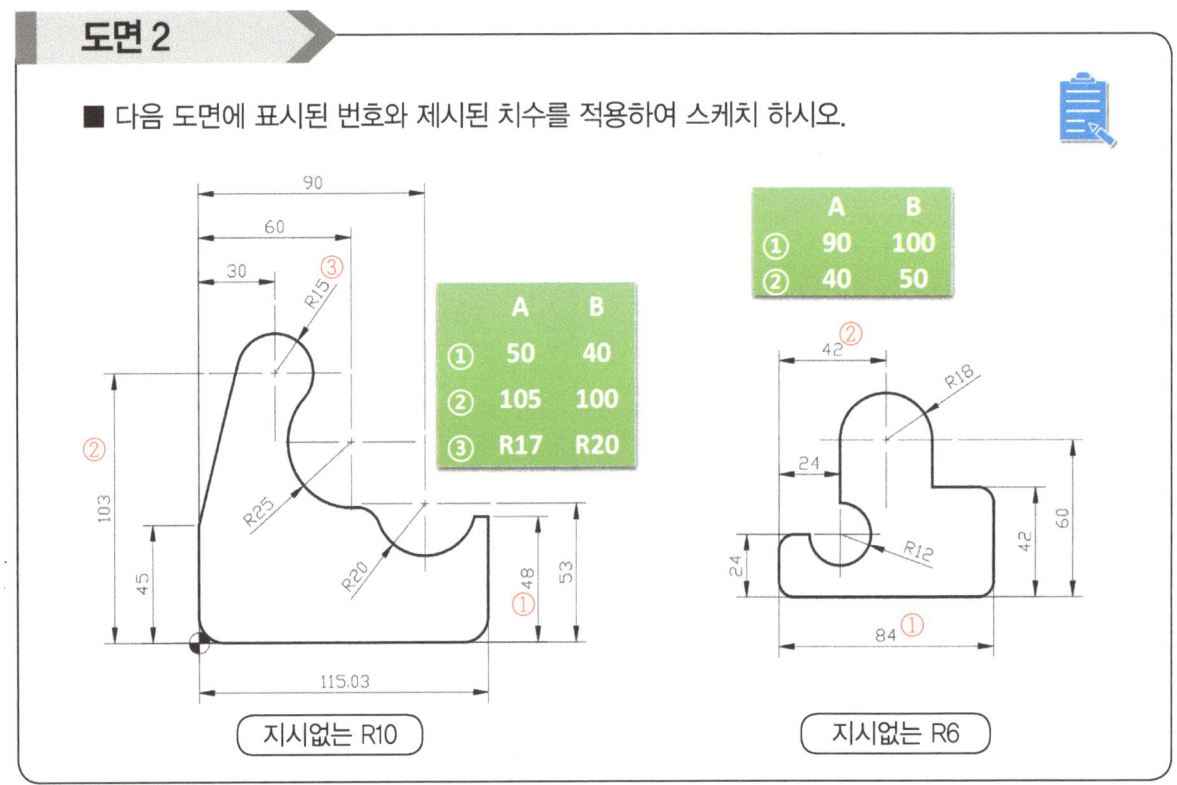

도면 3

■ 다음 도면에 표시된 번호와 제시된 치수를 적용하여 스케치 하시오.

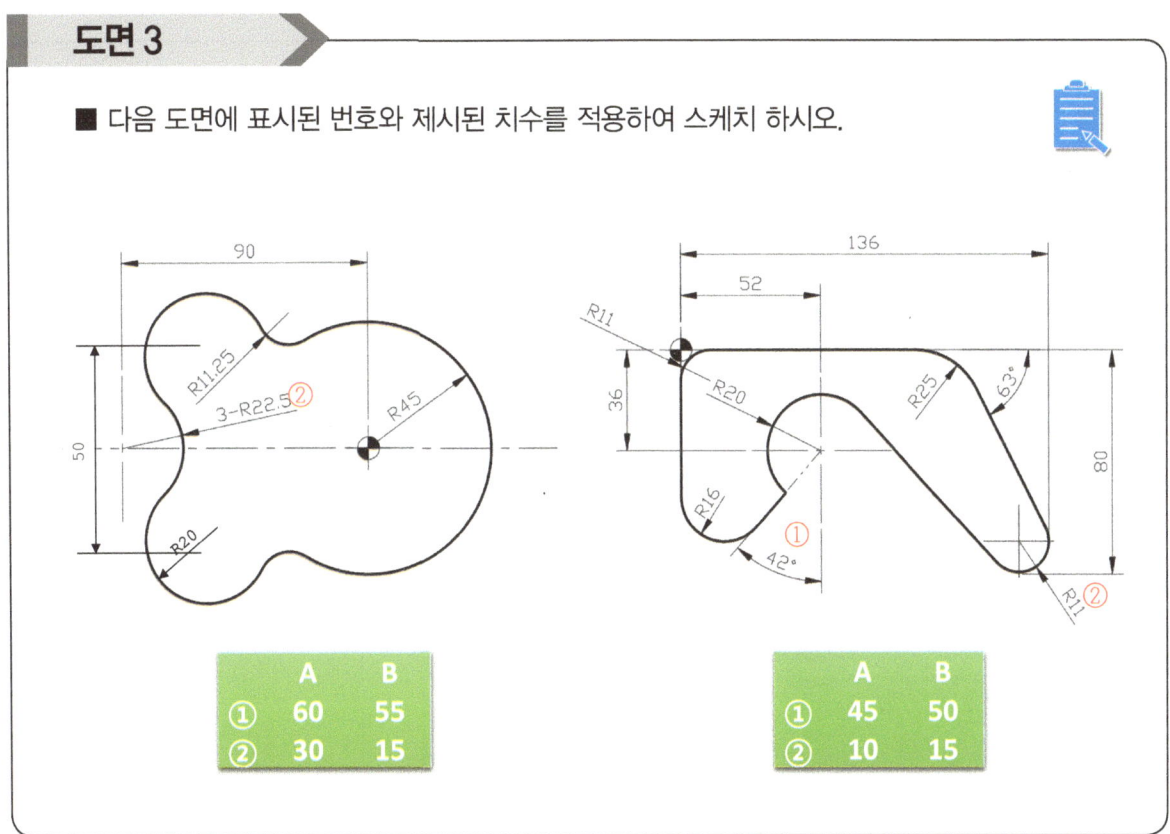

도면 4

■ 다음 도면에 표시된 번호와 제시된 치수를 적용하여 스케치 하시오.

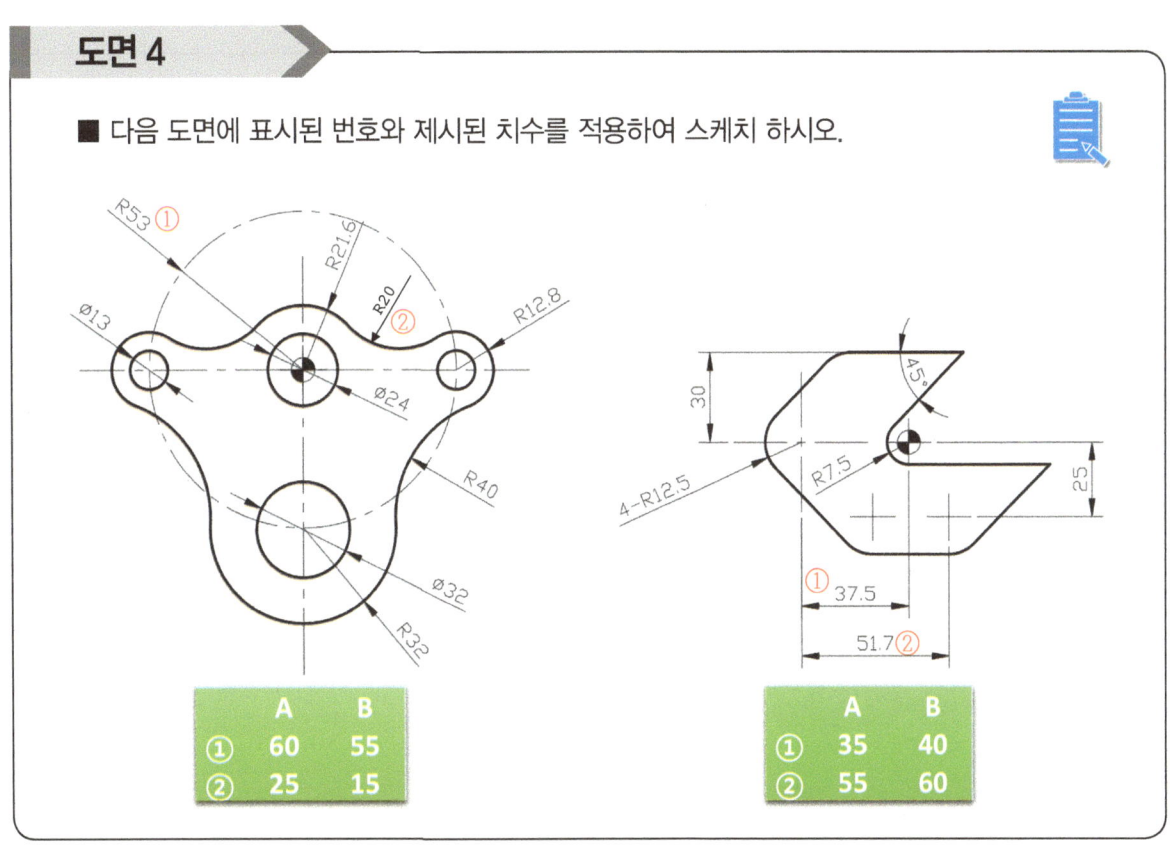

도면 5

■ 다음 도면에 표시된 번호와 제시된 치수를 적용하여 스케치 하시오.

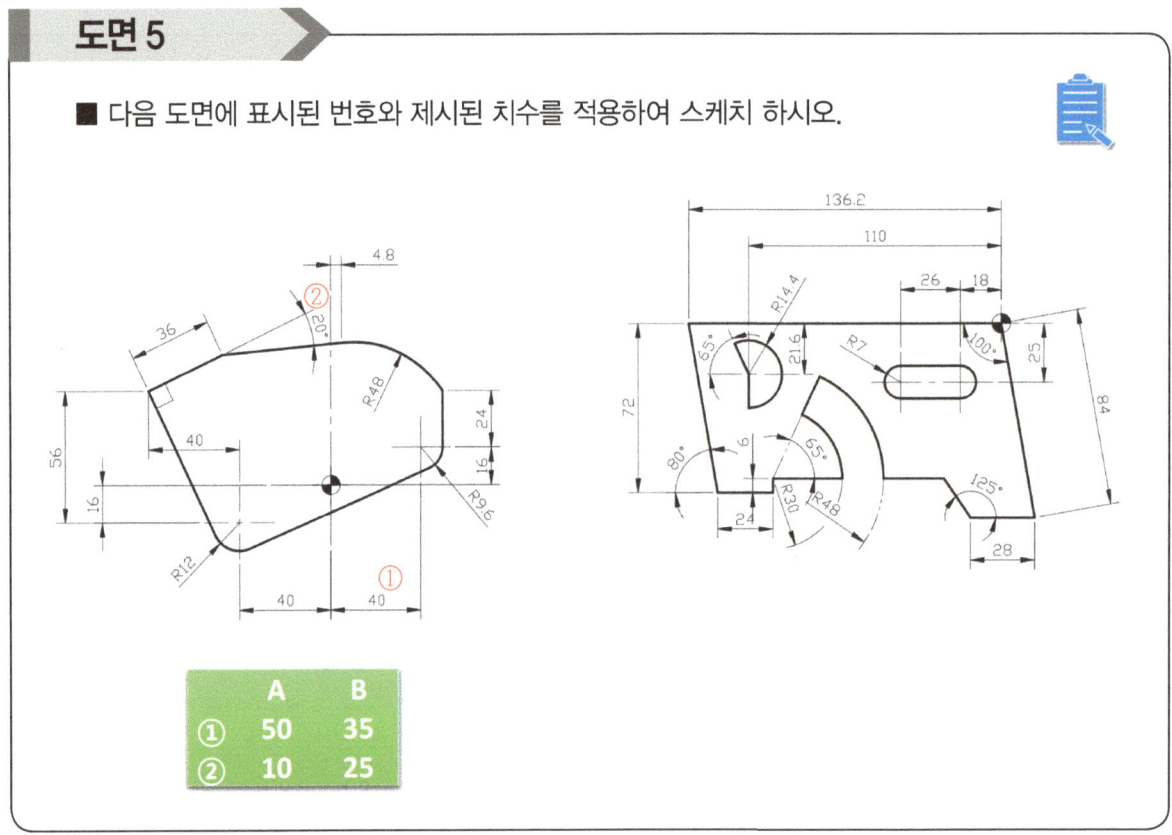

	A	B
①	50	35
②	10	25

도면 6

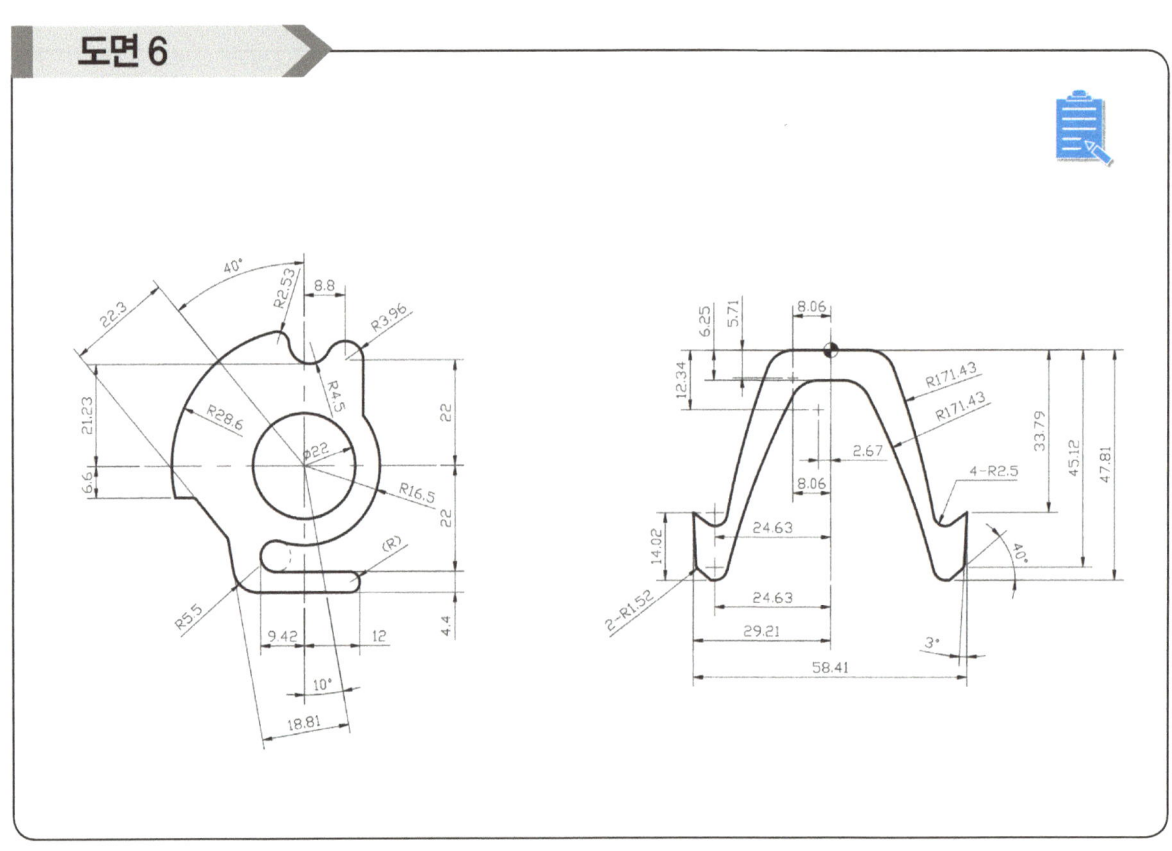

도면 7

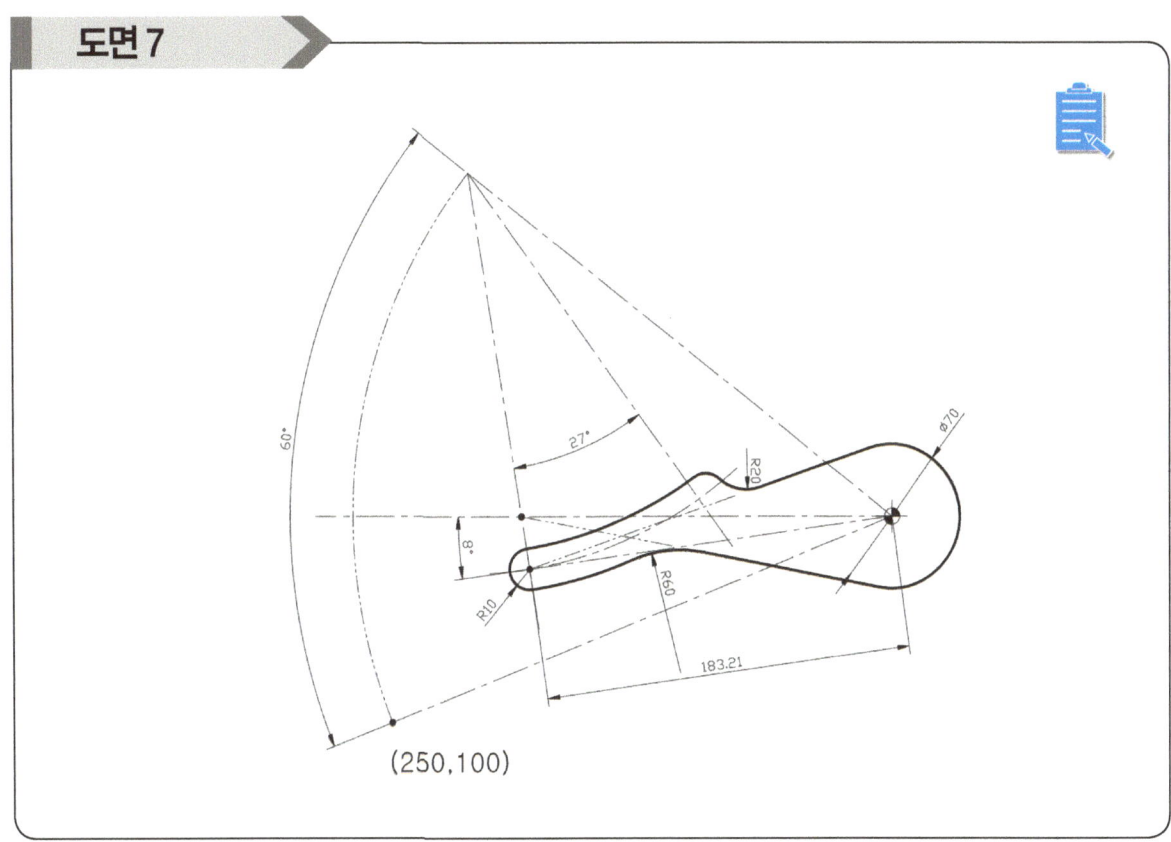

03

모델링 (Modeling)
- 돌출

03 모델링 (Modeling) - 돌출

3-1 돌출

돌출 시작 메뉴 : 하단 메뉴가 접혀 있음.

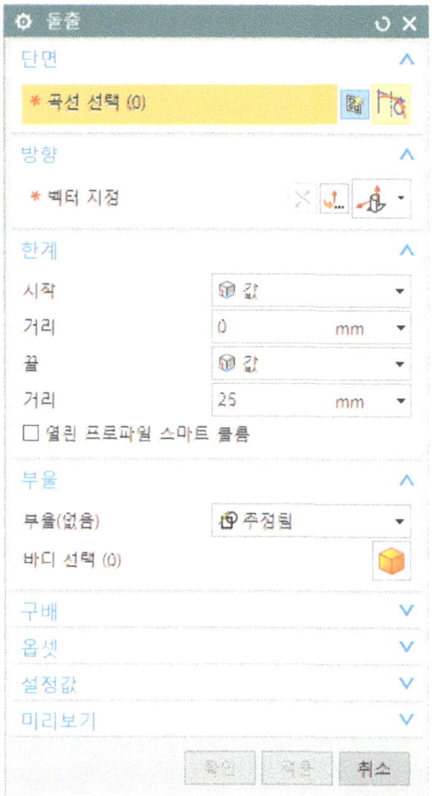

옵션 메뉴를 모두 펼쳤을때

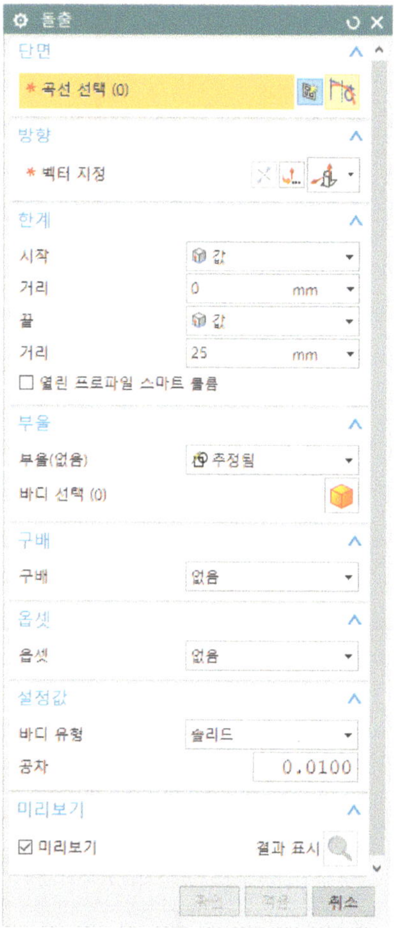

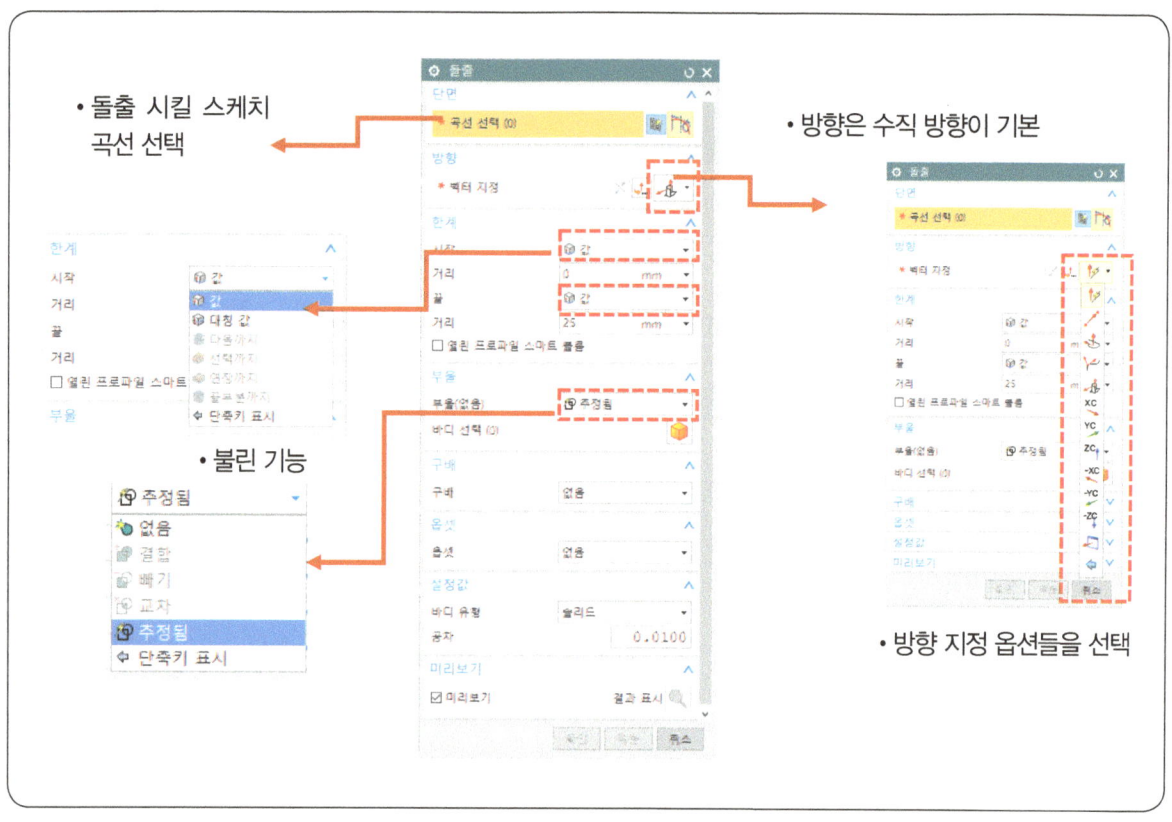

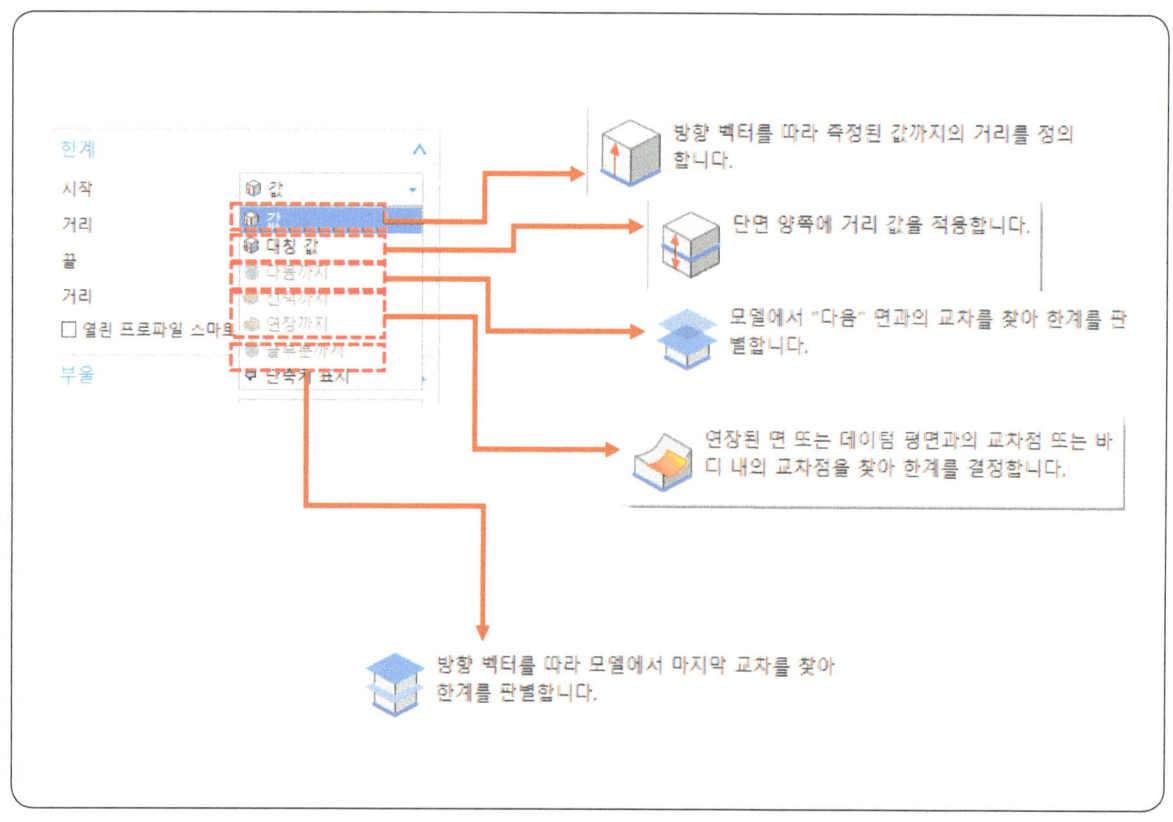

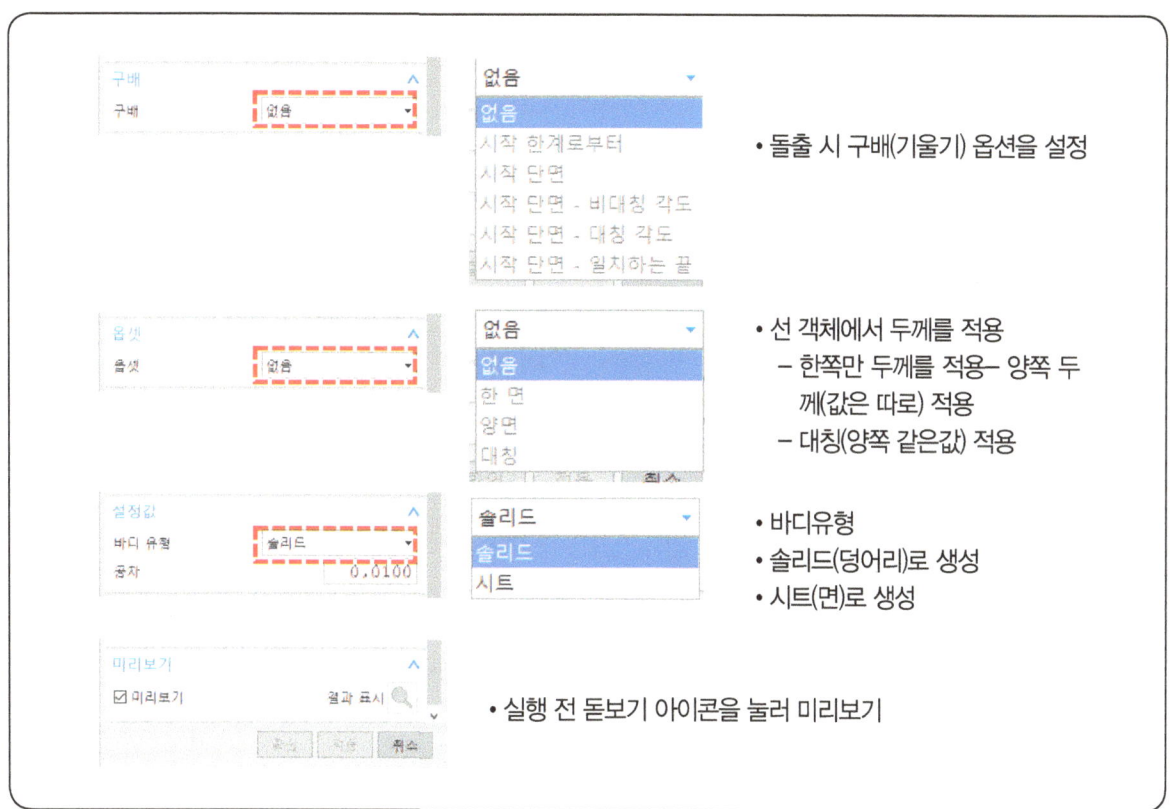

도면 8

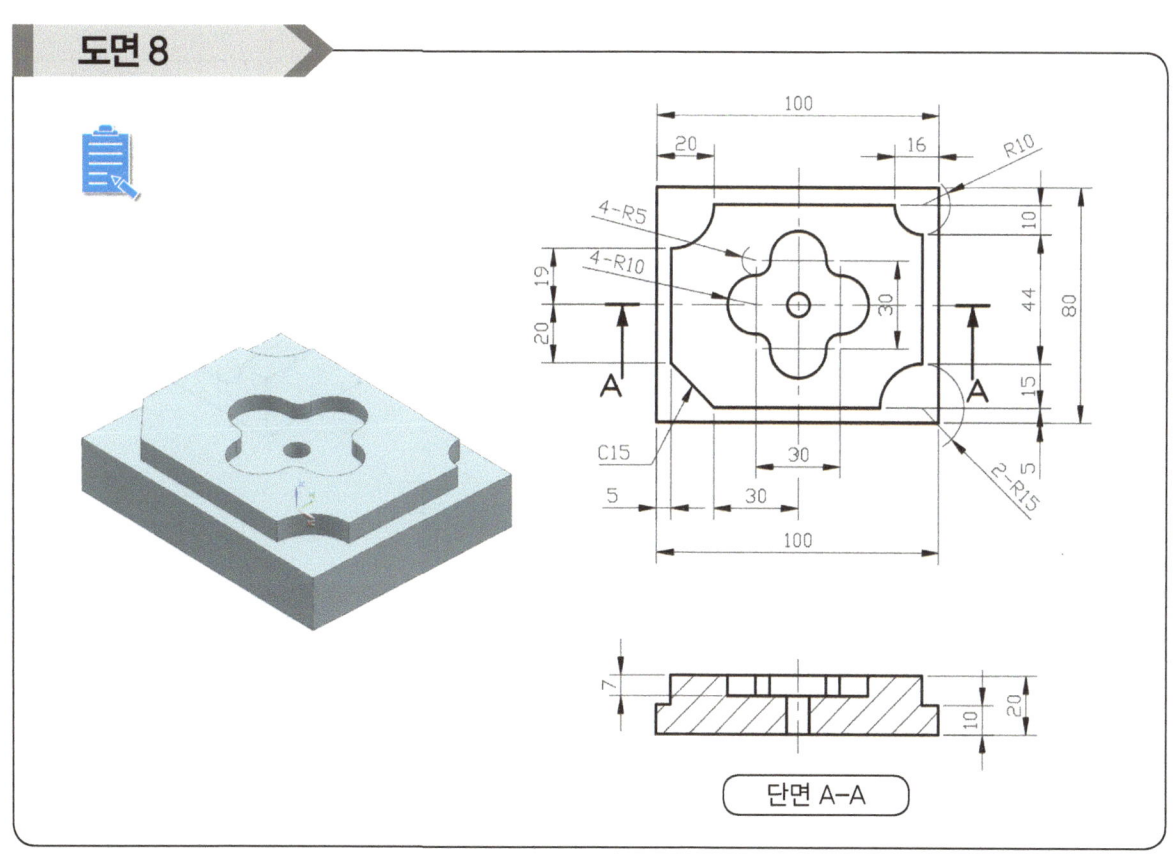

단면 A-A

도면 9

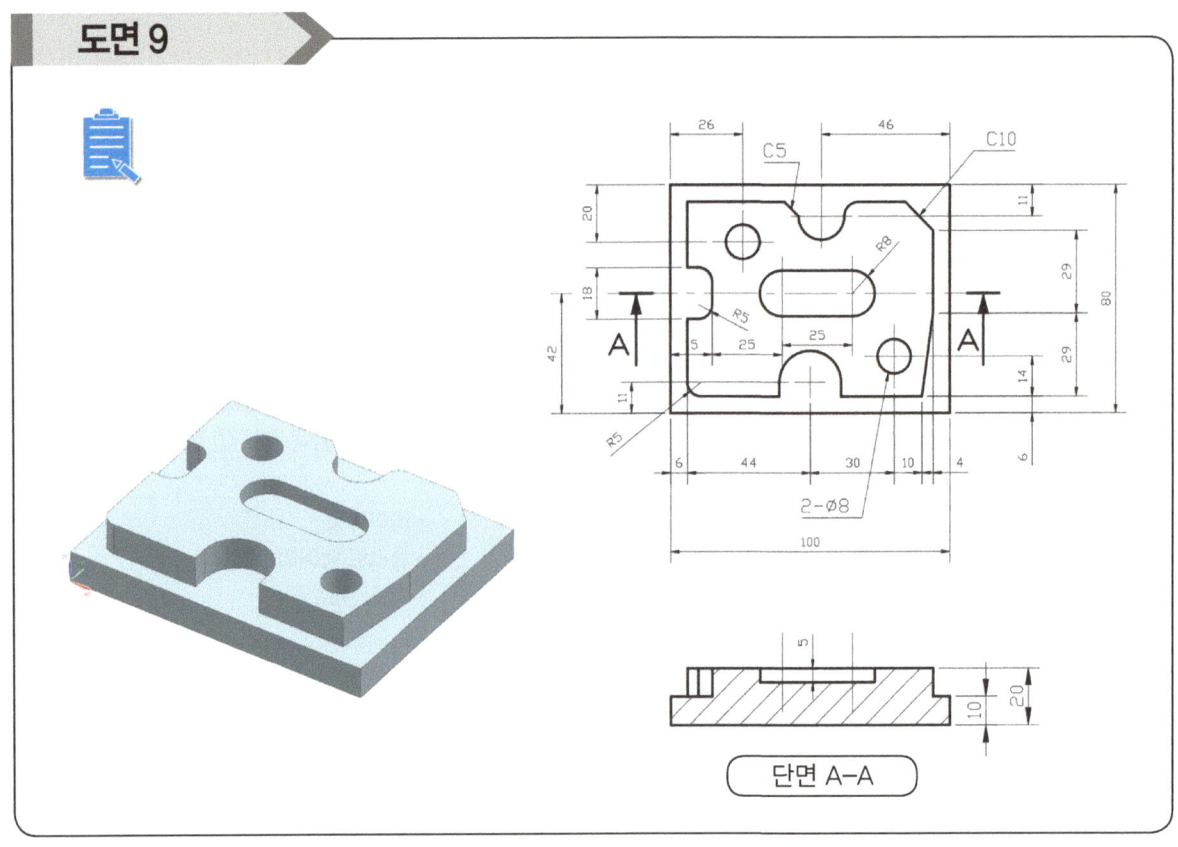

단면 A-A

도면 10

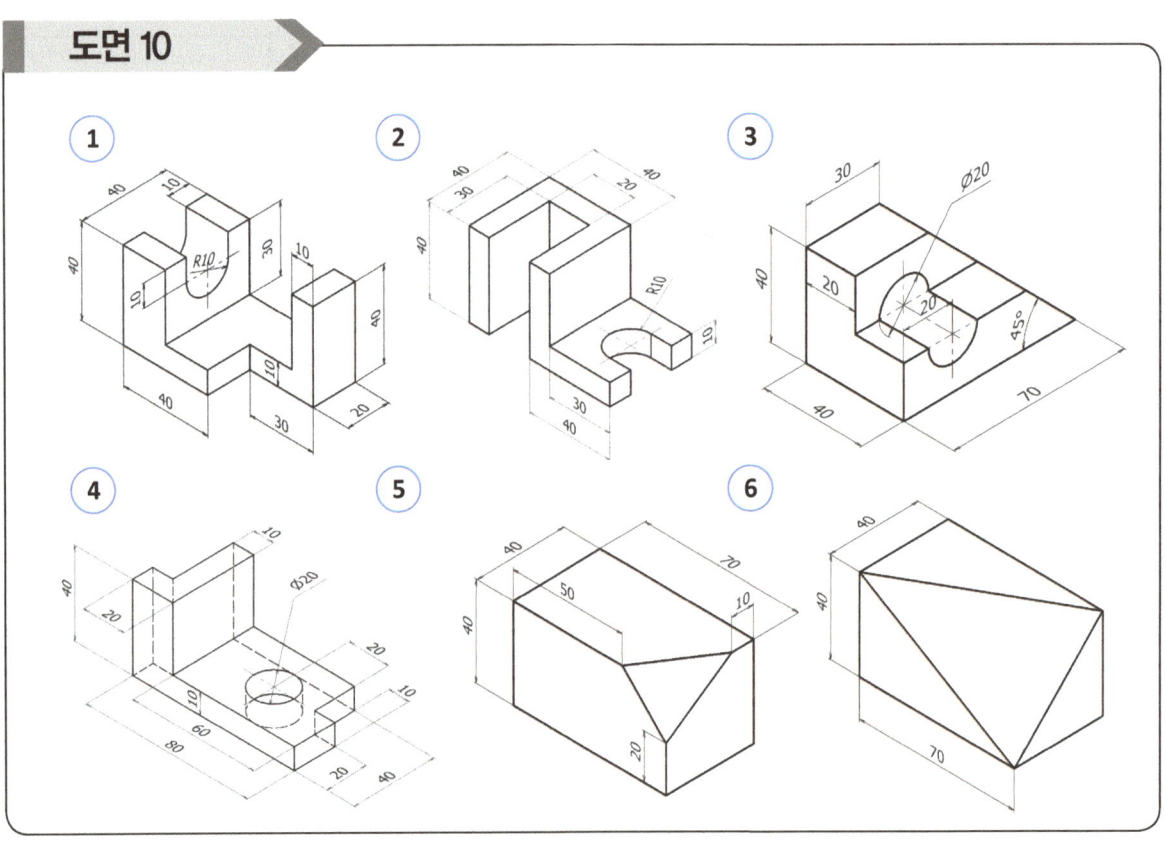

도면 11

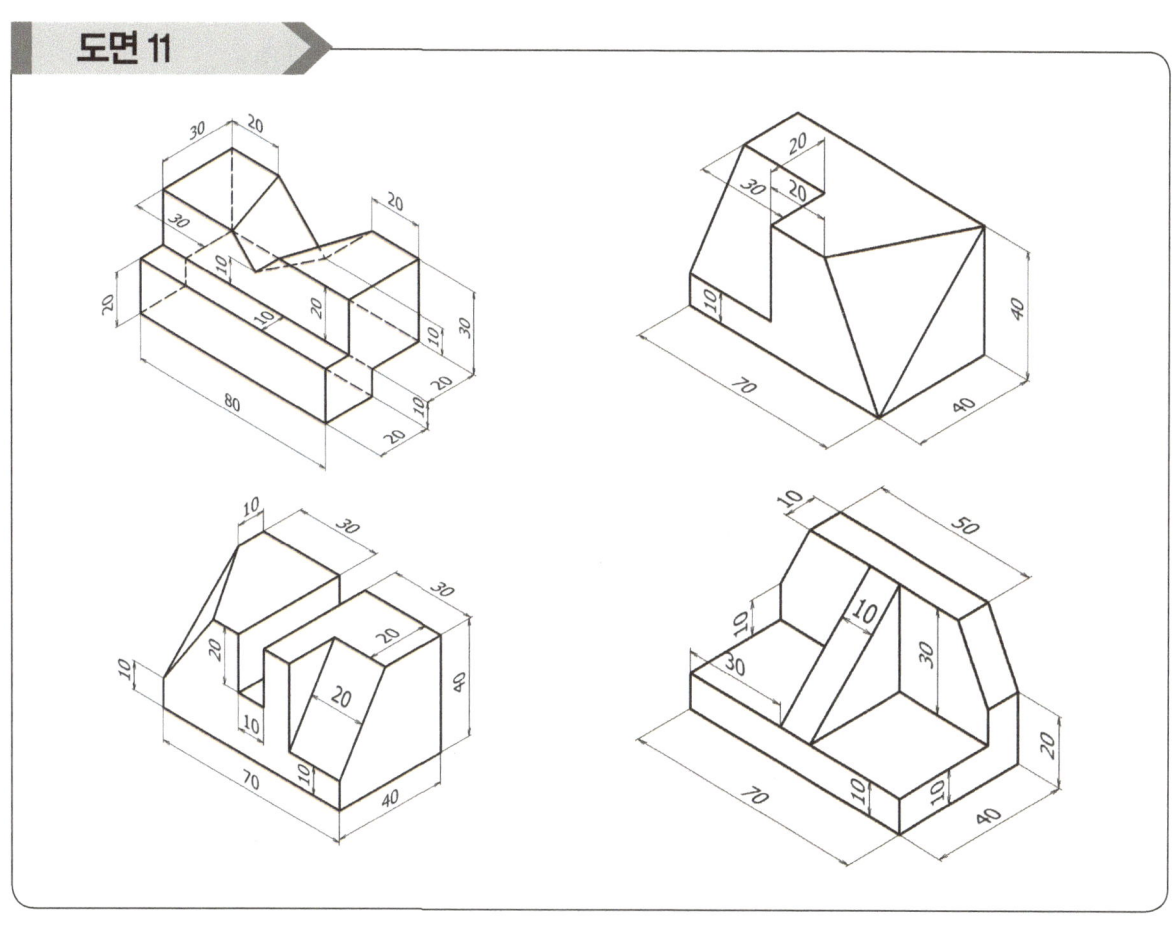

도면 12

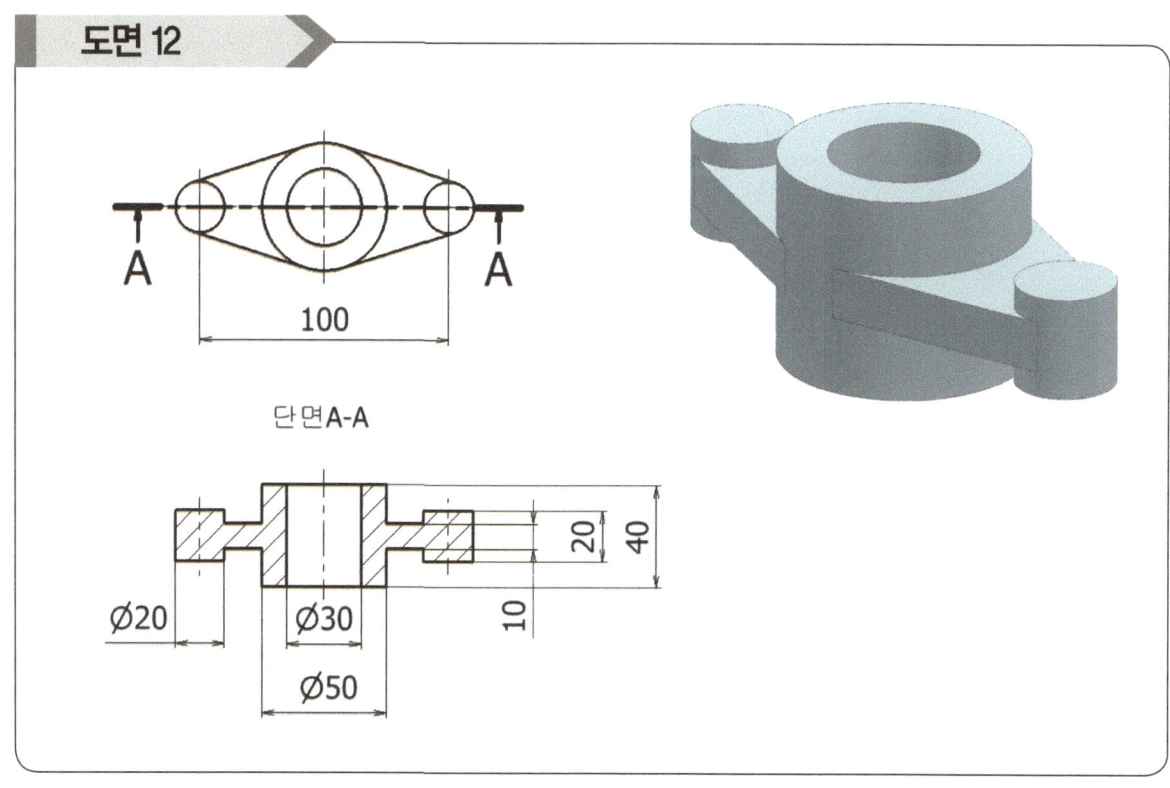

단면 A-A

따라 연습하기 1

도면12 따라 연습하기 1-1

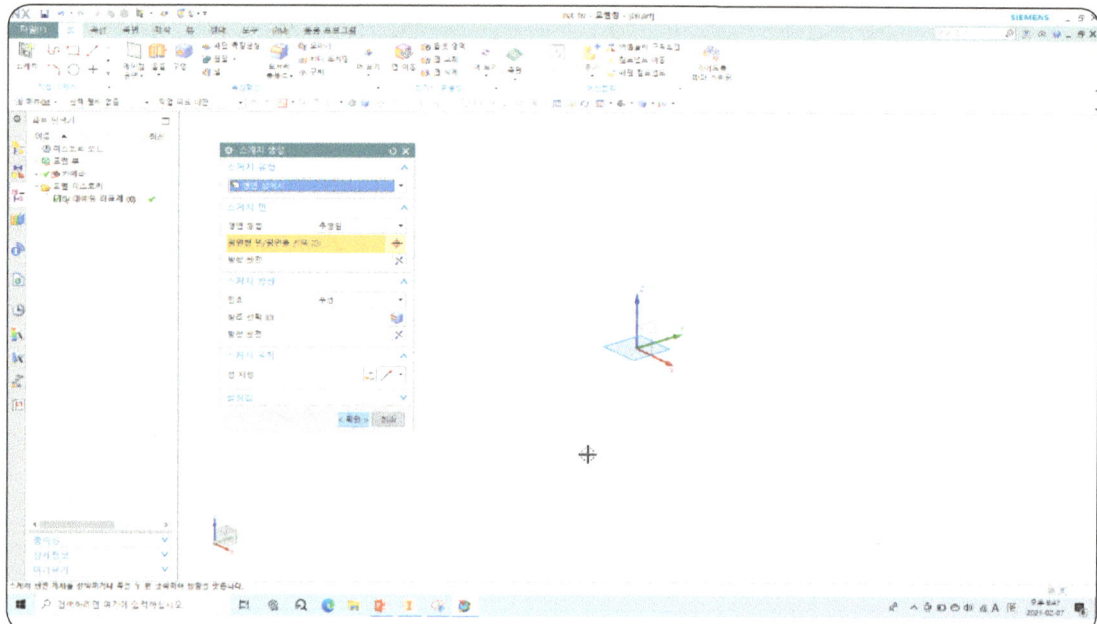

1. XY평면에 스케치를 지정한다.

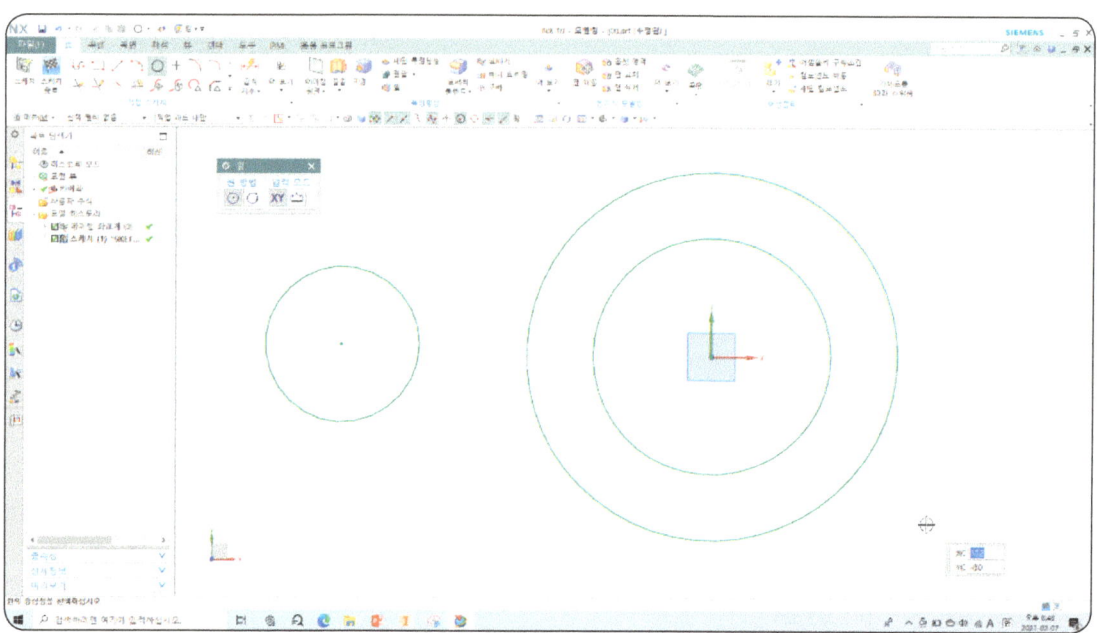

2. 원점을 중심으로 동심원을 그려준다. 왼쪽의 작은 원도 그린다.

03 • 모델링 (Modeling) - 돌출

도면12 따라 연습하기 1-2

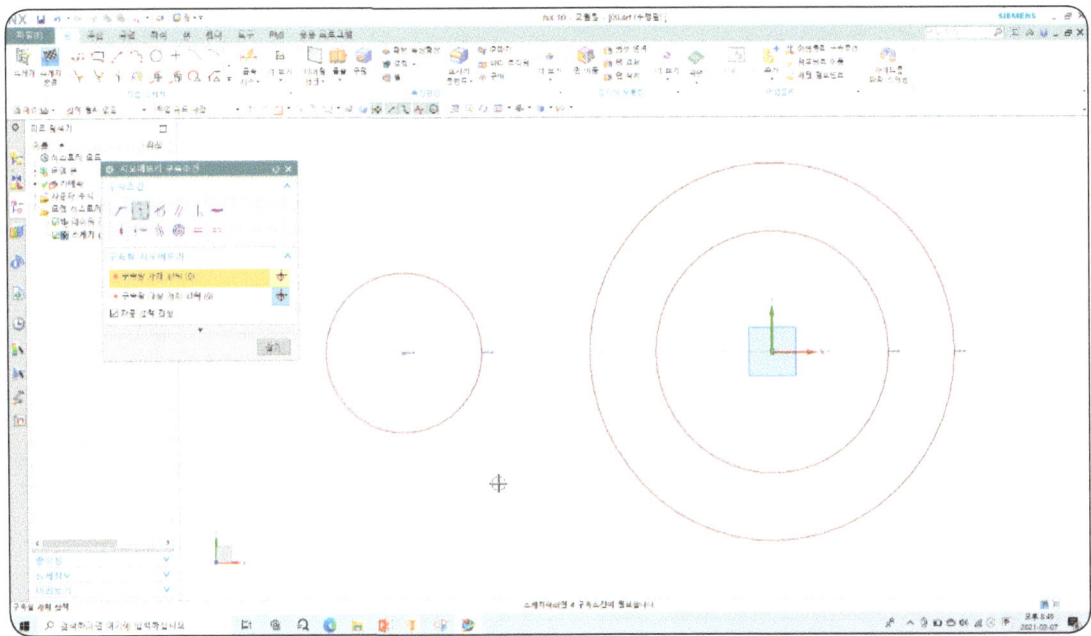

3. 왼쪽의 작은 원의 중심점과 X축과 구속조건(곡선상의 점)을 적용한다.

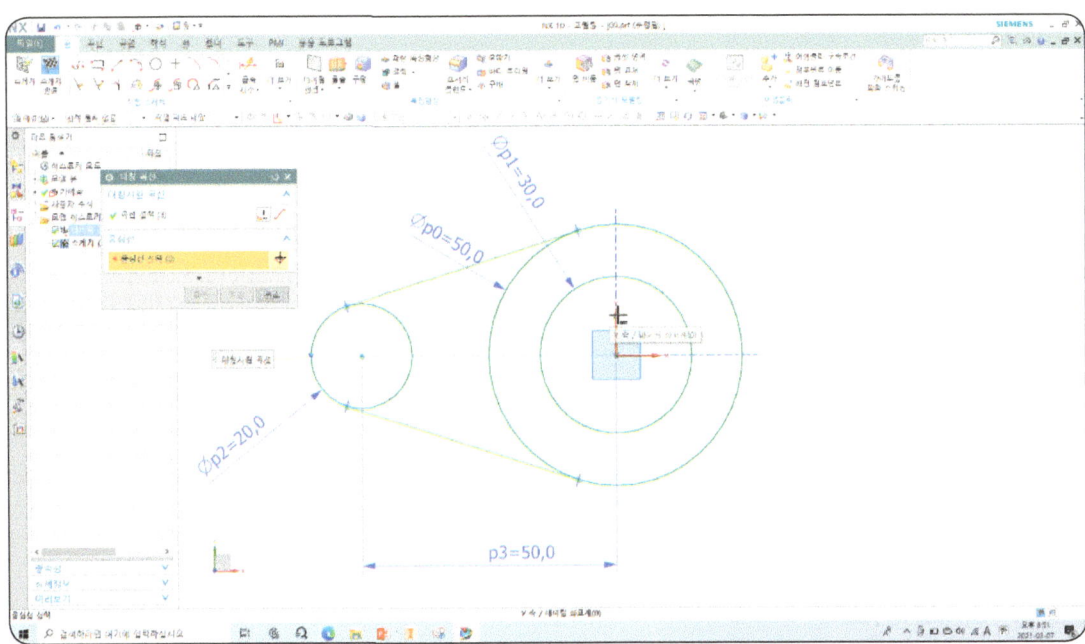

4. 두 원을 연결하는 접선을 그린후 대칭곡선 기능을 이용하여 반대쪽 접선을 대칭복사한다.

도면12 따라 연습하기 1-3

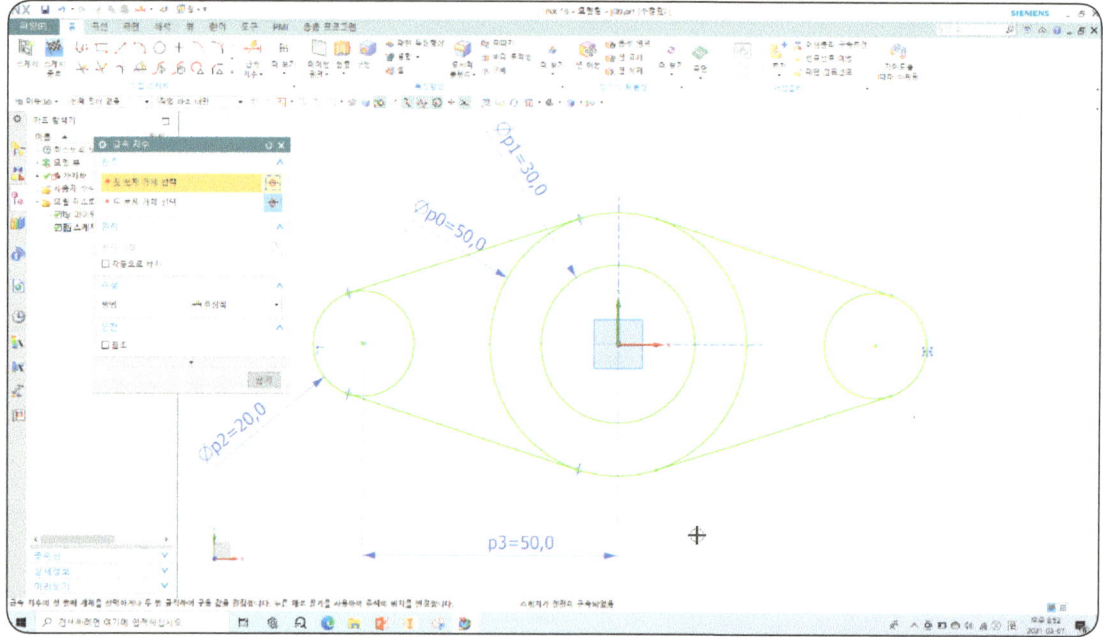

5. 다시 대칭곡선 기능을 이용하여 왼쪽의 원과 두 접선(3개 객체)을 선택하여 Y축을 기준으로 반대쪽에 대칭복사한다.

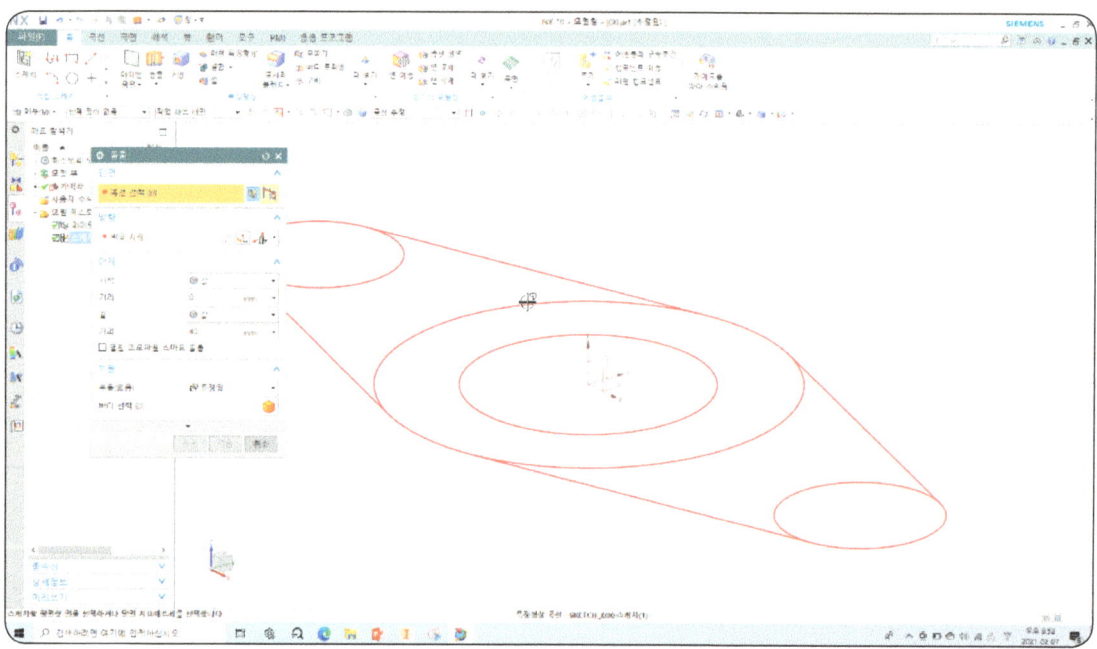

6. 스케치 종료 후 [돌출] 아이콘을 실행한다. '곡선추정'필터에서 스케치를 선택 하면 모든 선이 선택되어 원하는 부분만 선택이 어렵게 된다.

03 • 모델링 (Modeling) - 돌출

도면12　따라 연습하기 1-4

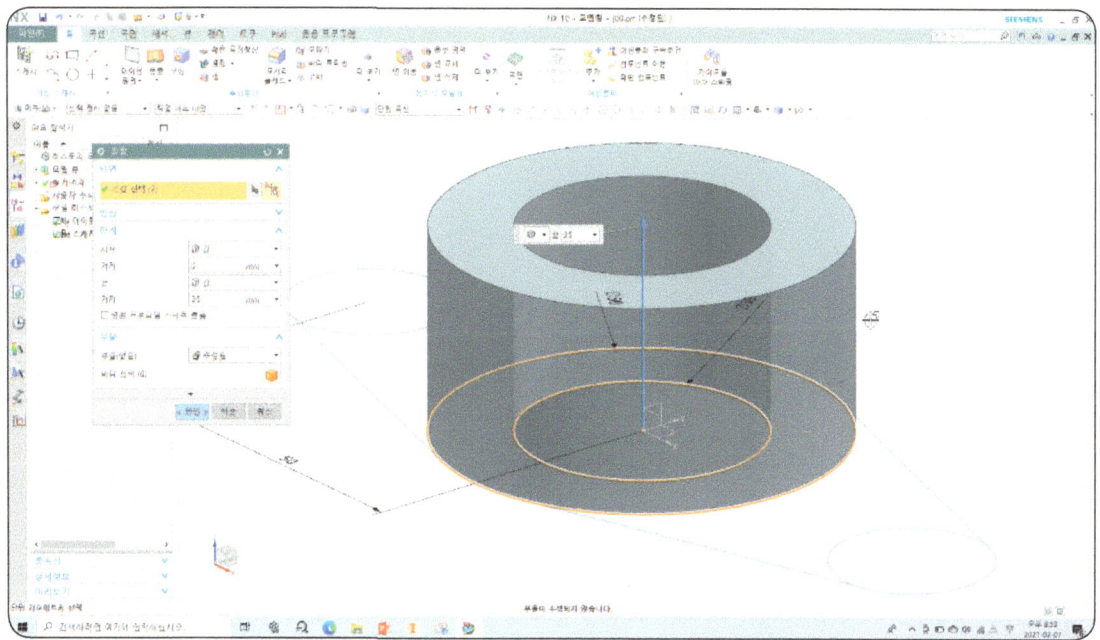

7. '단일곡선'으로 변경 후 가운데 두개의 원만 선택하여 돌출 기능을 실행한다.

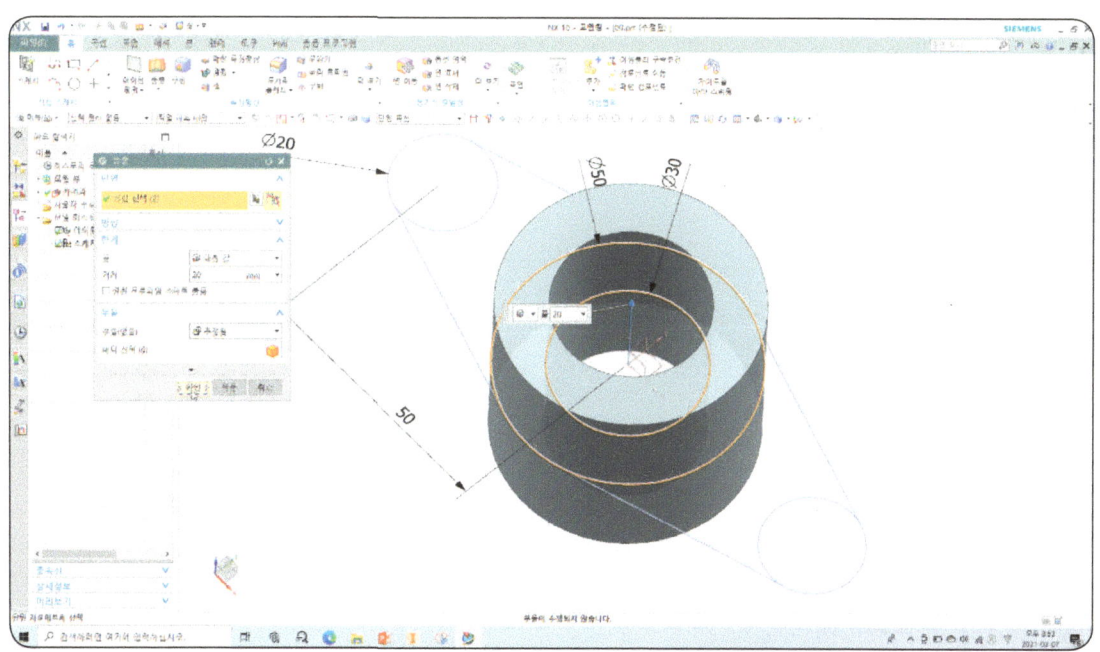

8. 여기서 돌출 높이는 위, 아래 양쪽으로 돌출을 시켜야 하므로 [대칭 값]으로 바꿔주고 20mm를 입력한다. 총 40mm가 돌출된다.

도면12 따라 연습하기 1-5

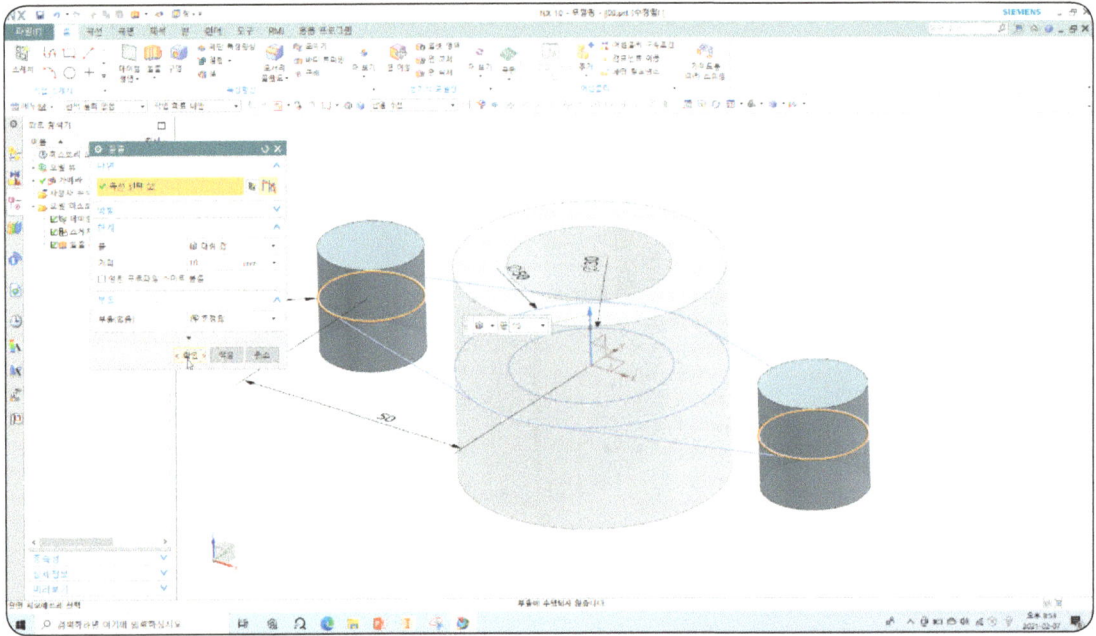

9. 다시 [돌출]기능을 실행한후 앞에서 적용한 방법처럼 [대칭값]으로 설정 후 거리 : 10mm입력한다.

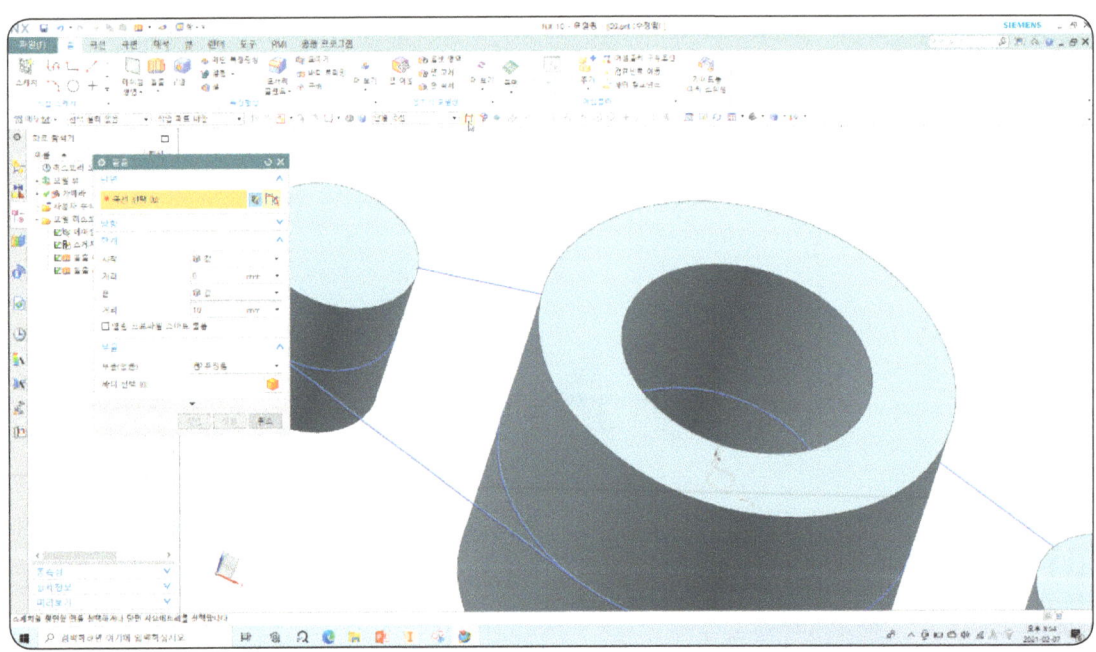

10. [돌출]기능을 다시 실행 후 양쪽 리브 두께부분만 선택하기 위해 아이콘을 미리 클릭해 놓는다.

03 · 모델링 (Modeling) - 돌출

도면12   따라 연습하기 1-6

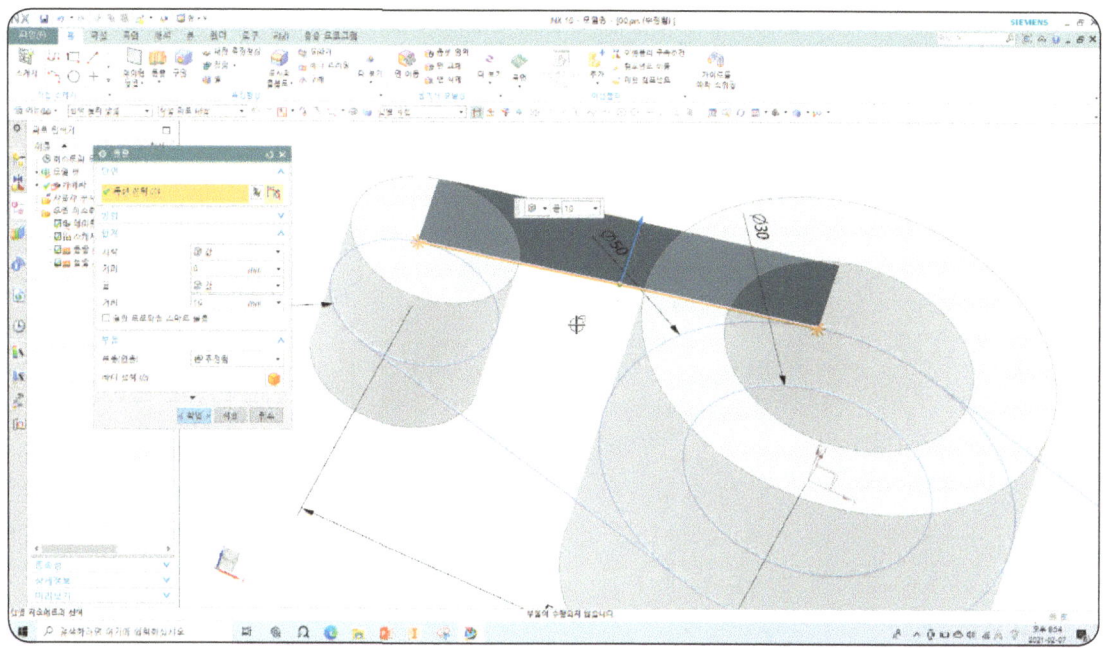

11. 왼쪽 그림처럼 ┼┼ 아이콘은 [교차에서정지]라는 기능인데 선이 교차되는 부분까지만 선택이 되므로 일부만 선택이 가능하다.

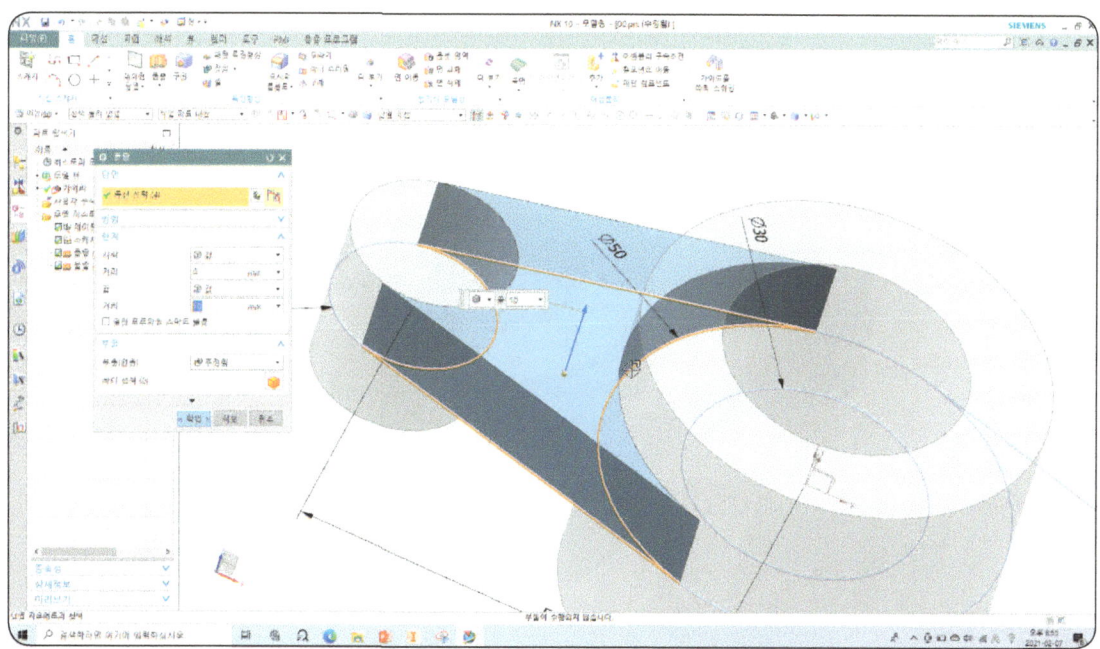

12. 교차에서 정지 선택방법을 이용하여 그림과 같이 4개의 객체를 선택한다.

도면12   따라 연습하기 1-7

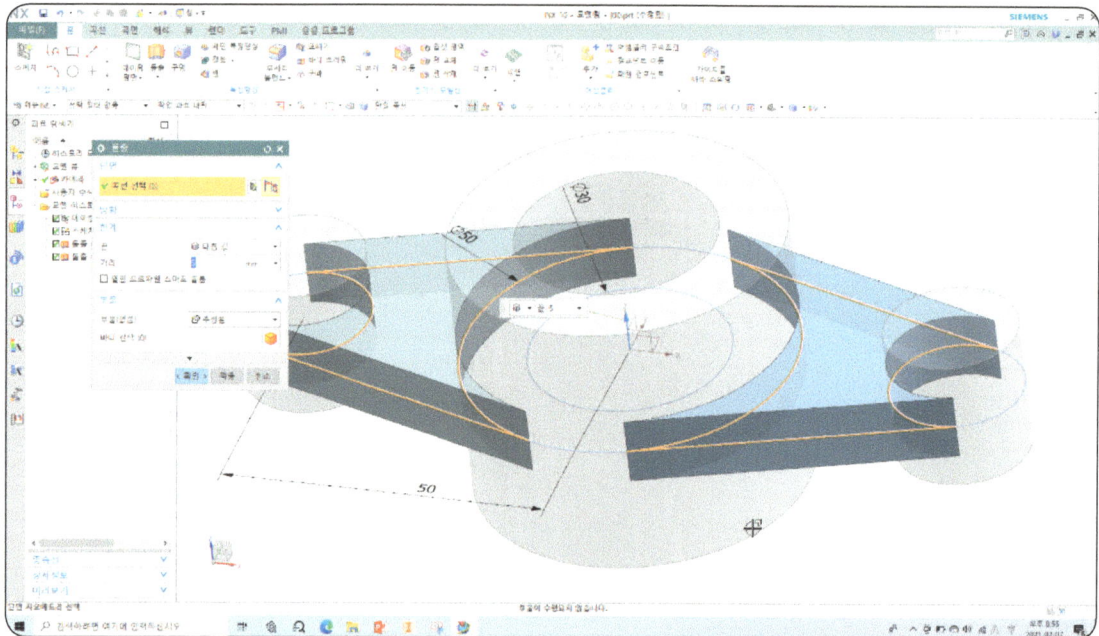

13. 추가적으로 반대쪽 커브도 동일하게 선택한다. [대칭 값/5mm 입력]

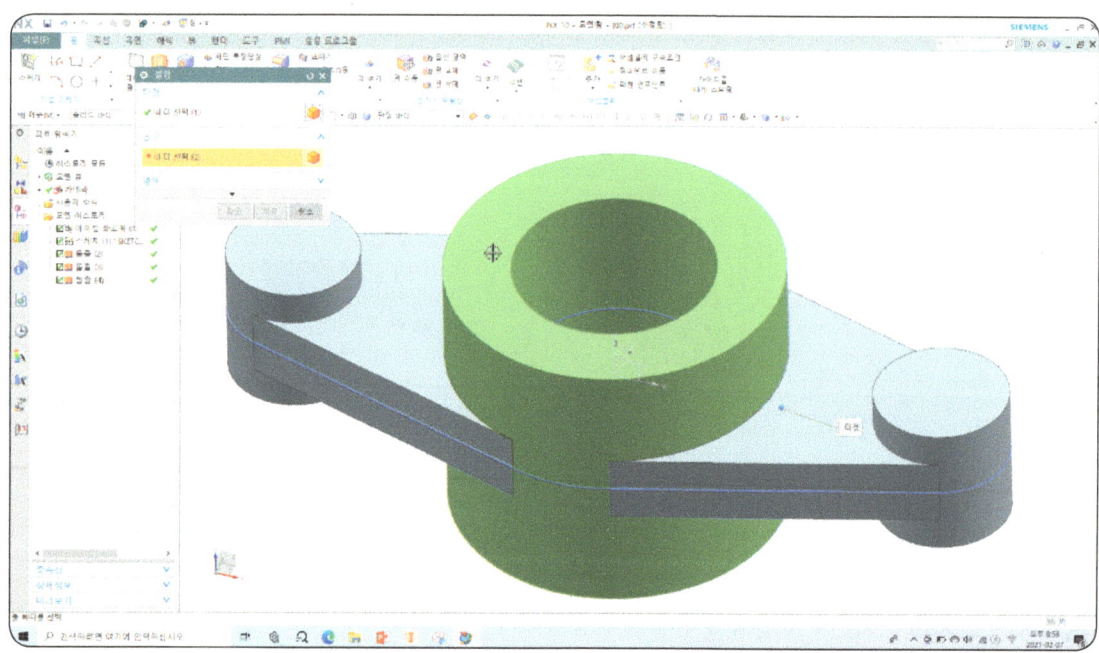

14. 지금까지 생성된 돌출 객체들이 모두 분리상태이므로 [결합]을 실행하여 한 덩어리로 합쳐준다.

도면12 따라 연습하기 1-8

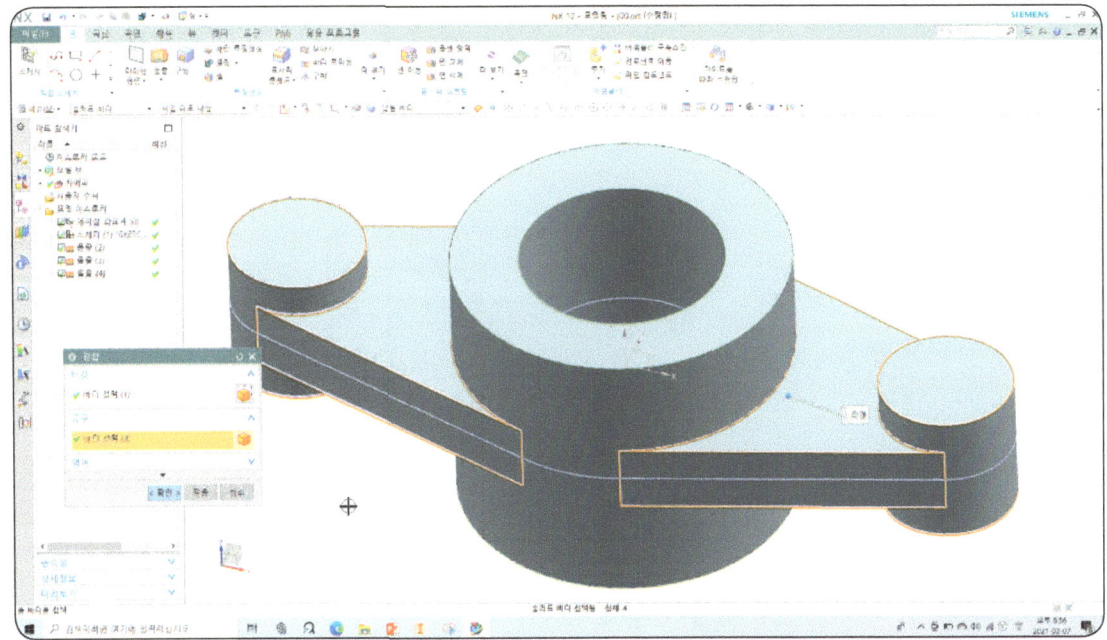

15. 타깃 : 아무 객체나 한 개만 선택
    공구 : 나머지 객체를 모두 묶어 선택

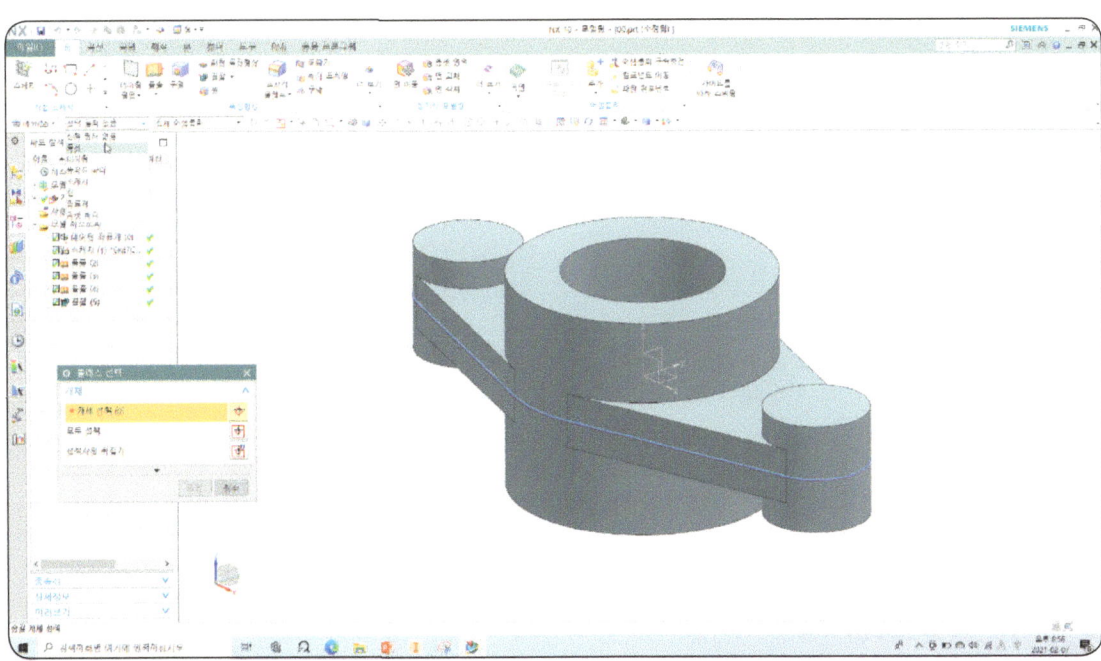

15. Ctrl+B(블랭크)를 실행하면 그림과 같이 [클래스선택]창이 뜬다.
    왼쪽 상단의 표시부분처럼 선택 필터에서 [곡선]을 선택한다.

도면12 　따라 연습하기 1-9

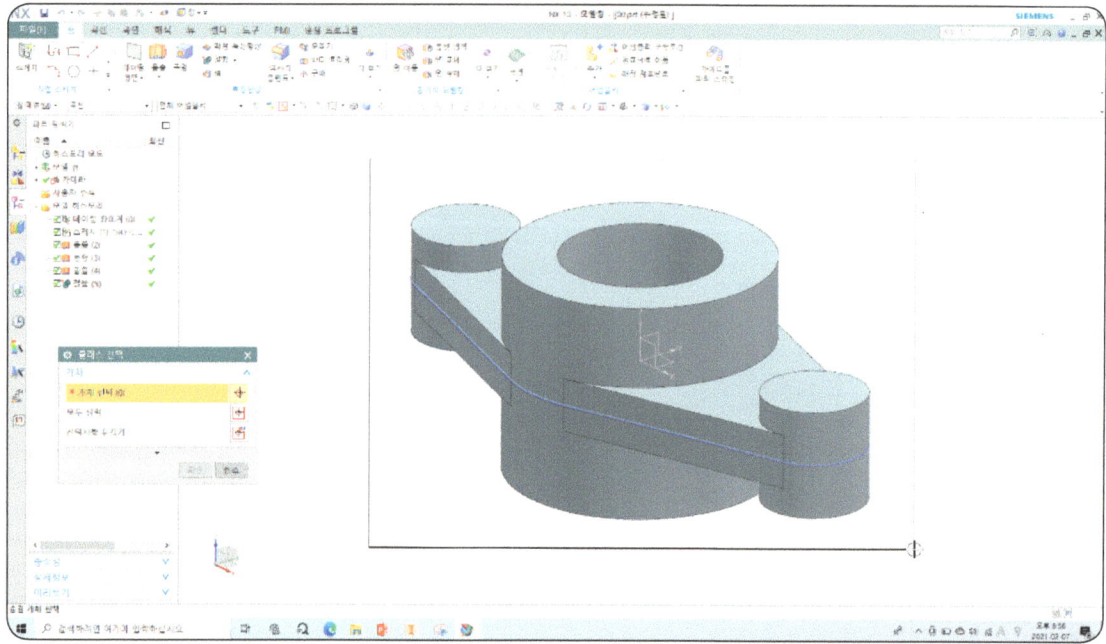

16. 그림처럼 마우스로 부품 전체를 드래그로 묶어 선택한다.

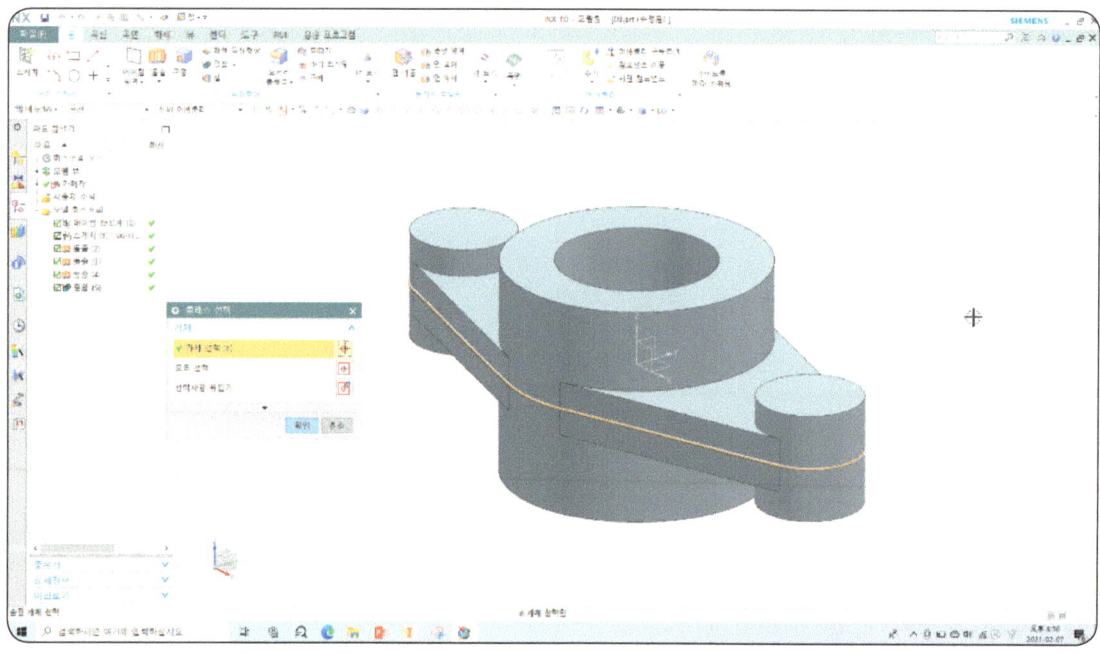

17. 선택 필터의 옵션을 '곡선'으로 설정했기 때문에 그림처럼 스케치 선 부분들만 노란부분으로 선택이 되었다.　[확인]버튼을 누른다.

도면12　따라 연습하기 1-10

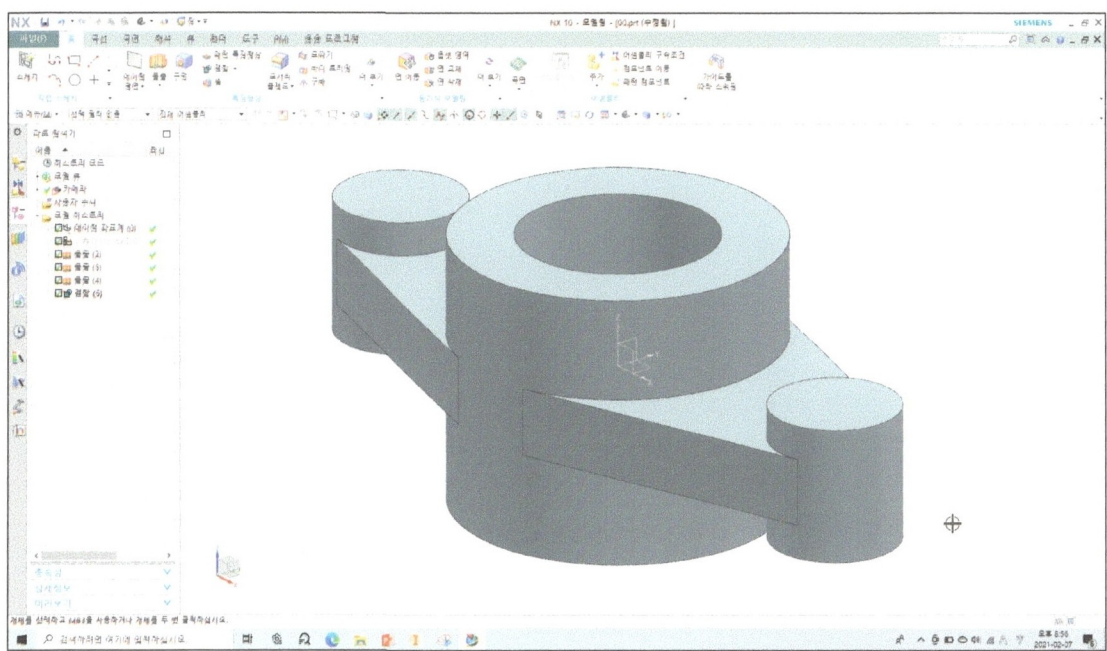

16. 그림처럼 마우스로 부품 전체를 드래그로 묶어 선택한다.

04 모델링 (Modeling) - 돌출

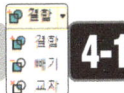 4-1 돌출 (BOOLEAN)

다음의 원통 형상을 생성한 후에 3가지 불린 기능을 사용해 보자.

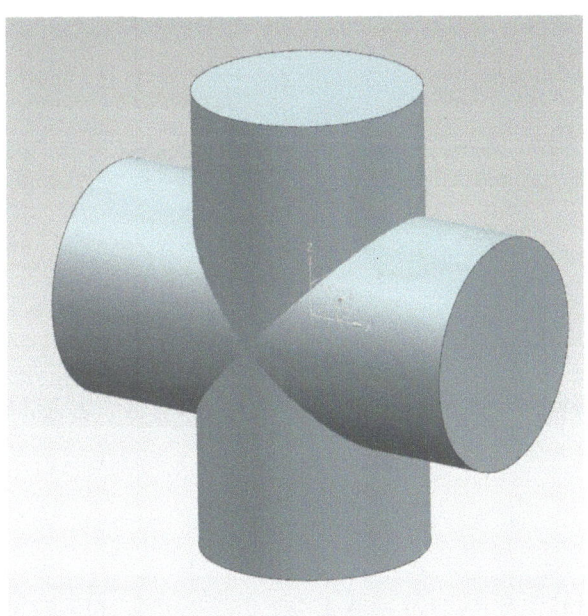

4-2 돌출 (BOOLEAN)

다음의 원통 형상을 생성한 후에 3가지 불린 기능을 사용해 보자.

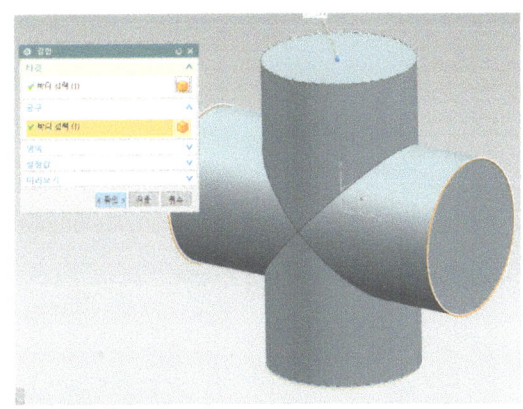

- 결합 상태는 타겟과 공구의 순서와 관계없이 하나의 덩어리로 만든다.
- 빼기는 덩어리 형상을 먼저 타겟으로 선택한 후 제거할 부분의 형상을 공구로 선택한다.

4-3 돌출 (BOOLEAN)

교차를 사용할 경우 두개의 형상 중에 공통되는 부분만 남게 된다.

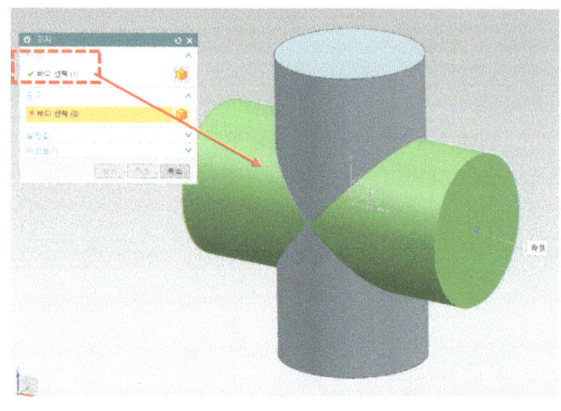 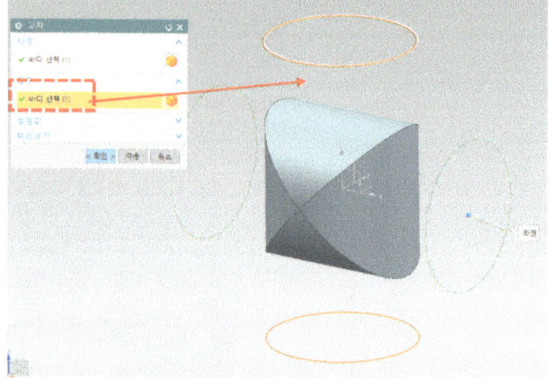

1. 바디 선택   2. 공구 선택

4-4 돌출 (BOOLEAN)

불린 기능을 실행하면 최종 도형의 형상이 남게 되어 원본은 사라지게 되는데 아래 표시 옵션을 체크하면 원본을 살리면서 원래의 기능을 실행할 수 있다.

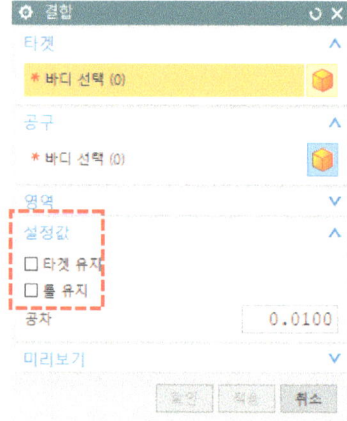 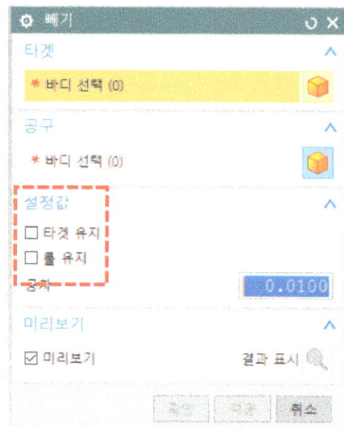 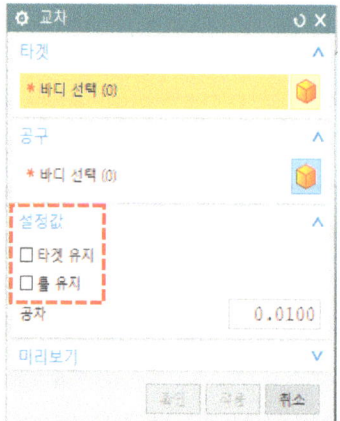

04 · 모델링 (Modeling) - 돌출 (BOOLEAN)

관련기능 예제

도면 13

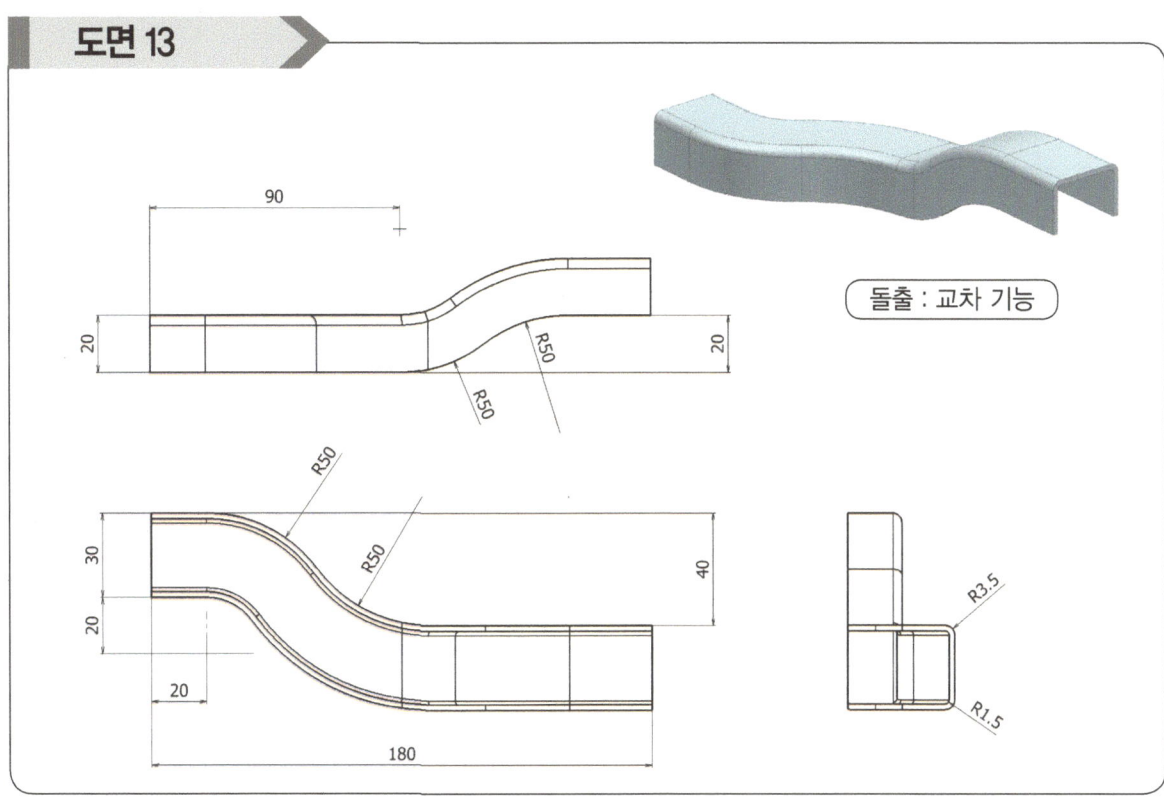

돌출 : 교차 기능

도면 14

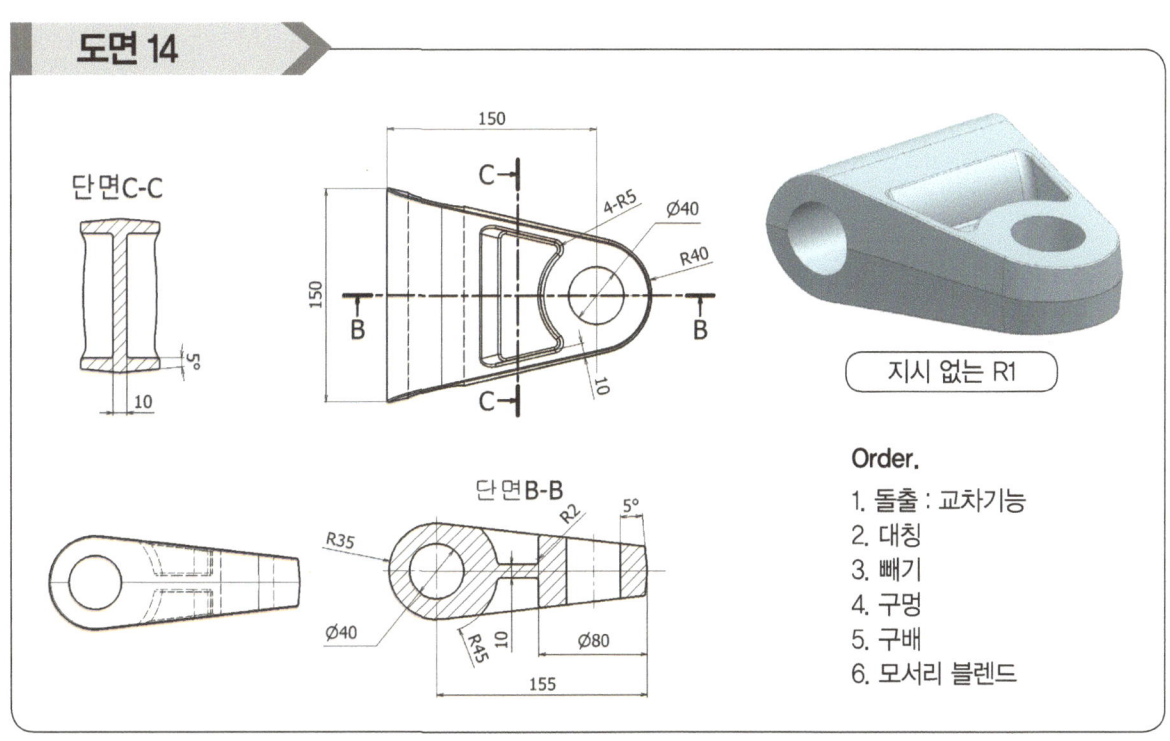

지시 없는 R1

Order.
1. 돌출 : 교차기능
2. 대칭
3. 빼기
4. 구멍
5. 구배
6. 모서리 블렌드

05

모델링 (Modeling)
- 구멍 (Hole)

05 모델링 (Modeling) - 구멍 (Hole)

 5-1 구멍 (HOLE)

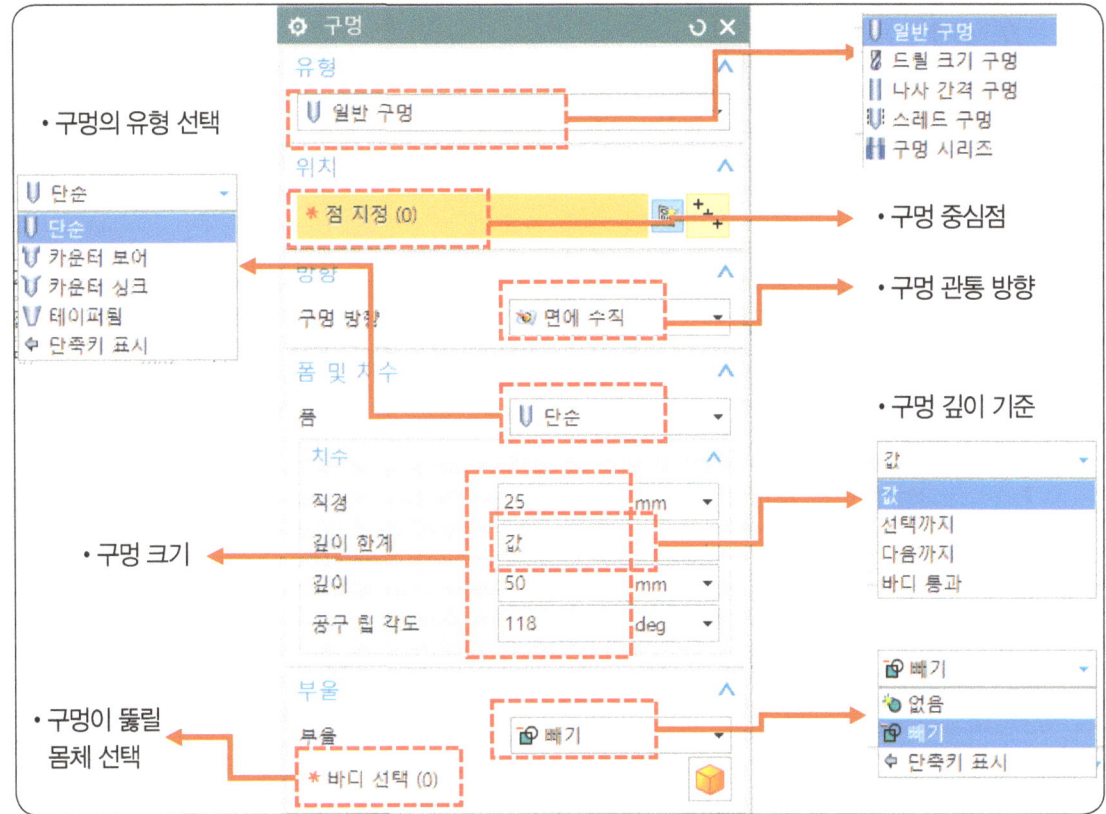

도면 15

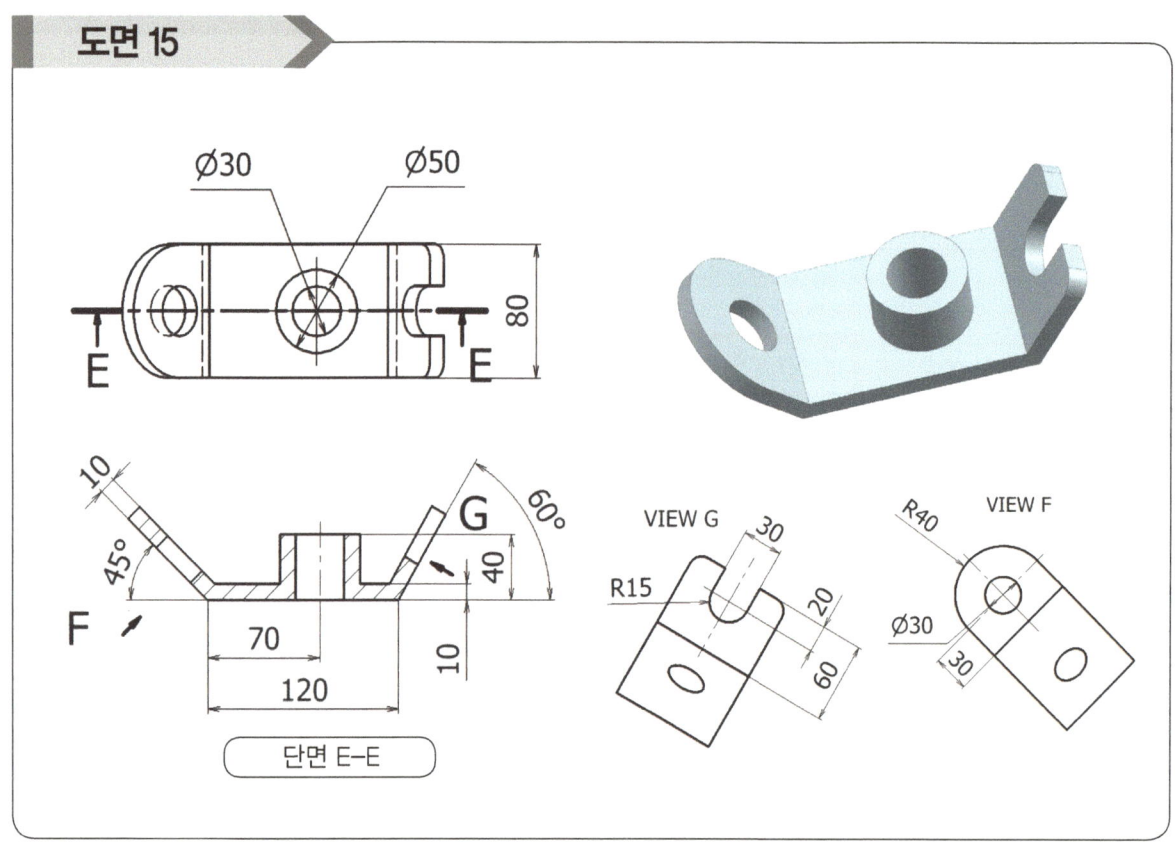

도면 16

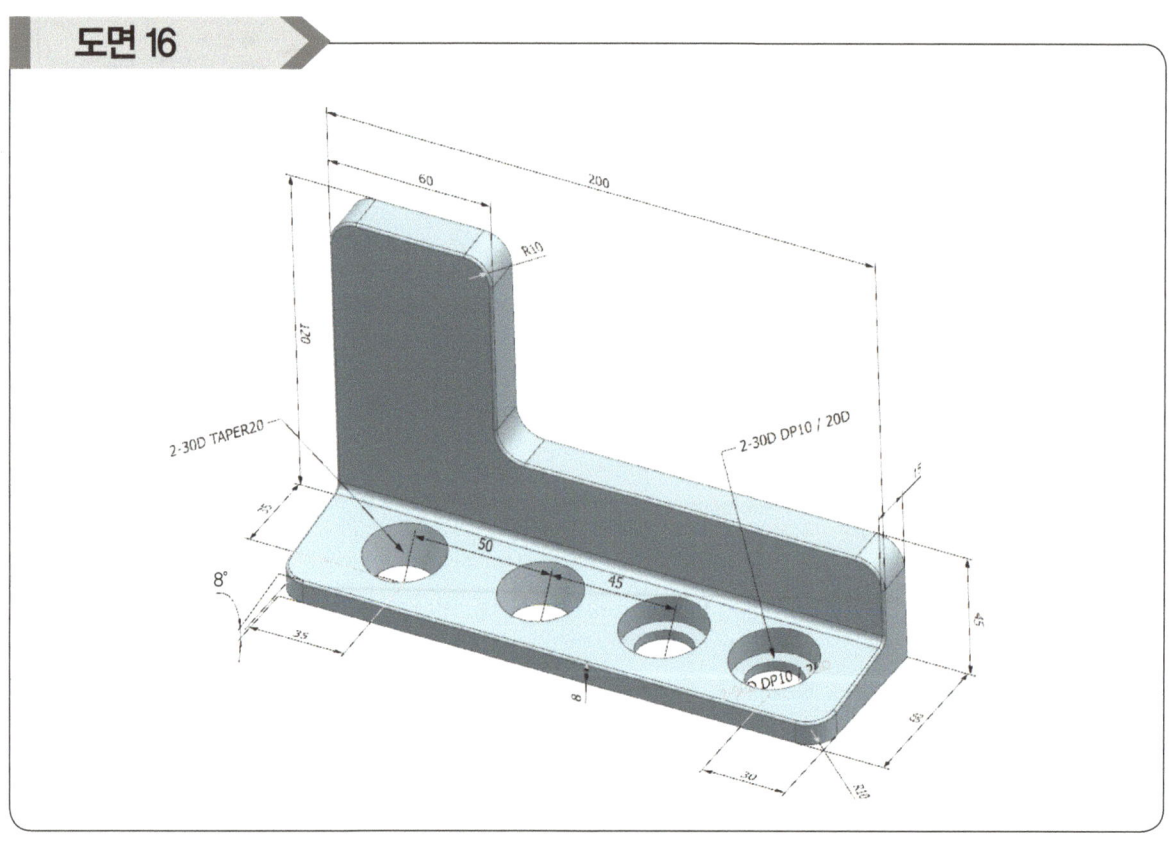

06

모델링 (Modeling) - 튜브 (Tube)

05 모델링 (Modeling) - 튜브 (Tube)

튜브 6-1 튜브 (Tube)

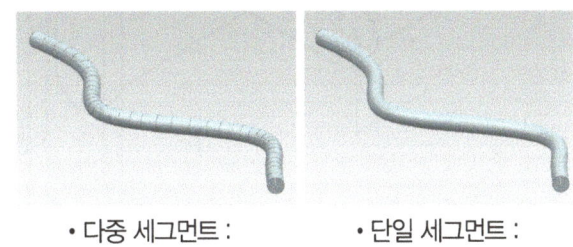

- 외경값만 사용 시 : 내부가 채워진 튜브
- 내경값과 함께 사용 시 : 내부 구멍이 뚫린 튜브

- 돌출이나 회전기능 처럼 결합,빼기,교차 사용가능

- 다중 세그먼트 : 곡률에 띠가 보임
- 단일 세그먼트 : 곡면이 깨끗함

튜브 6-2 튜브 (Tube)

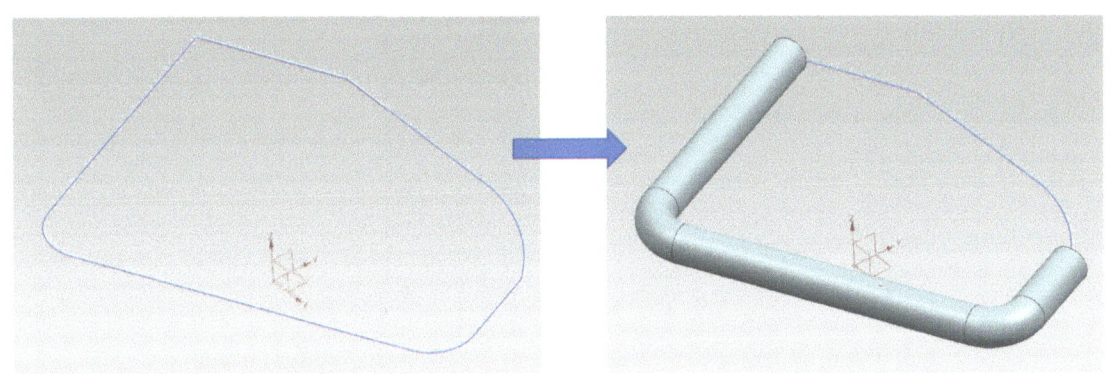

스케치 커브에 튜브 적용 시 주의사항

튜브는 [접하는 곡선]만 인식이 된다.
각이 진 모서리는 튜브의 곡률이 지나가지 못해 위의 결과물 처럼 생성되지 않는다.

도면 17

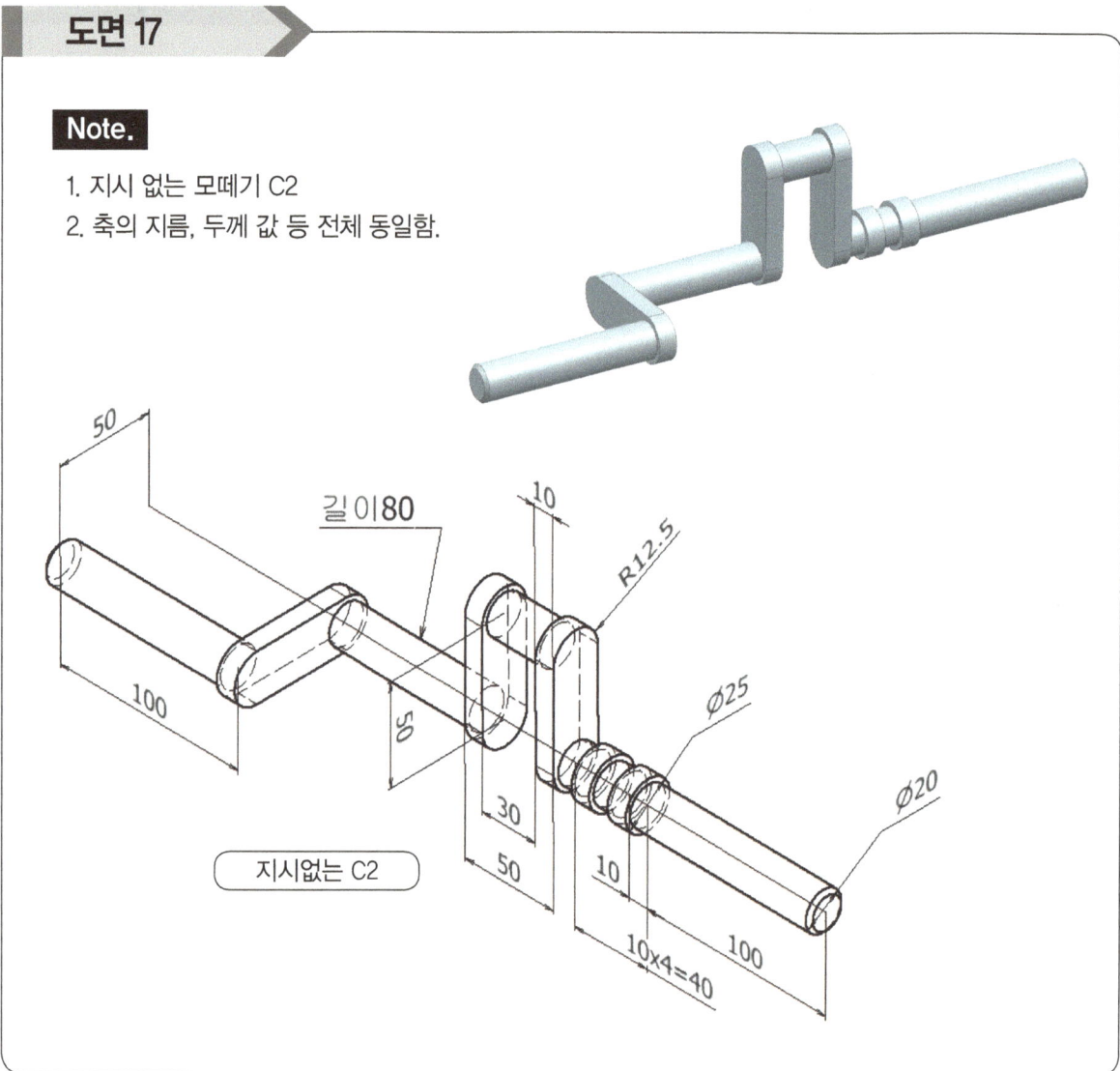

Note.
1. 지시 없는 모떼기 C2
2. 축의 지름, 두께 값 등 전체 동일함.

06 · 모델링 (Modeling) - 튜브 (Tube)

도면 18

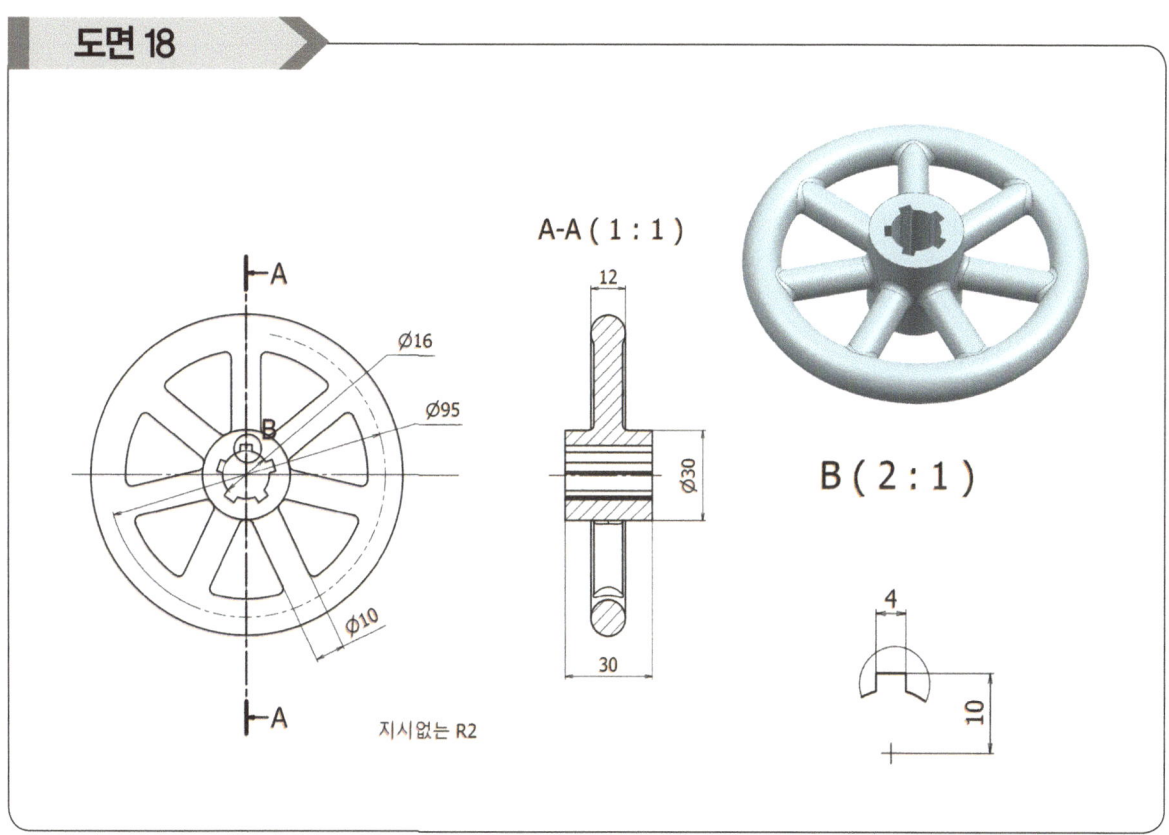

도면 19

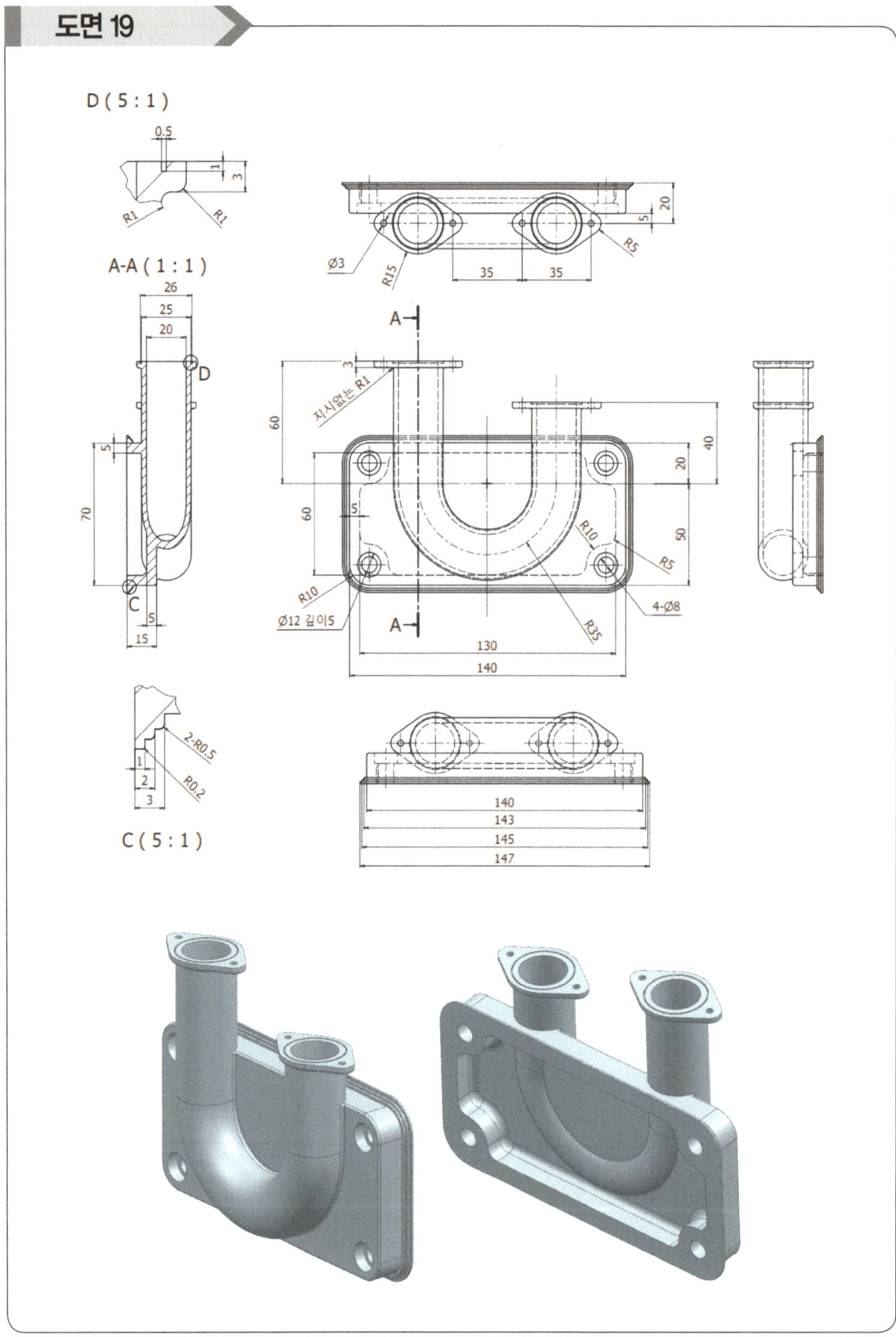

07

모델링 (Modeling)
- 회전 (Revolve)

07 모델링 (Modeling) - 회전 (Revolve)

7-1 회전 (Revolve)

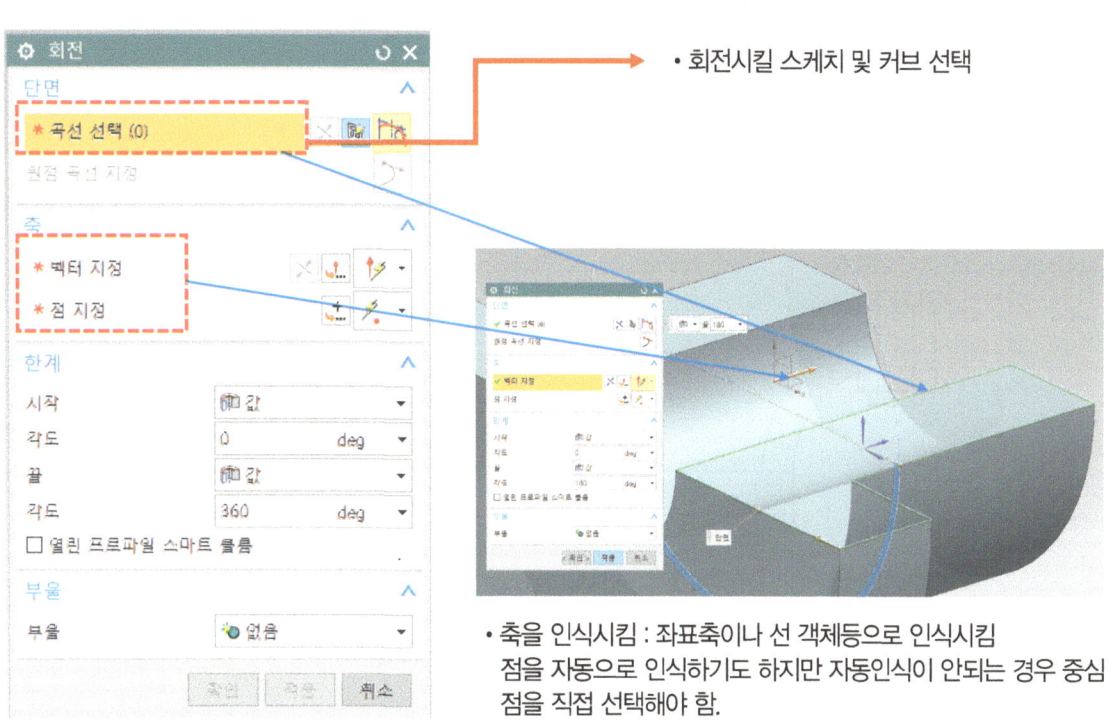

- 회전시킬 스케치 및 커브 선택
- 축을 인식시킴 : 좌표축이나 선 객체등으로 인식시킴
  점을 자동으로 인식하기도 하지만 자동인식이 안되는 경우 중심점을 직접 선택해야 함.

7-2 회전 (Revolve)

- 어디까지 객체를 생성시킬 지 선택
- 180도 회전
- 360도 회전

도면 19

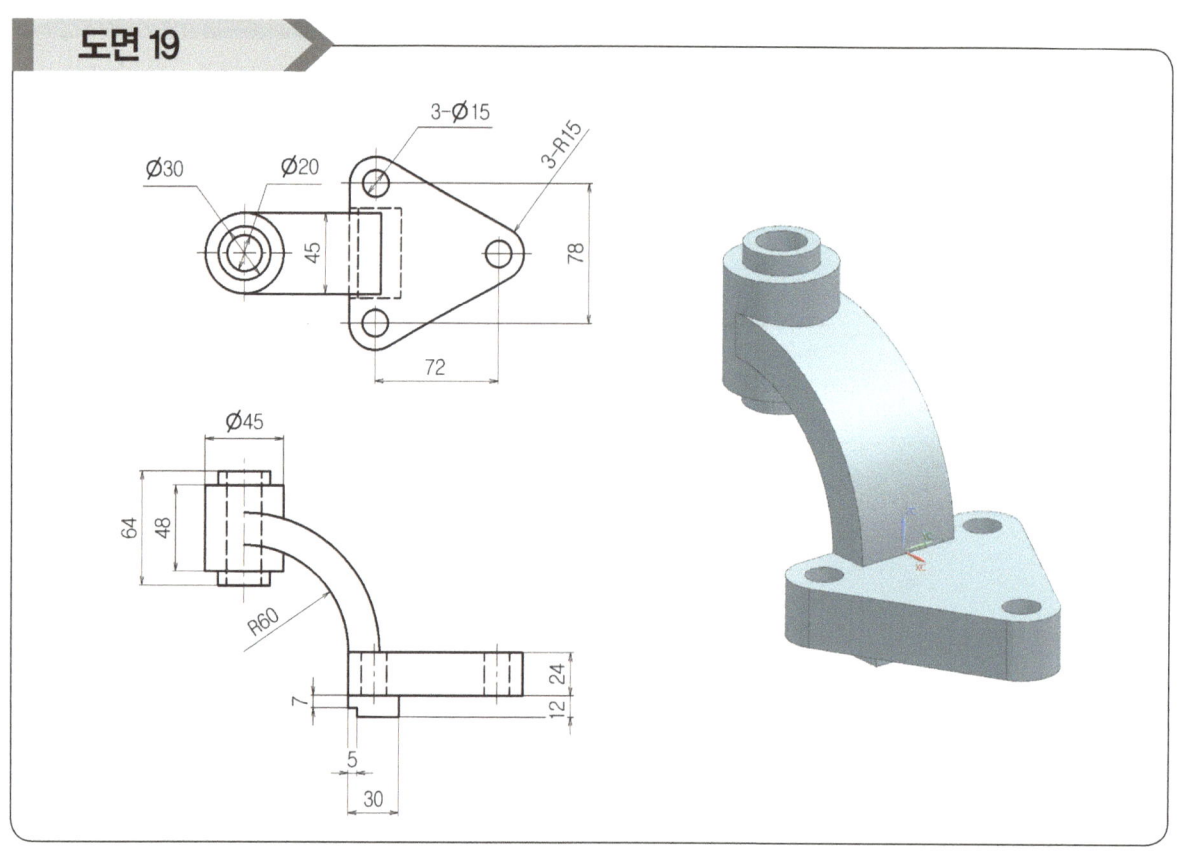

도면 20

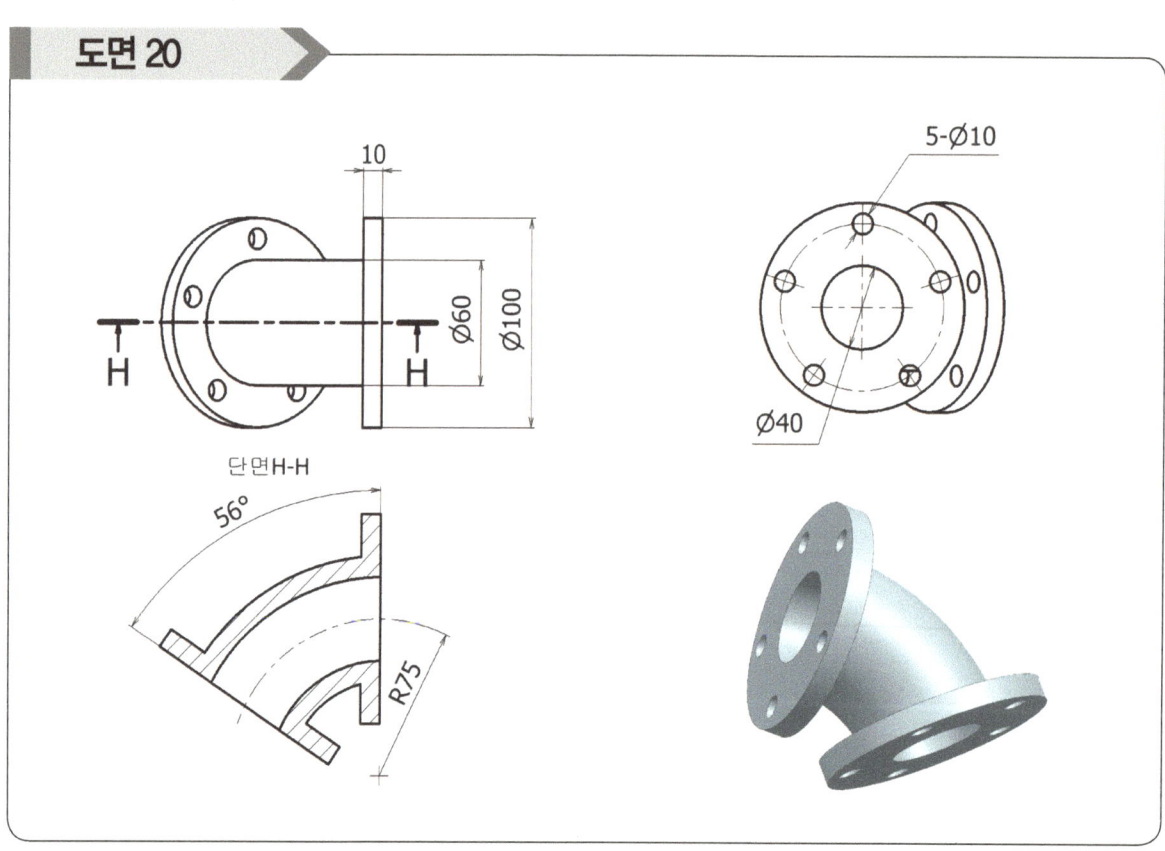

단면 H-H

도면 21

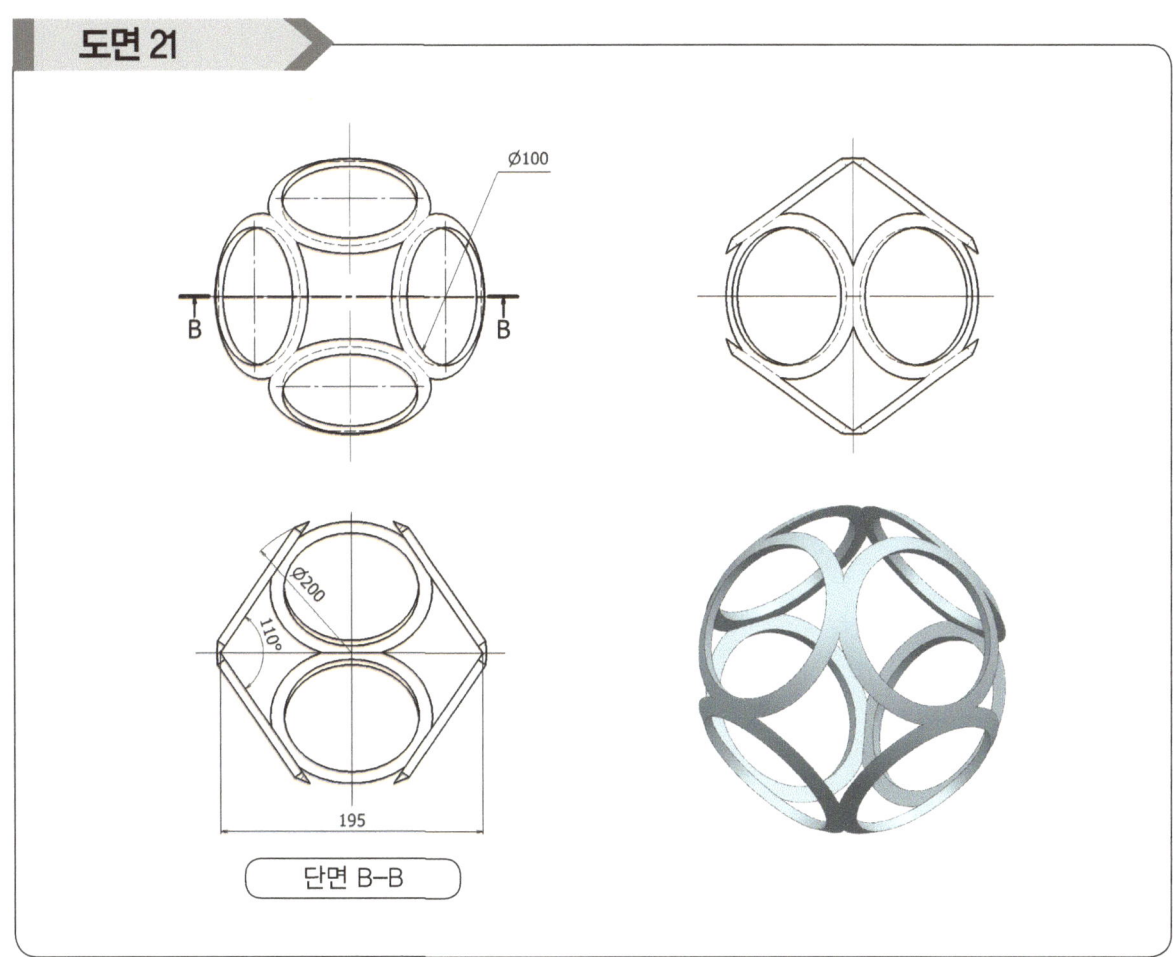

단면 B-B

08

모델링 (Modeling)
- 모서리 블렌드

08 모델링 (Modeling) - 모서리 블렌드

8-1 모서리 블렌드

- 모서리블렌드: 하단 메뉴가 접혀 있음.

- 옵션 메뉴를 모두 펼쳤을 때

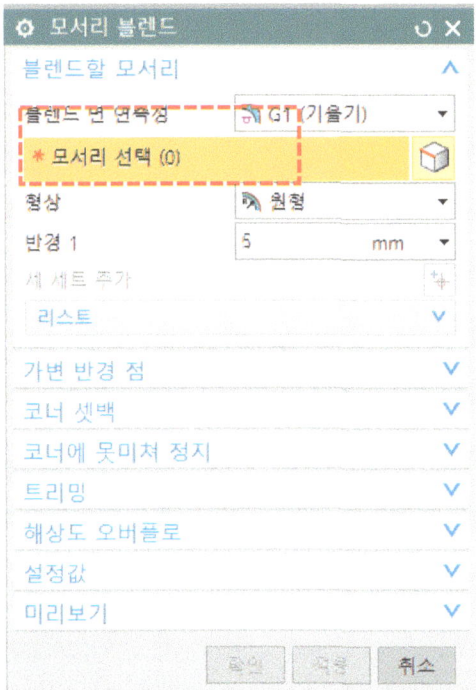

8-2 모서리 블렌드

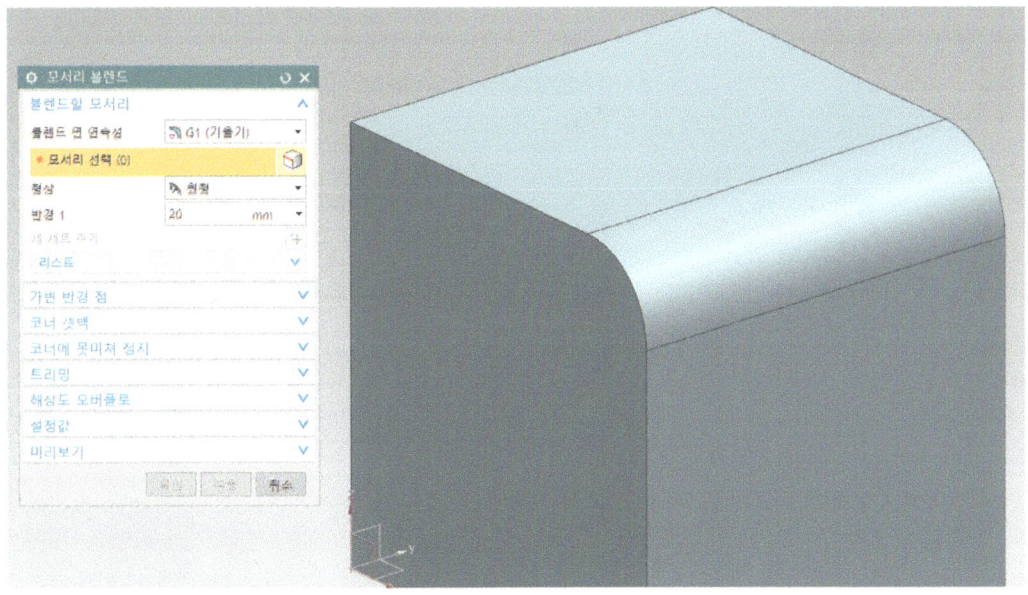

8-3 모서리 블렌드 · 가변 반경

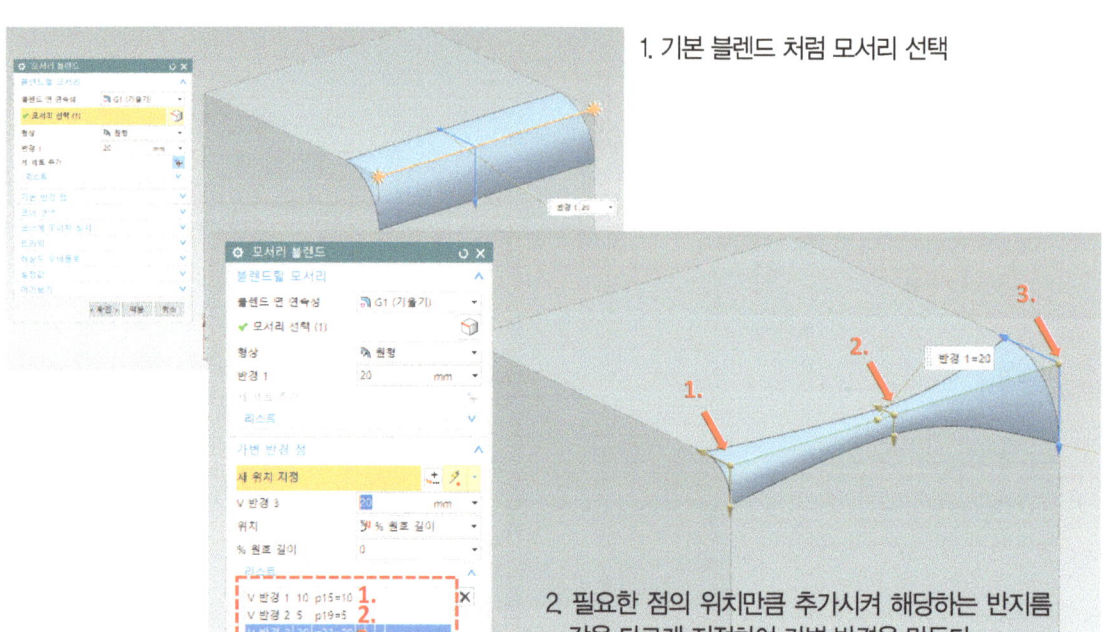

1. 기본 블렌드 처럼 모서리 선택

2. 필요한 점의 위치만큼 추가시켜 해당하는 반지름 값을 다르게 지정하여 가변 반경을 만든다.

8-4 모서리 블렌드 · 코너 셋백

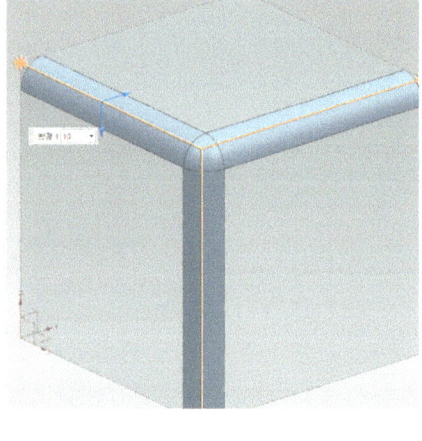

1. 기본 블렌드 처럼 교차 지점의 모서리 세군데 선택

3개의 모서리가 만나는 꼭지점 선택
꼭지점 자리의 반지름 값 입력

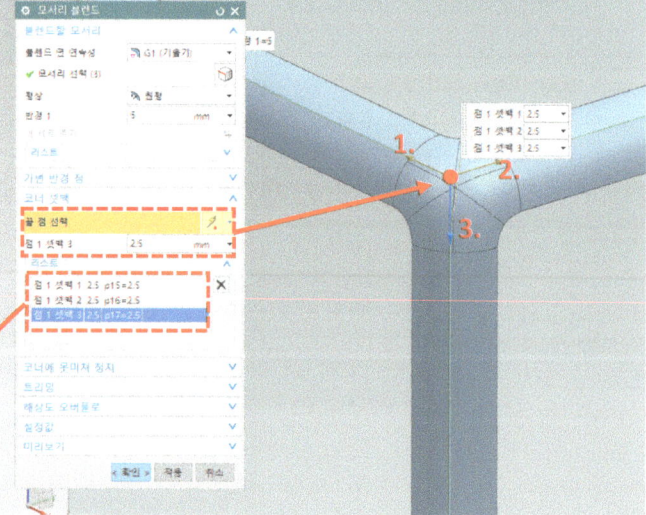

3개 방향의 모서리쪽으로 각각의 반지름 값을 다르게 입력할 수 있다.

8-5 모서리 블렌드 · 코너에 못미쳐 정지

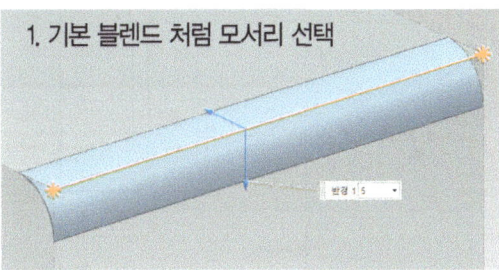
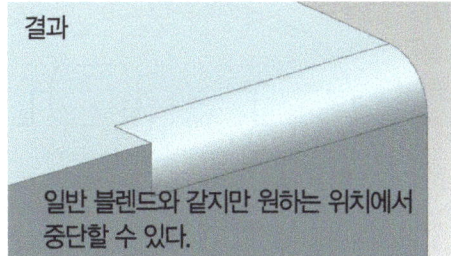

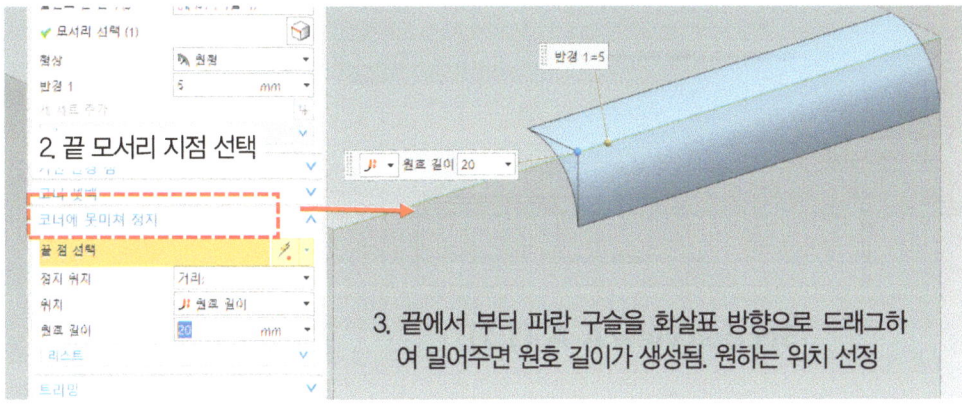

 8-6 모서리 블렌드 · 트리밍

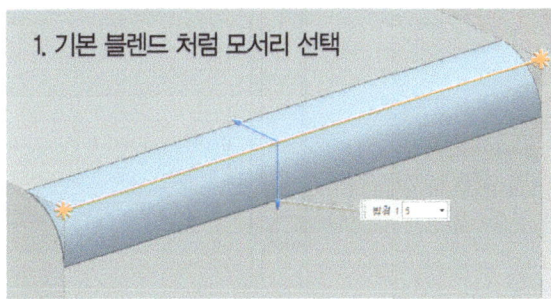
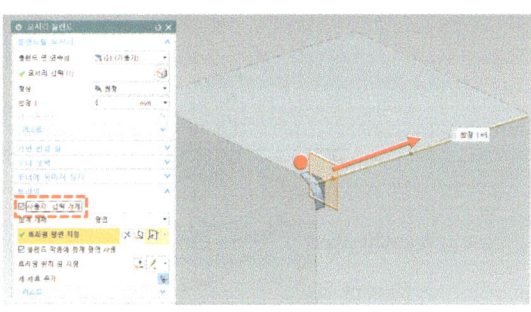

2. 사용자 선택 개체를 체크해야 옵션 활성화

3. 끝부분의 모서리를 선택하면 수직방향의 데이텀이 생성(개체:평면)

4. 데이텀을 원하는 위치까지 끌고 감.

도면 22

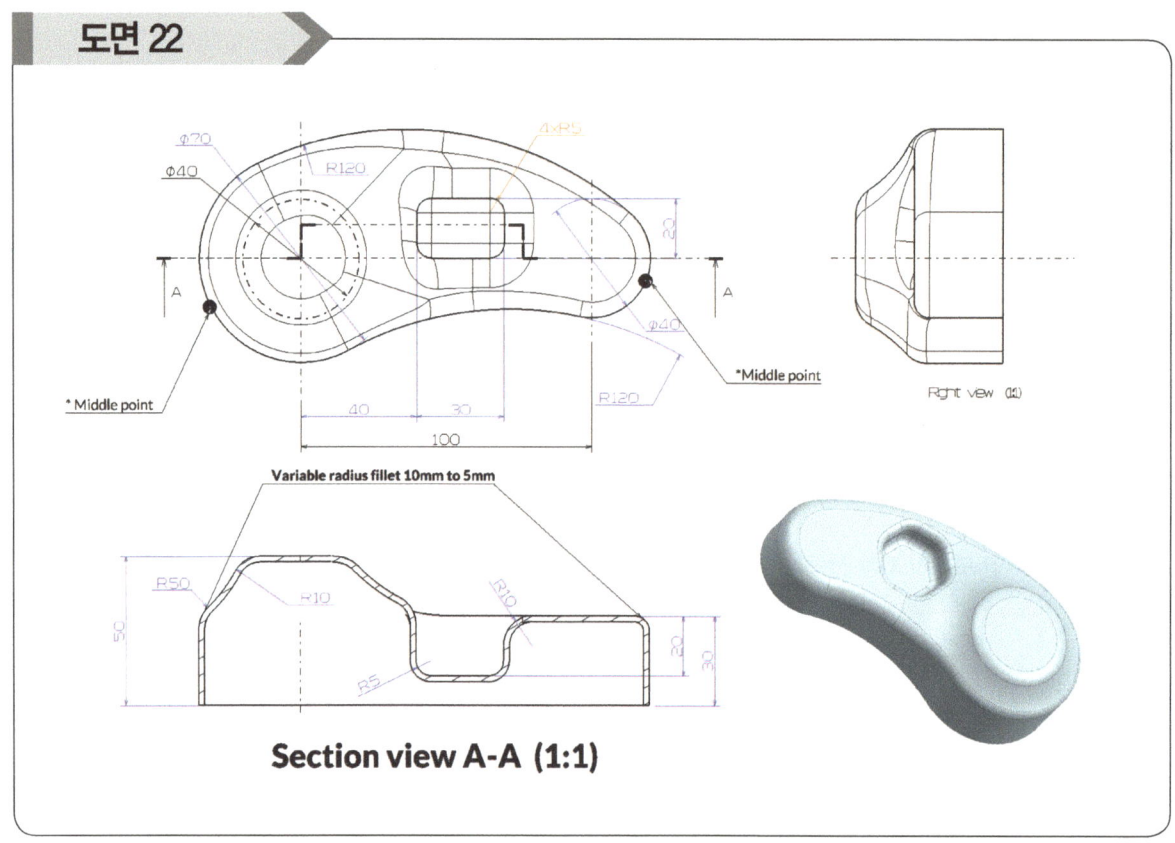

Section view A-A (1:1)

도면 23

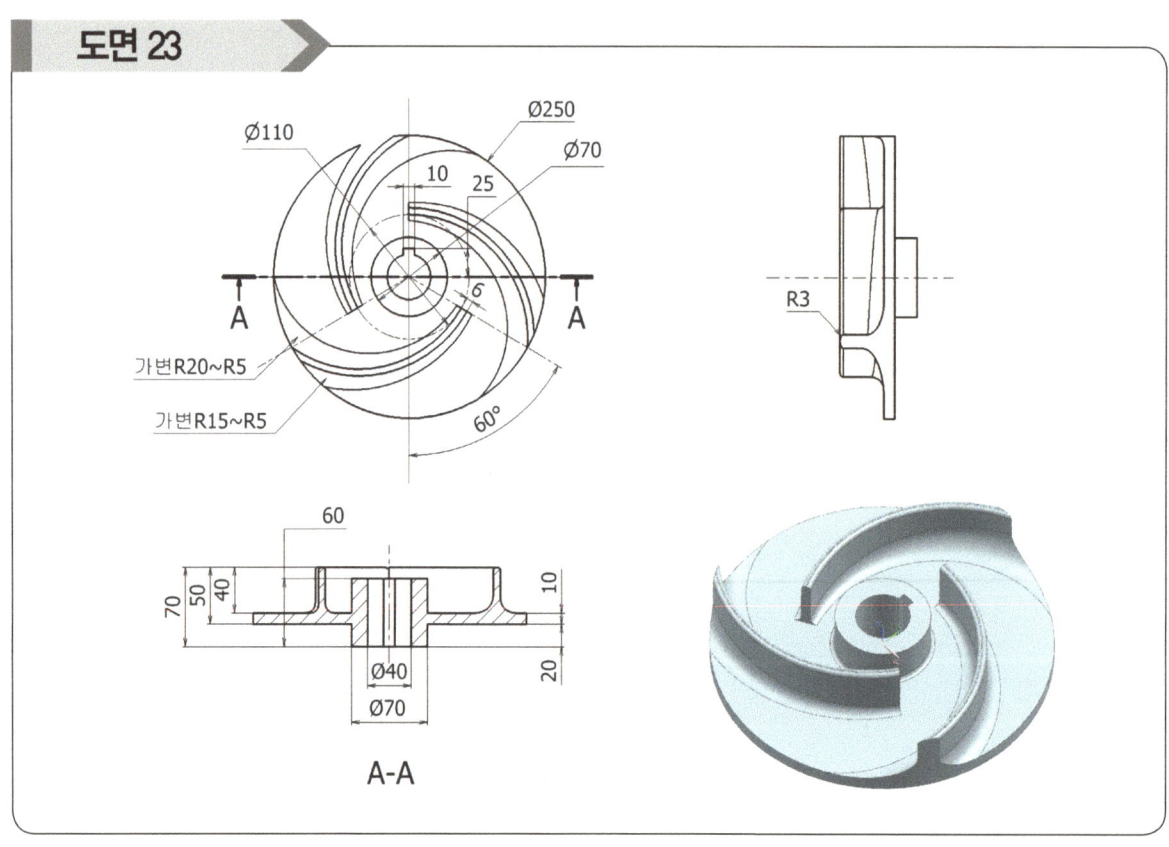

A-A

도면 24

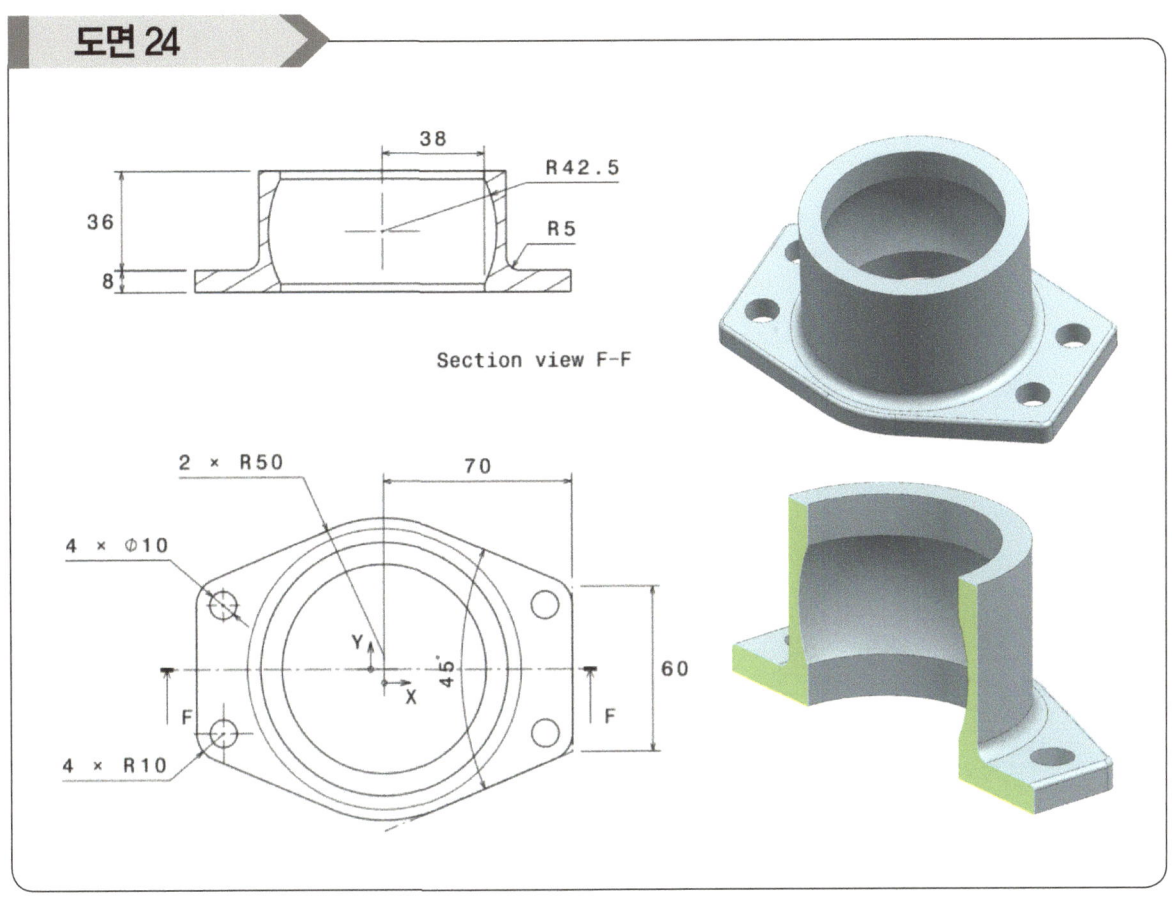

09

모델링 (Modeling)
- 블록/원통

09 모델링 (Modeling) - 블록/원통

9-1 블록

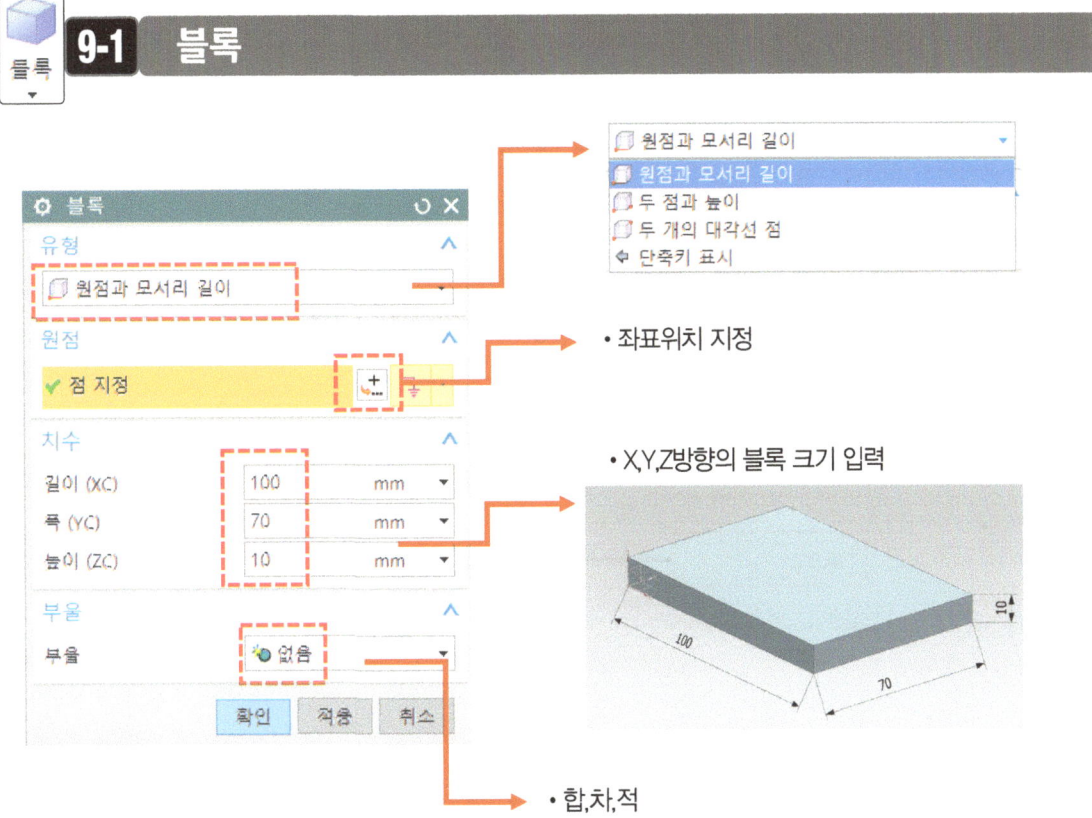

9-2 블록 · 유형

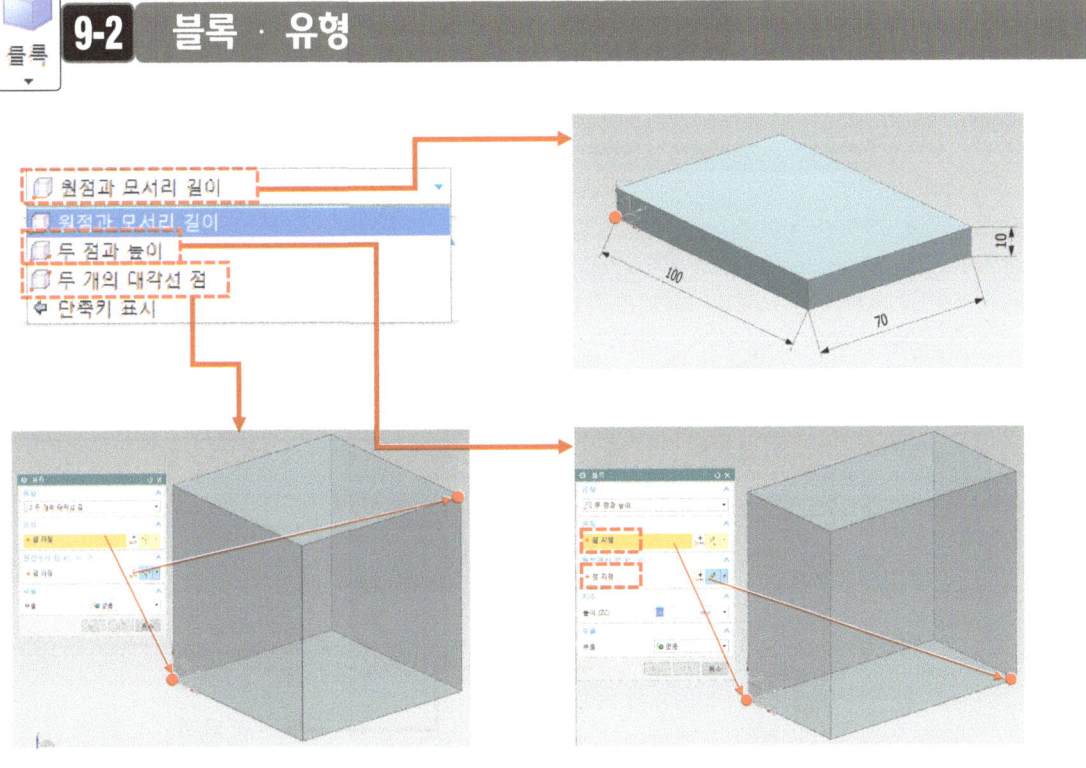

9-3 원통

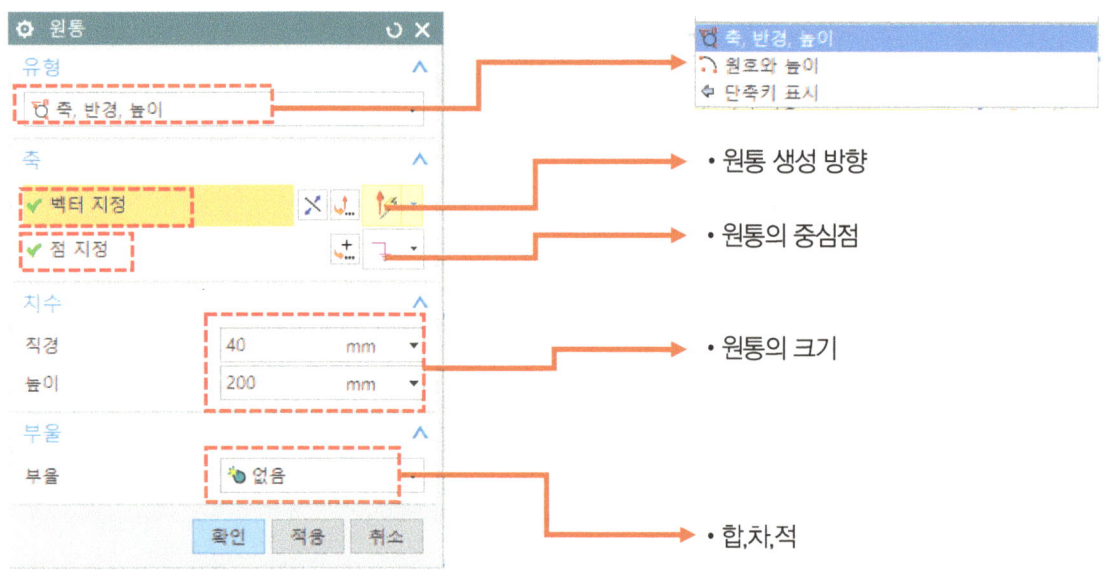

9-3 원통 · 유형 (축, 반경, 높이)

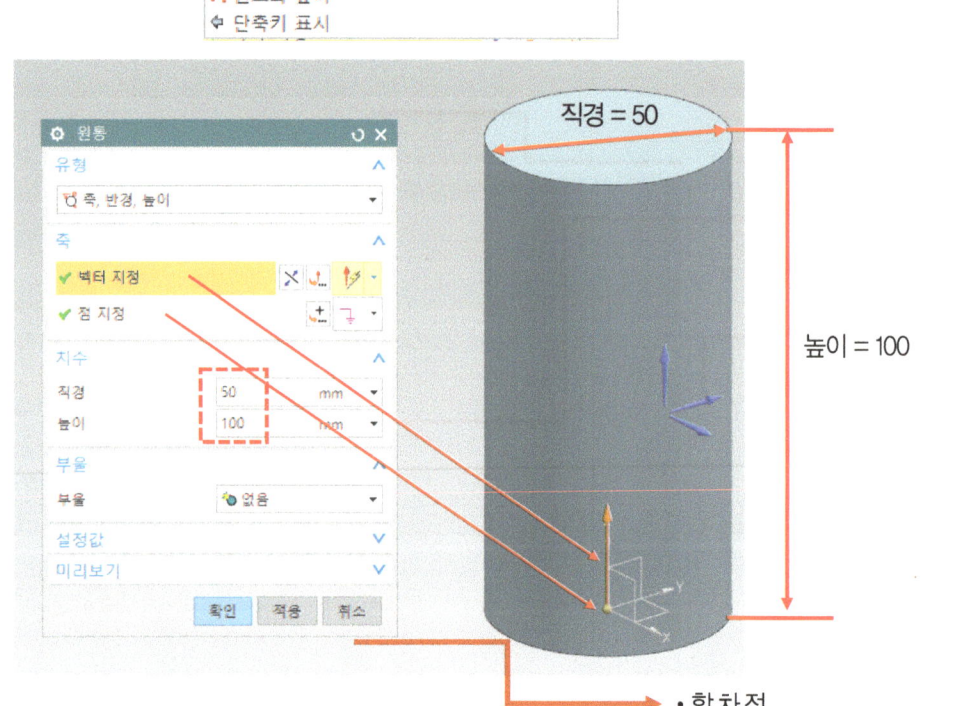

09 · 모델링 (Modeling) - 블록/원통

 9-5 원통 · 유형 (원호와 높이)

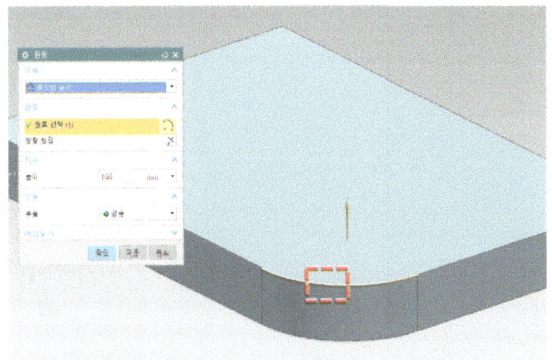

- 기존의 형상이 호 또는 원통형상이 존재할 경우 반경을 입력하지 않고 호의 EDGE(모서리)를 선택하여 크기를 인식한다.

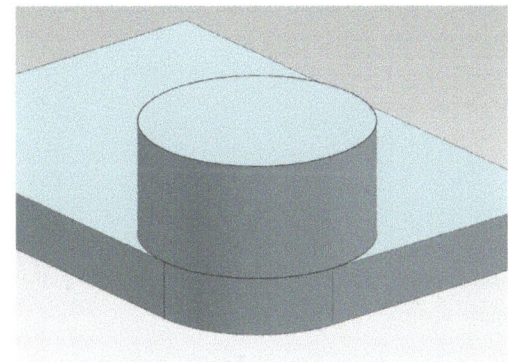

- 원통의 높이 값만 입력하면 바로 생성

10

모델링 (Modeling)
- 복사 기능

❿ 모델링 (Modeling) - 복사 기능

10 복사 기능

패턴 면 ·· • 표면(껍데기) 형상을 복사

패턴 경계, 인스턴스 방향, 클락킹 및 삭제에 대한 다양한 옵션을 사용하여 면 세트를 여러 패턴 또는 레이아웃(선형, 원형 및 다각형 등)으로 복사한 후 바디에 추가합니다.
메뉴(위쪽 경계 모음): 삽입 -> 연관 복사 -> 패턴 면
홈 탭: 특징형상 그룹 -> 더 보기 갤러리 -> 연관 복사 갤러리 -> 패턴 면

패턴 지오메트리 ·· • 한 개(덩어리)를 복사

패턴 경계, 인스턴스 방향, 클락킹 및 삭제에 대한 다양한 옵션을 사용하여 여러 패턴 또는 레이아웃(선형, 원형 및 다각형 등)에 지오메트리를 복사합니다.
메뉴(위쪽 경계 모음): 삽입 -> 연관 복사 -> 패턴 지오메트리
홈 탭: 특징형상 그룹 -> 더 보기 갤러리 -> 최근 사용 항목 갤러리 -> 패턴 지오메트리

패턴 특징형상 ·· • 한 특징(일부)만 복사

패턴 경계, 인스턴스 방향, 클락킹 및 변동에 대한 다양한 옵션을 사용하여 여러 패턴 또는 레이아웃(선형, 원형 및 다각형 등)에 특징형상을 복사합니다.
메뉴(위쪽 경계 모음): 삽입 -> 연관 복사 -> 패턴 특징형상
홈 탭: 특징형상 그룹 -> 패턴 특징형상

대칭 지오메트리

지오메트리를 복사하고 평면에 대칭합니다.
메뉴(위쪽 경계 모음): 삽입 -> 연관 복사 -> 대칭 지오메트리
홈 탭: 특징형상 그룹 -> 더 보기 갤러리 -> 최근 사용 항목 갤러리 -> 대칭 지오메트리

대칭 특징형상

특징형상을 복사하여 평면을 기준으로 대칭시킵니다.
메뉴(위쪽 경계 모음): 삽입 -> 연관 복사 -> 대칭 특징형상
홈 탭: 특징형상 그룹 -> 더 보기 갤러리 -> 최근 사용 항목 갤러리 -> 대칭 특징형상

면 대칭

한 세트의 면을 복사하고 평면에 대칭합니다.
메뉴(위쪽 경계 모음): 삽입 -> 연관 복사 -> 면 대칭
홈 탭: 특징형상 그룹 -> 더 보기 갤러리 -> 최근 사용 항목 갤러리 -> 면 대칭

특징 선택

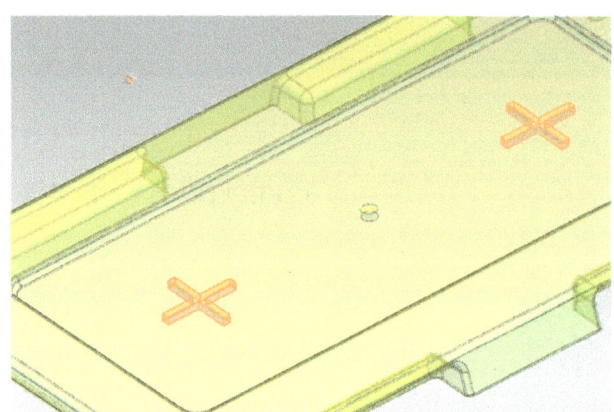

면 선택

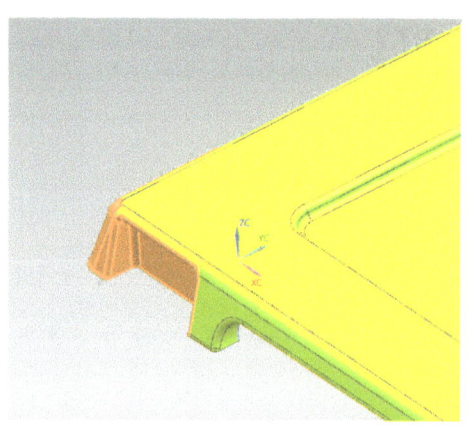

전체 부품(모델링) 선택

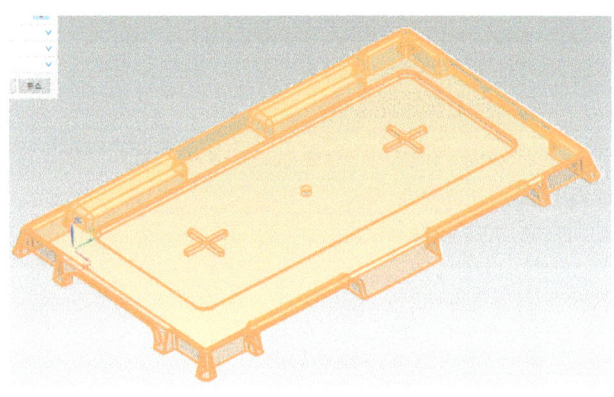

10-1 패턴 메뉴 구조 비교

10-2 대칭 메뉴 구조 비교

- 앞의 패턴 메뉴들과 마찬가지로 특징, 면, 전체 덩어리 형상 부분 중 복사할 부분이 어디인지에 따라 사용 기능이 달라진다.

도면 25

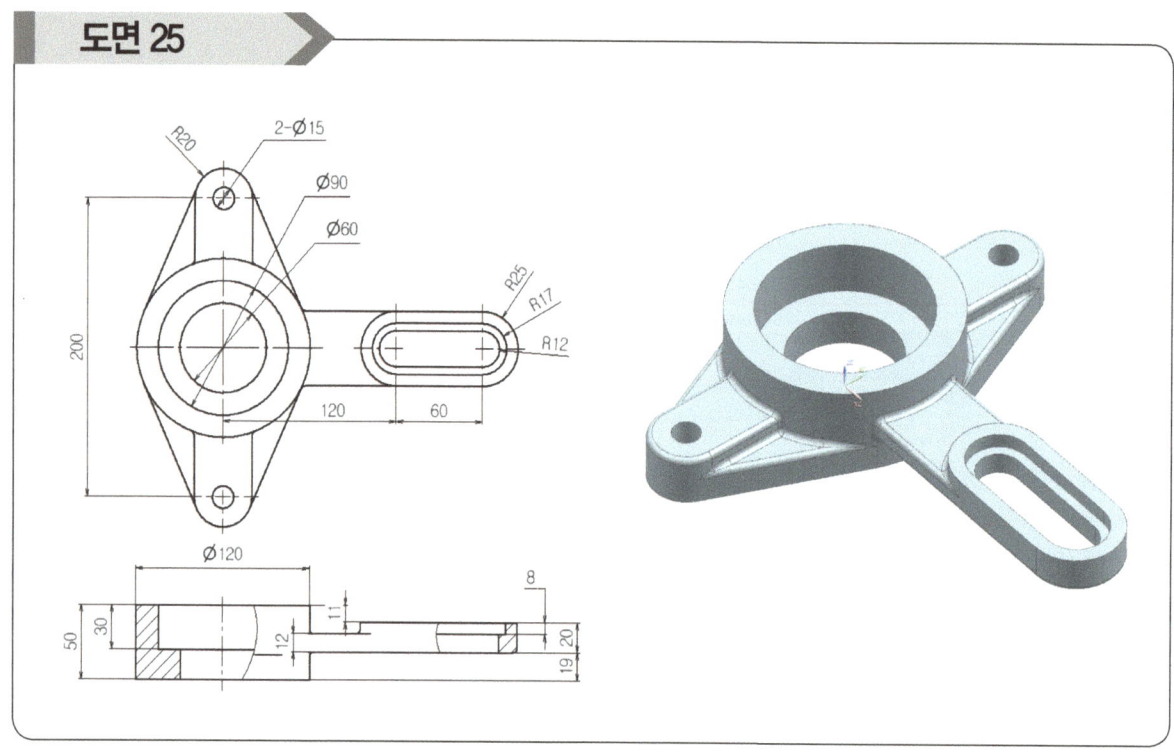

도면 26

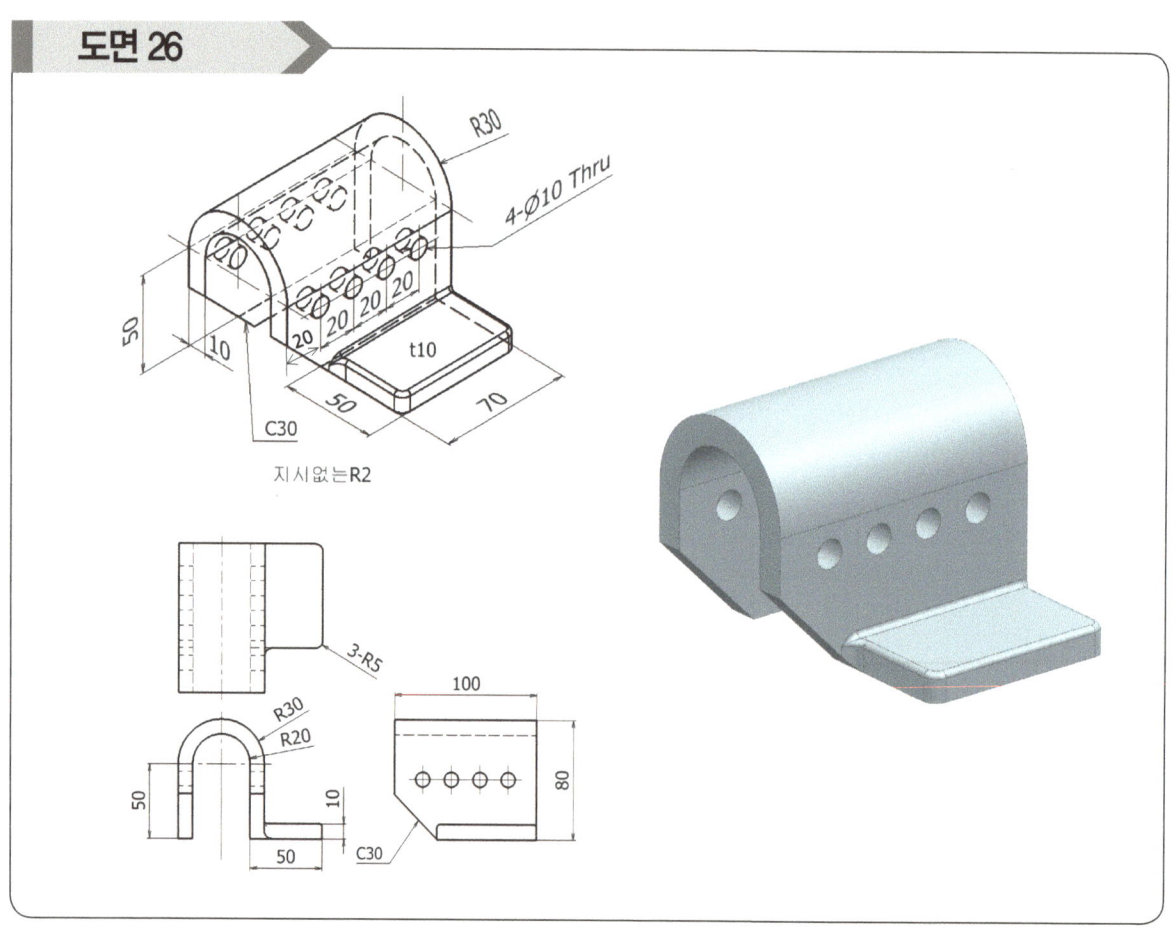

지시없는 R2

11

모델링 (Modeling) - 모따기 (Chamfer)

⑪ 모델링 (Modeling) - 모따기 (Chamfer)

모따기 11-1 모따기

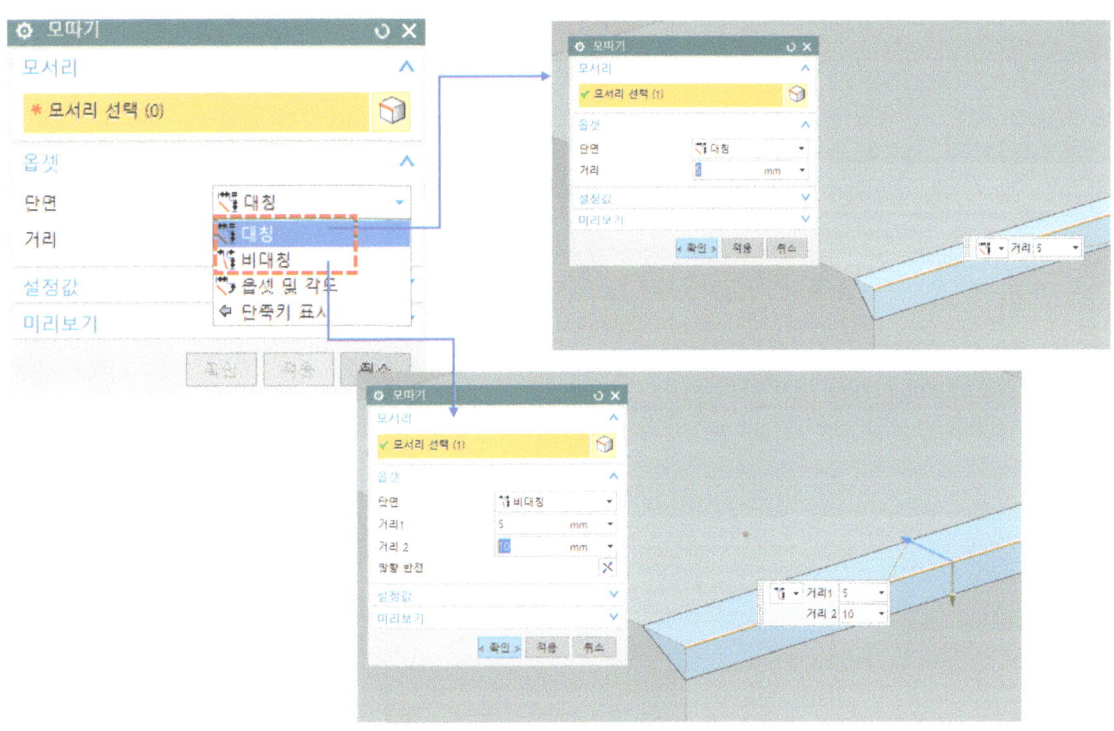

모따기 11-2 모따기

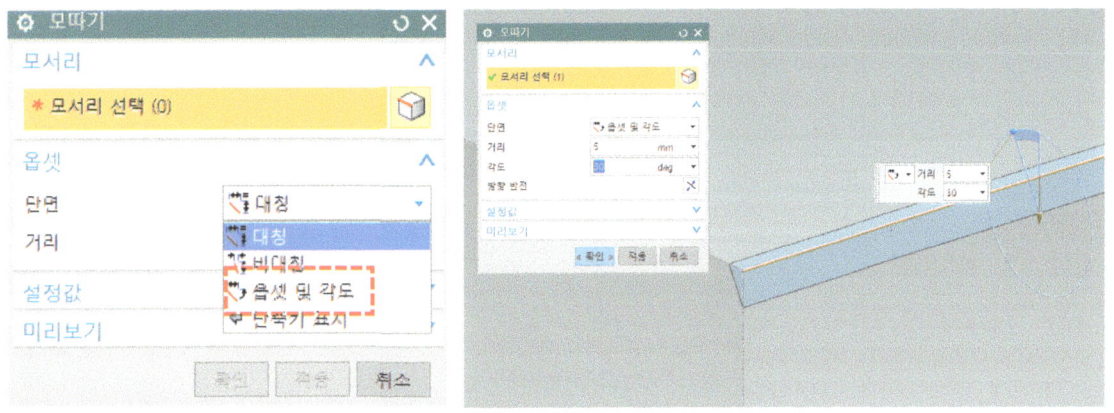

12

모델링 (Modeling) - 쉘 (Shell)

12 모델링 (Modeling) - 모따기 (Chamfer)

셸 12-1 쉘

• 두께(껍데기)만 남기고 제거

셸 12-2 쉘

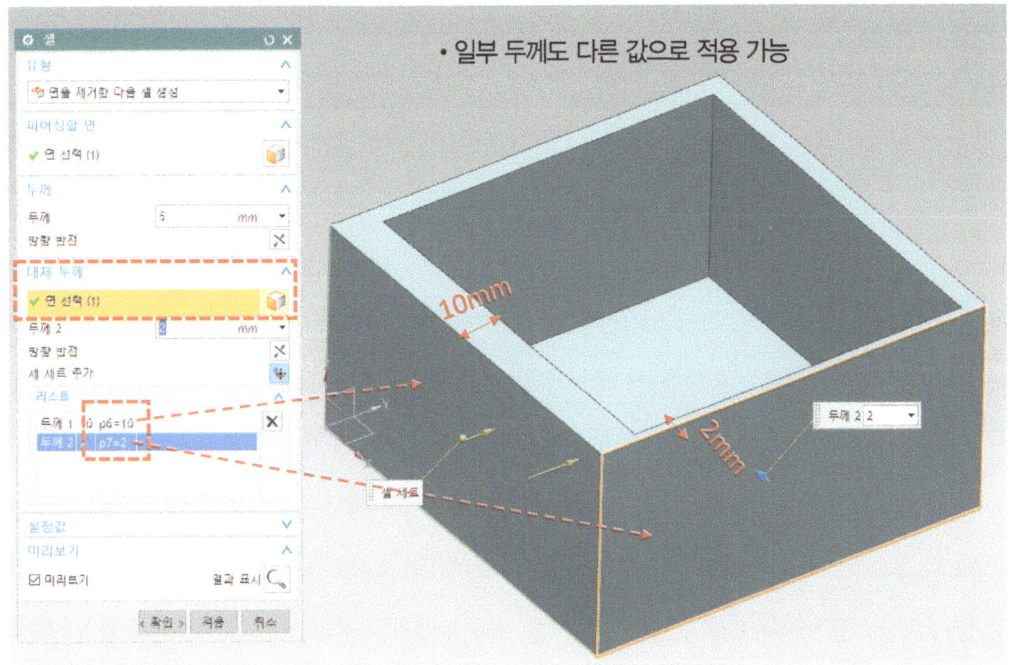

• 일부 두께도 다른 값으로 적용 가능

 12-3 쉘

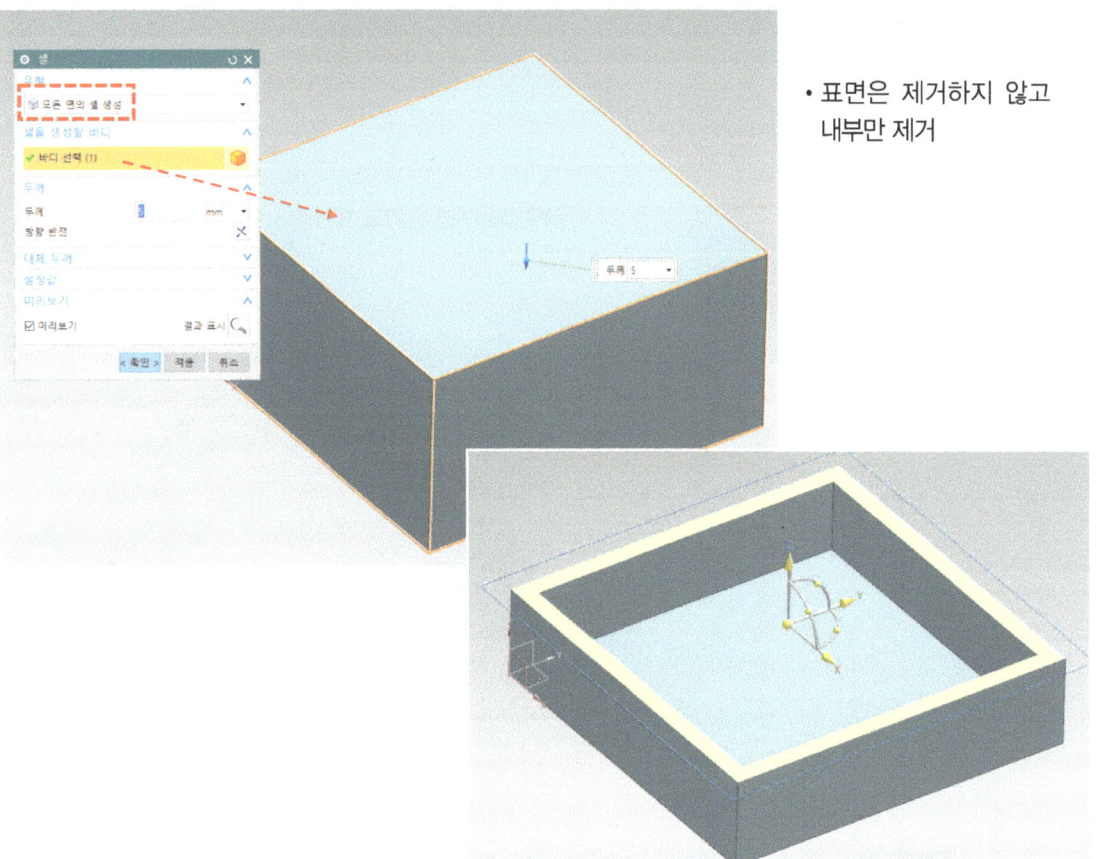

- 표면은 제거하지 않고 내부만 제거

13

모델링 (Modeling) - 리브 (Rib)

⑬ 모델링 (Modeling) - 리브 (Rib)

리브 13-1 리브

리브
평면형 단면을 돌출하여 솔리드 바디와 교차시켜 두께가 얇은 리브 또는 리브 네트워크를 추가합니다.
메뉴(위쪽 경계 모음); 삽입 -> 특징형상 설계 -> 리브
홈 탭; 특징형상 그룹 -> 더 보기 갤러리 -> 최근 사용 항목 갤러리 -> 리브

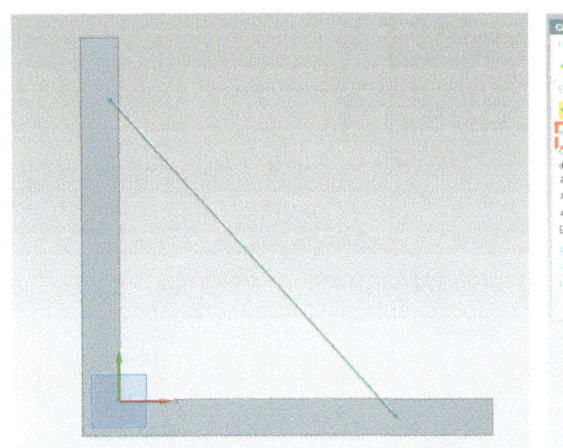
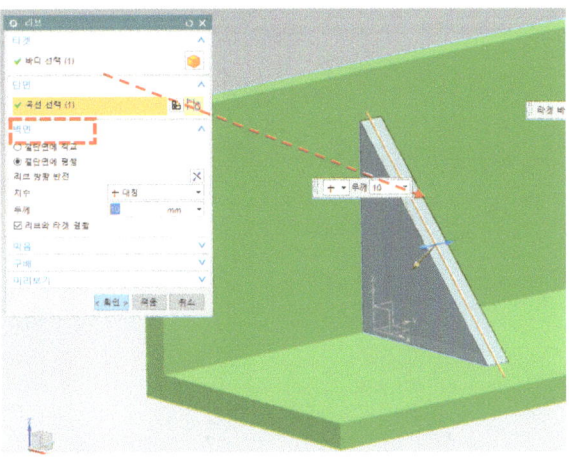

리브 13-2 리브

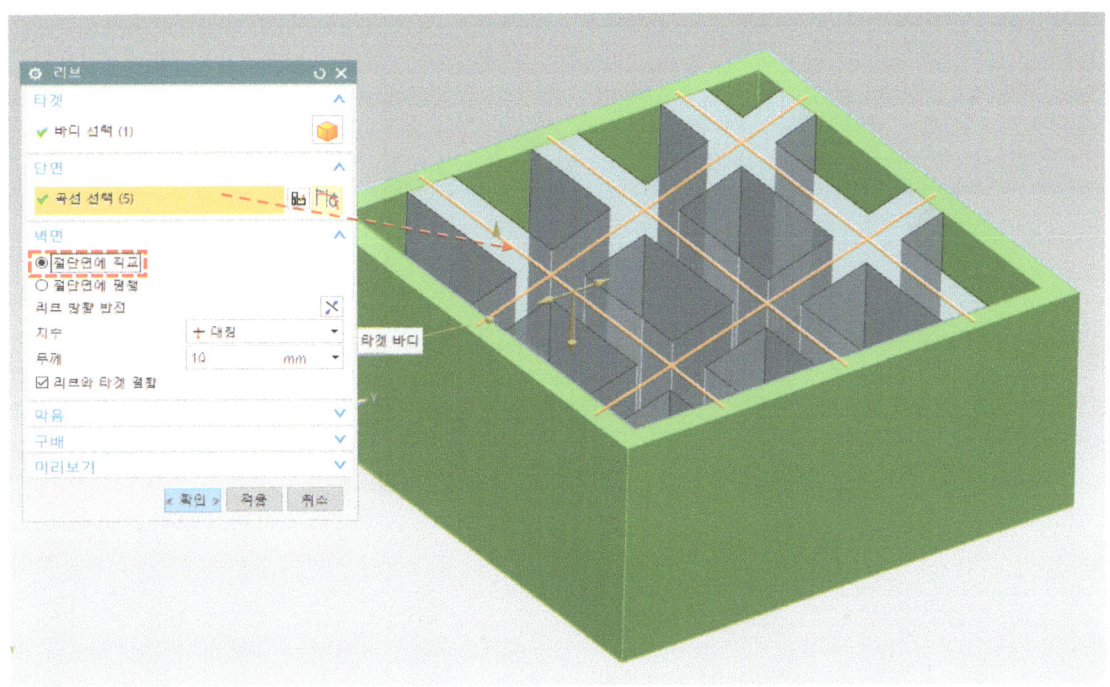

 12-3 쉘

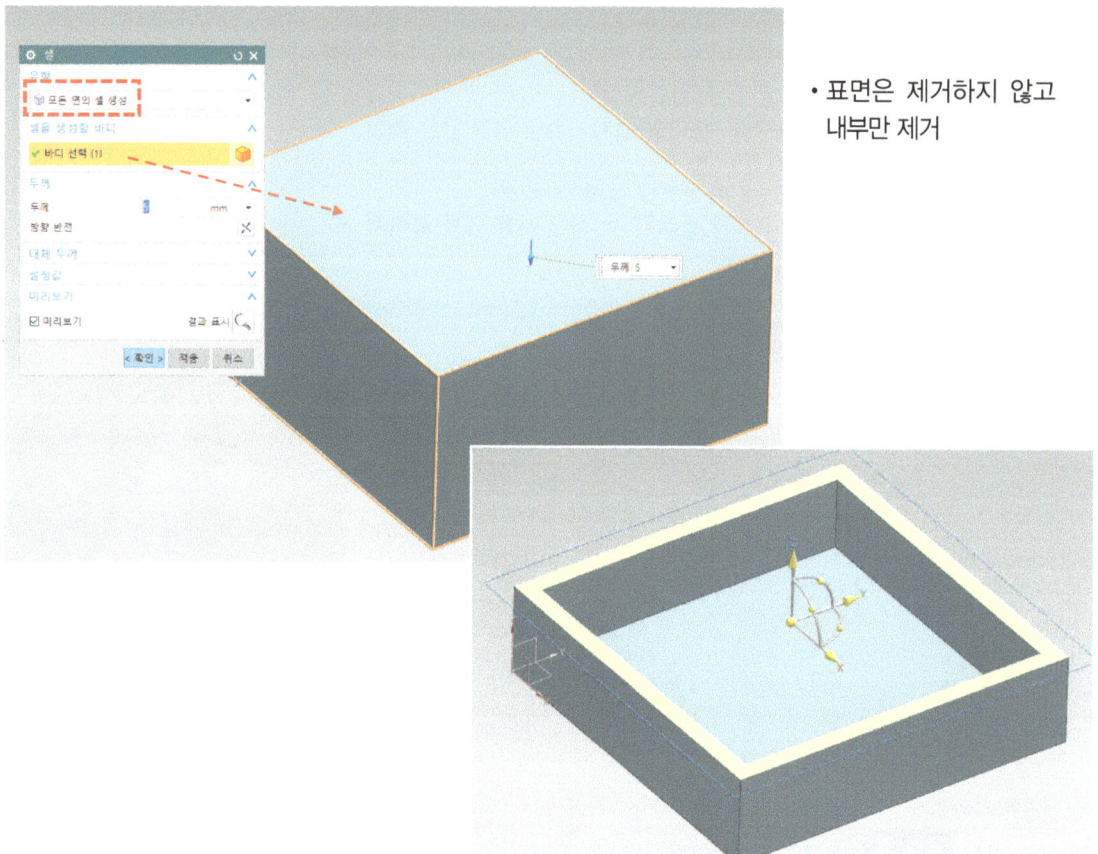

- 표면은 제거하지 않고 내부만 제거

14

모델링 (Modeling)
- 구배 (Draft/Taper)

⑭ 모델링 (Modeling) - 구배 (Draft/Taper)

구배 14-1 구배

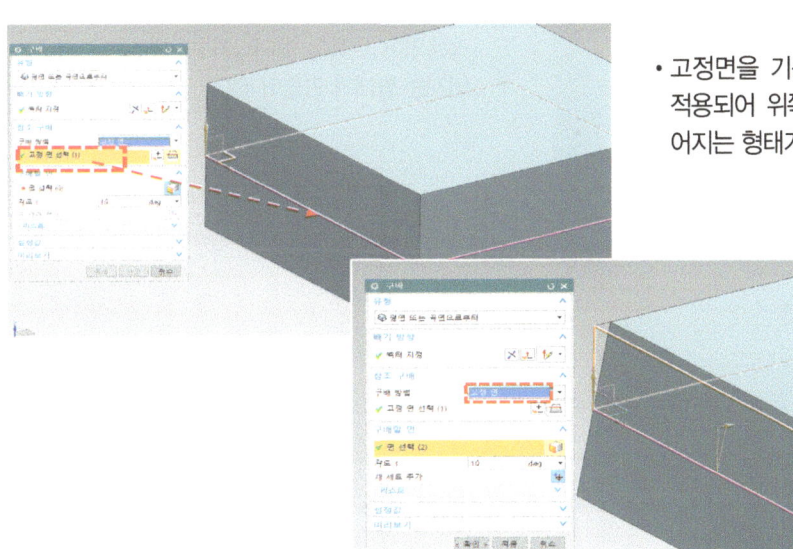

- 고정면을 기준으로 전체형상에 기울기가 적용되어 위쪽은 잘려나가고, 아랫쪽은 넓어지는 형태가 만들어 진다.

구배 14-2 구배

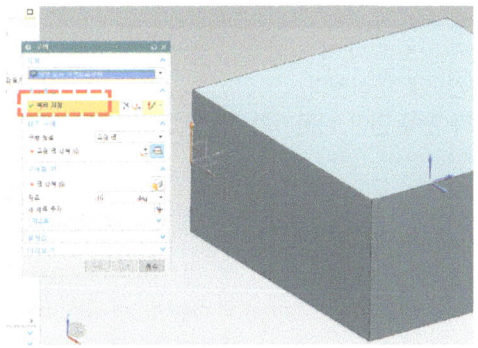

1. 자동으로 벡터방향이 Z축으로 인식됨
   기울기가 생성될 수직방향

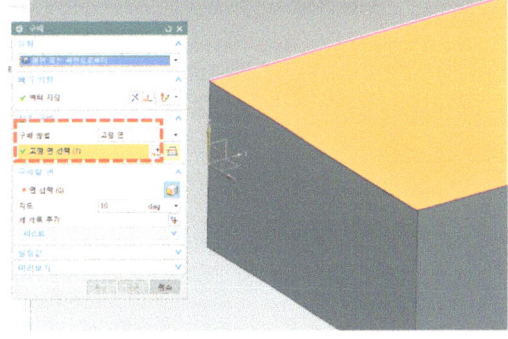

2. 기울기가 고정될 면을 선택한다.
   치수의 변형이 없는 기준면을 선택한다.

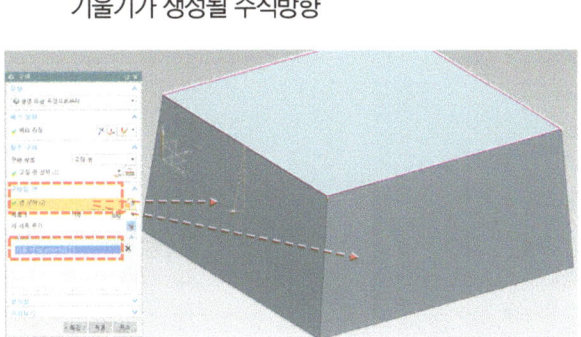

3. 구배(기울기) 각도를 지정할 면을 선택한다.

구배 14-3 구배

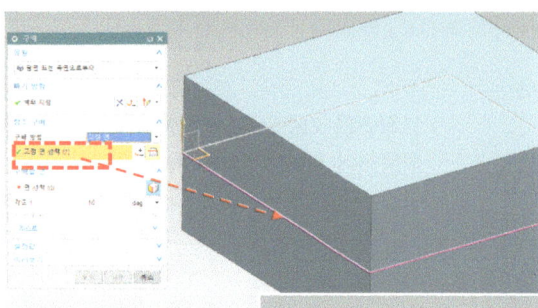

- 고정면을 기준으로 전체형상에 기울기가 적용되어 위쪽은 잘려나가고, 아랫쪽은 넓어지는 형태가 만들어 진다.

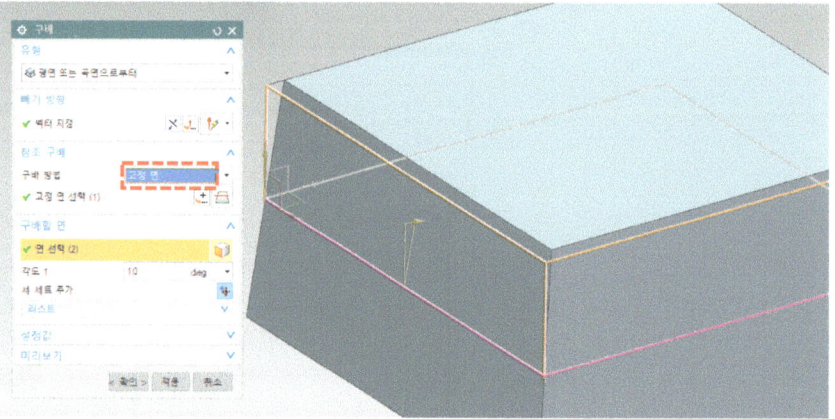

구배 14-4 구배

- 고정면이 아니라 [파팅면]으로 변경하여 선택한 평면이 파팅면으로 인식된다.
  이 면을 기준으로 전체형상에 기울기가 적용되는 것이 아니라 한쪽 면만 기울기가 적용된다.

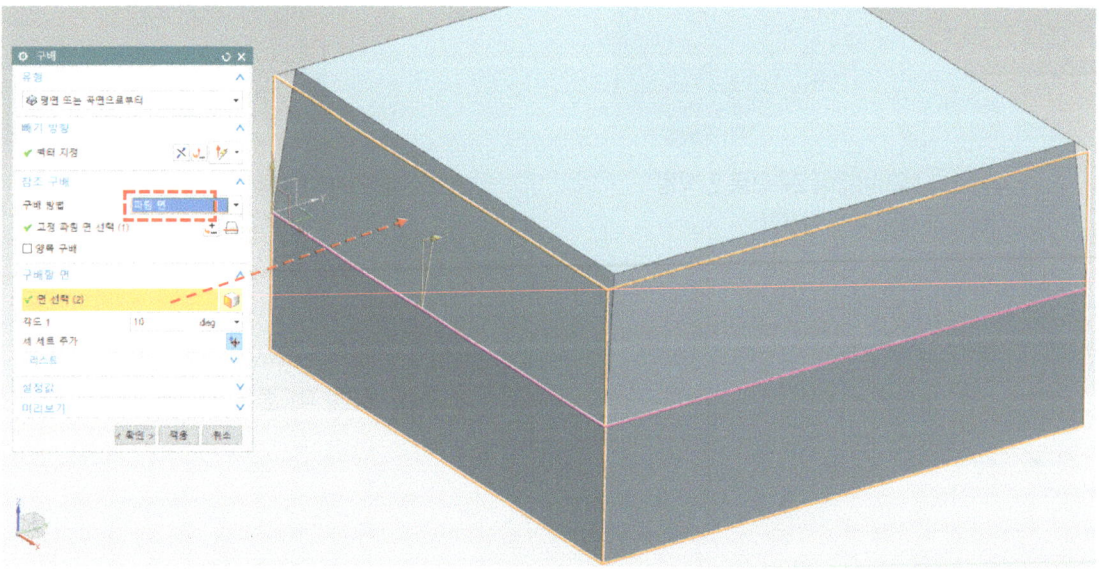

14-5 구배

- 같은 파팅면 조건에 [양쪽 구배]에 체크를 하면 양 방향으로 구배가 적용된다.

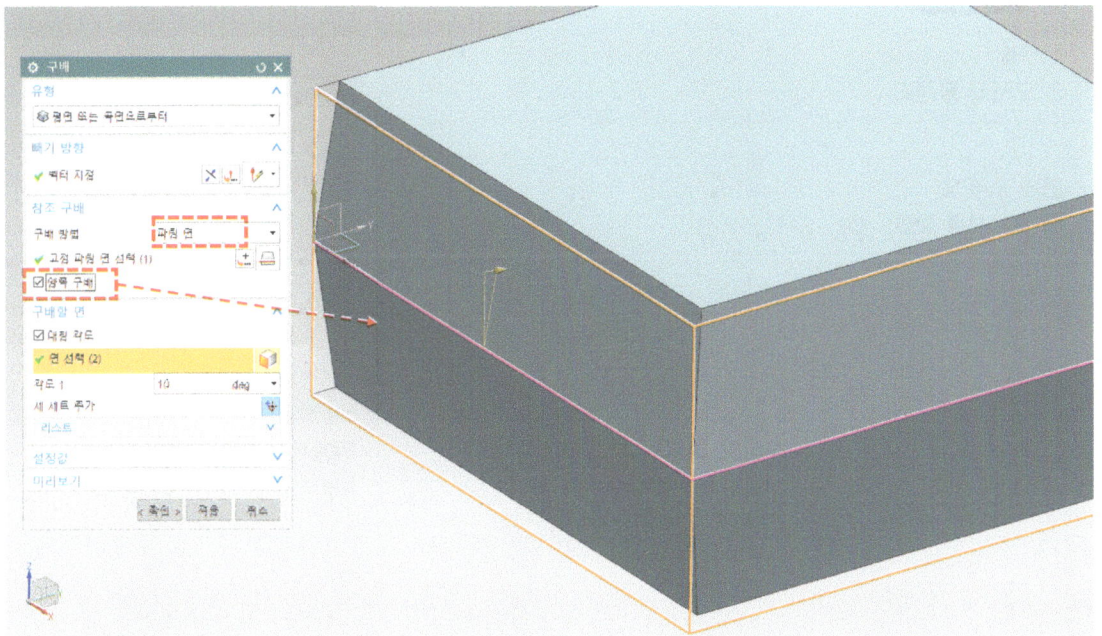

14-6 구배

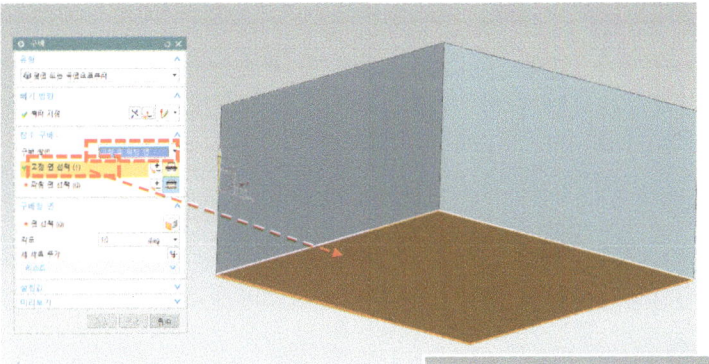

- 구배방법 : 고정 및 파팅면
  고정면과 파팅면을 따로 선택한다.

  먼저 고정면을 바닥에 선택

- 파팅면을 데이텀 면에 선택한다.

- 고정면을 기준으로 구배가 적용되면서 파팅면으로 지정한 위치까지만 구배(기울기)가 적용된다.

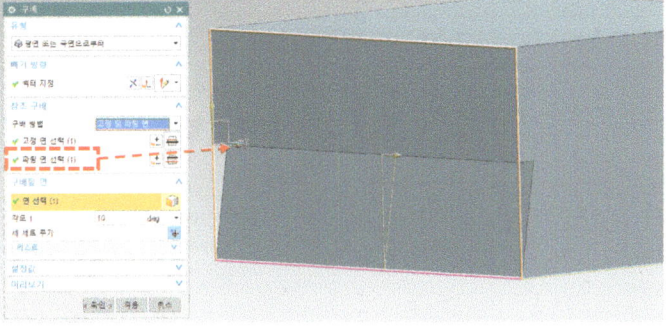

구배 14-7 구배와 필렛 적용시 주의사항

작업순서

1. 구배
2. 모서리 블렌드

☑ 구배 (4)
☑ 모서리 블렌드 (5)

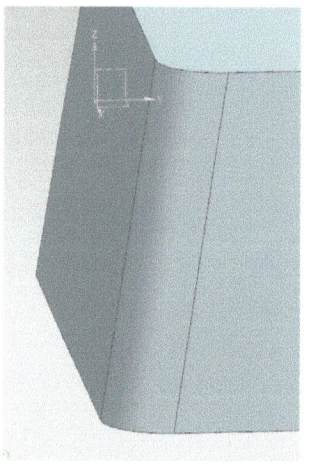

- 형상이 위에서 부터 아랫부분까지 R부분의 크기가 균일하다.

- 위에서 바라본 모형 R부분의 모서리가 평행하다.

구배 14-8 구배와 필렛 적용시 주의사항

작업순서

1. 모서리 블렌드
2. 구배

☑ 모서리 블렌드 (6)
☑ 구배 (7)

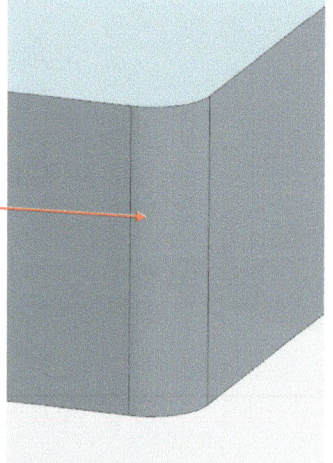

1. 기본 형상에 블렌드를 먼저 적용

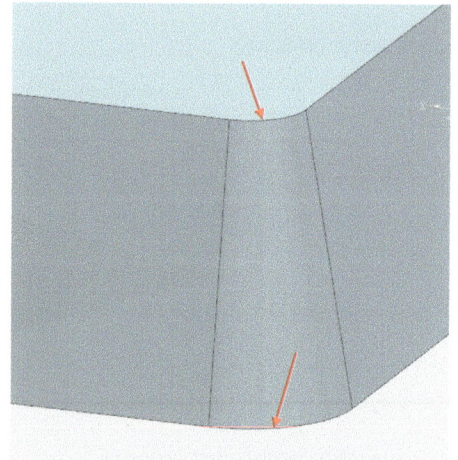

2. 구배를 두번째 순서로 적용

- 형상이 위에서 부터 아랫부분까지 내려오면서 R부분의 크기가 변형된다.

구배 14-9 구배와 필렛 적용시 주의사항

작업순서

1. 모서리 블렌드
2. 구배

☑ 📦 모서리 블렌드 (6)
☑ 🔷 구배 (7)

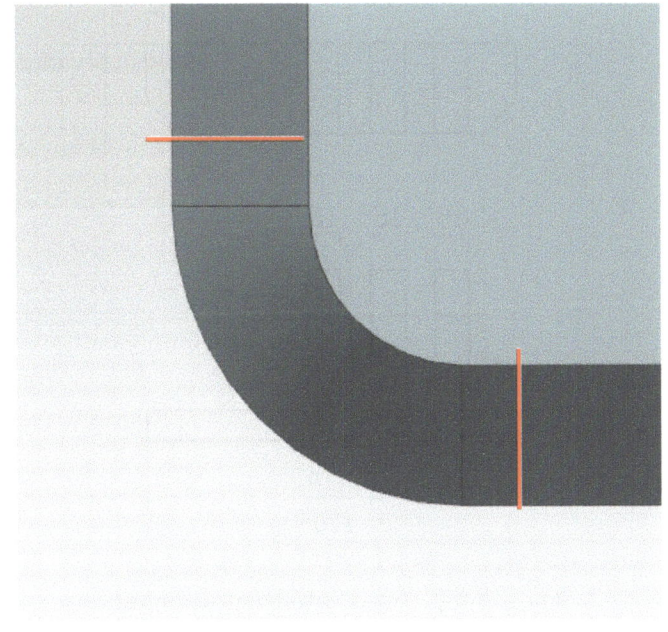

- 위에서 바라본 모형
  R부분의 모서리가 직각방향이며 R이 90도이다.

구배 14-10 구배와 필렛 적용시 주의사항

- 모서리 블렌드와 구배 작업순서에 따른 모양 비교

도면 27

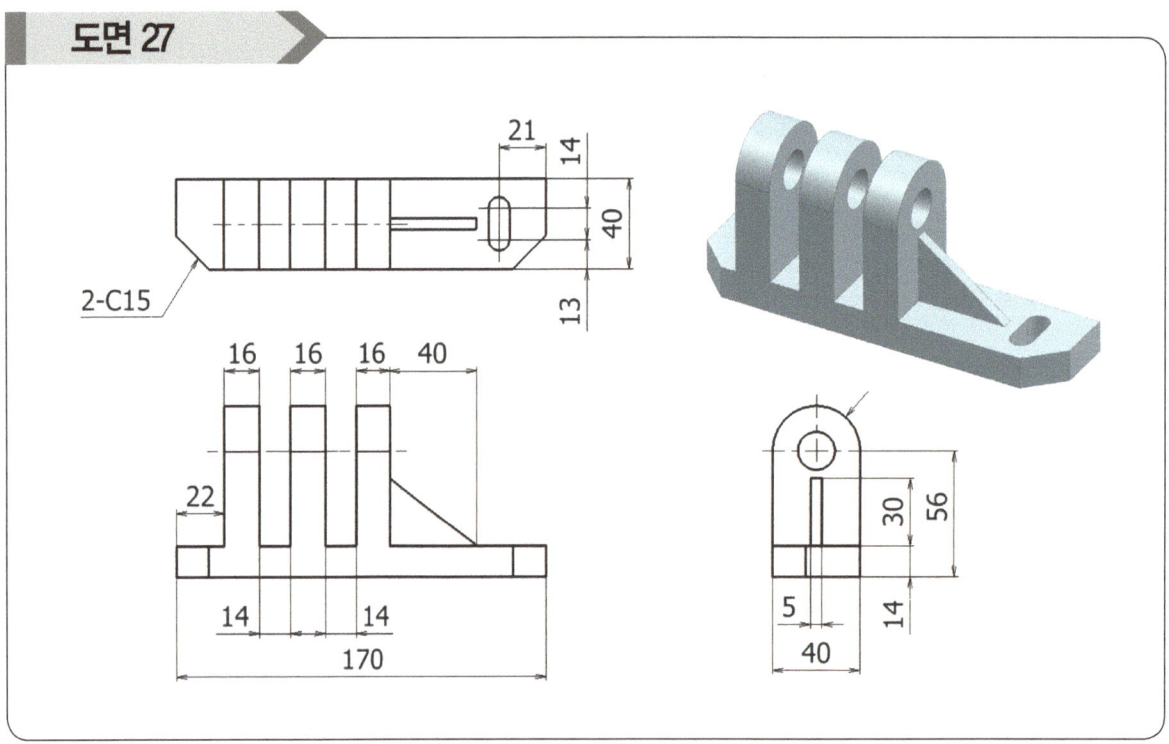

도면 28

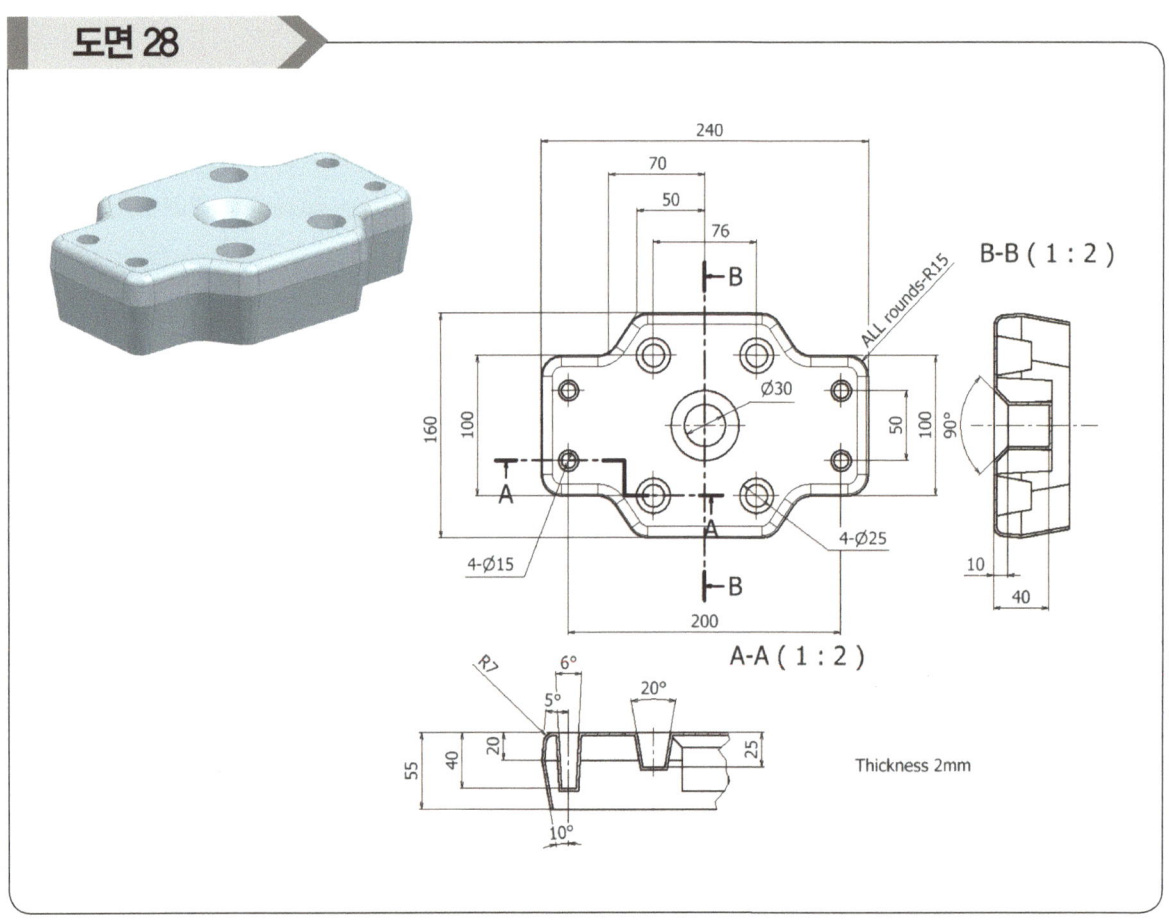

14 · 모델링 (Modeling) - 구배 (Draft/Taper)

도면 29

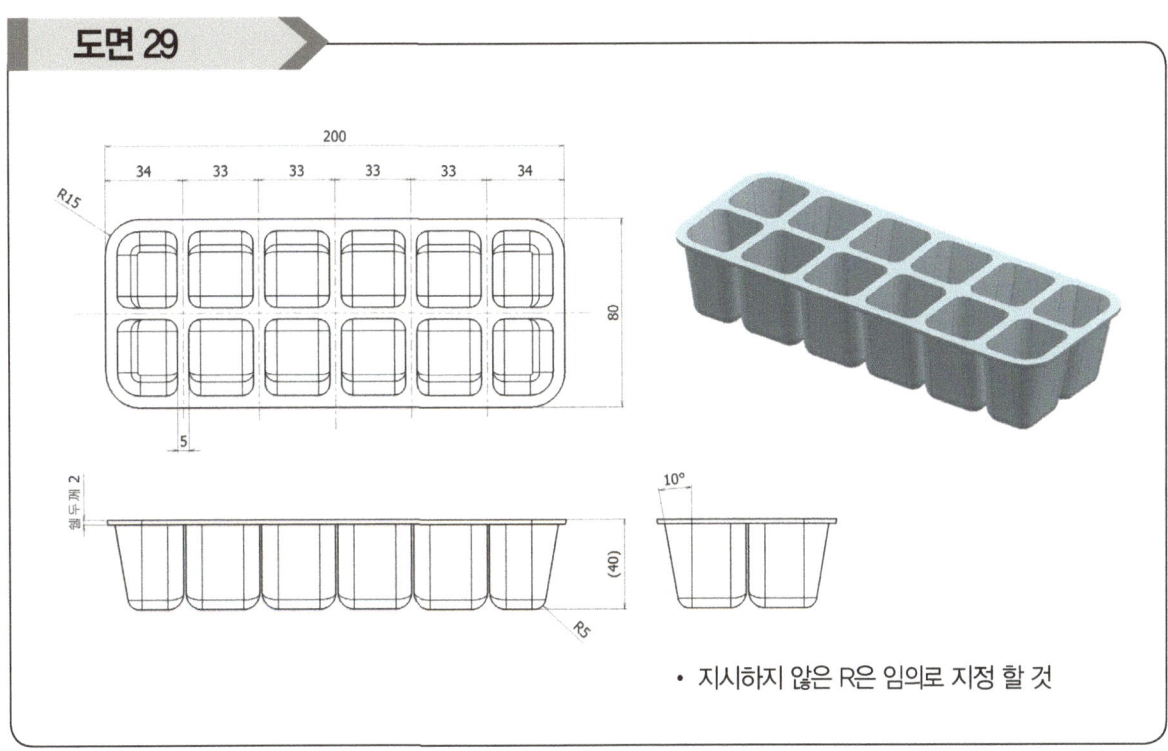

• 지시하지 않은 R은 임의로 지정 할 것

15

모델링 (Modeling)
- 패드/포켓 (pad/pocket)

15 모델링 (Modeling) - 패드/포켓 (pad/pocket)

패드 15-1 패드

패드
솔리드 바디에 재료를 추가하거나, 벡터 방향으로 단면을 투영하여
만든 면으로 시트 바디를 수정합니다.

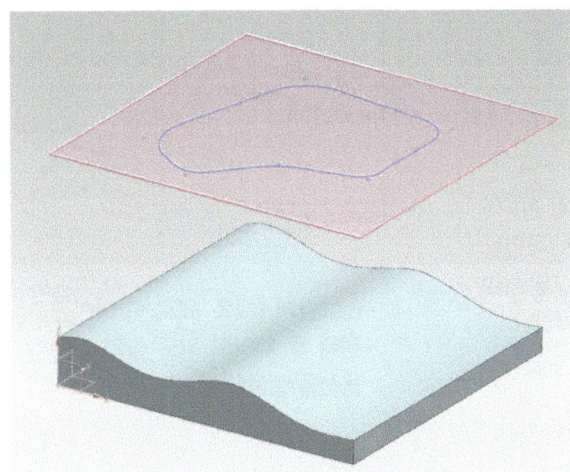

1. 곡면과 닫힌 커브 조건을 생성

2. 임의의 커브 형상일 경우 [일반] 메뉴 선택

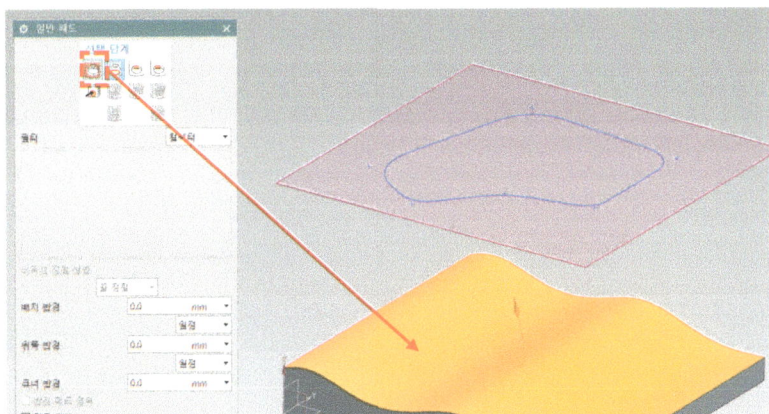

3. 1단계 [배치 면] 아이콘 실행 후 곡면 선택

패드 15-2 패드

- 4. 2단계 [배치 외곽선] 아이콘 실행 후 스케치 커브 선택

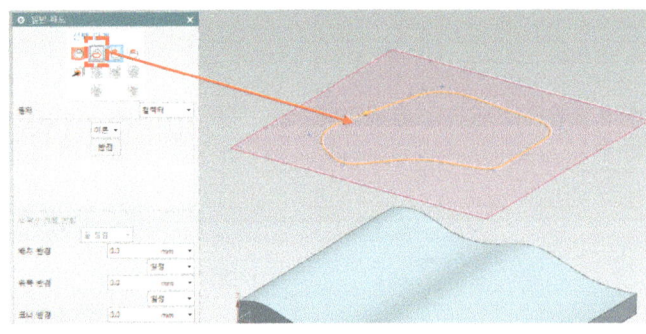

- 5. 3단계 [위쪽 면] 아이콘 선택 후 곡면을 선택하거나 그림처럼 옵셋 값을 입력한다.

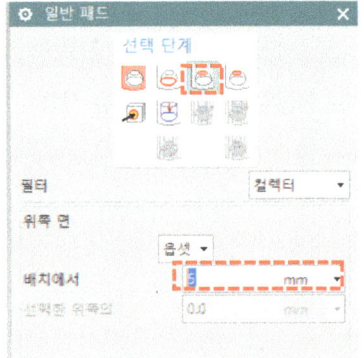

- 6. 4단계 [위쪽 외곽선] 아이콘 선택 후 테이퍼 각도 값과 기준 옵션을 설정한다.

패드 15-3 패드

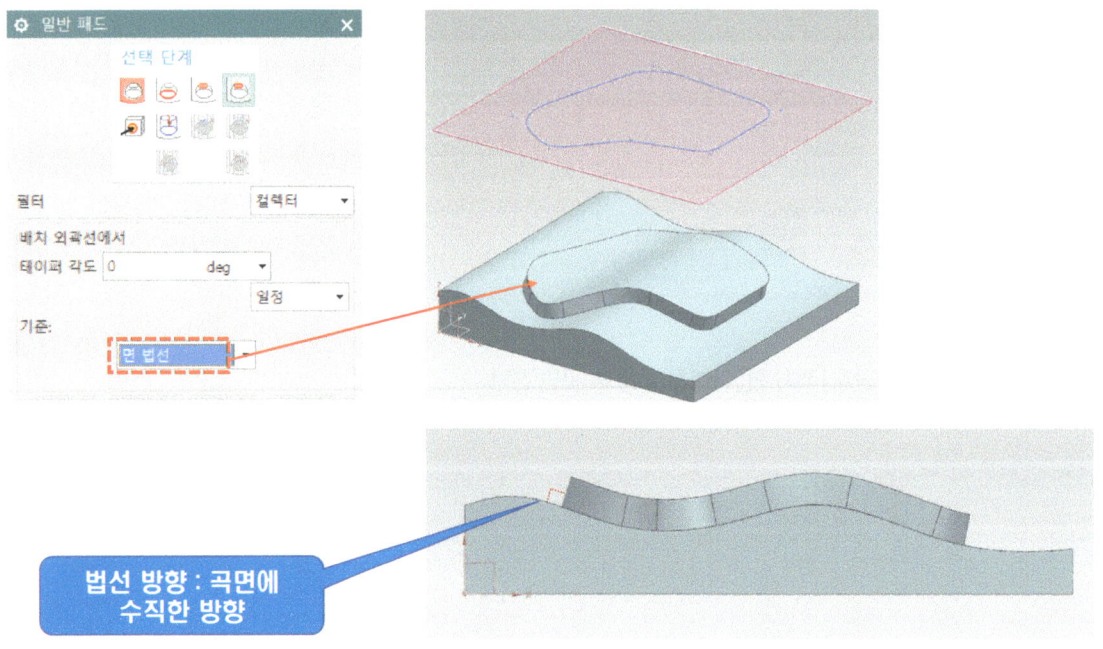

법선 방향 : 곡면에 수직한 방향

- 정면 방향

15-4 패드

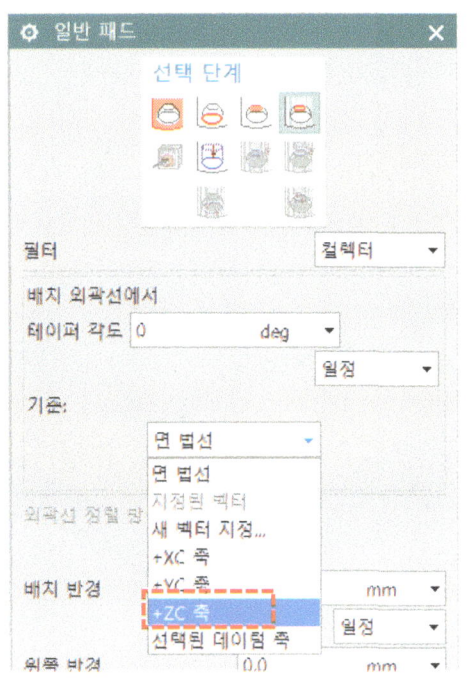
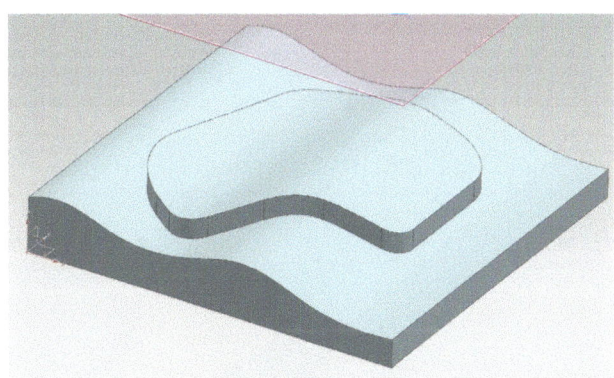

• 정면 방향

15-5 패드 : 테이퍼 각도 비교

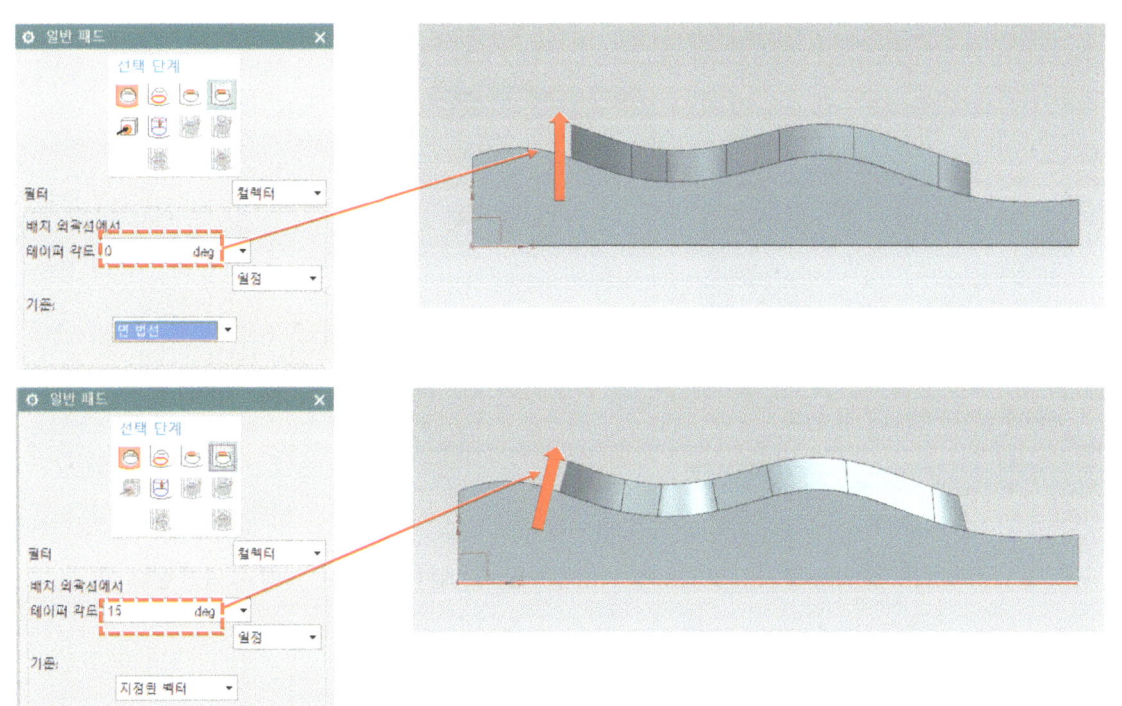

패드 15-6 패드

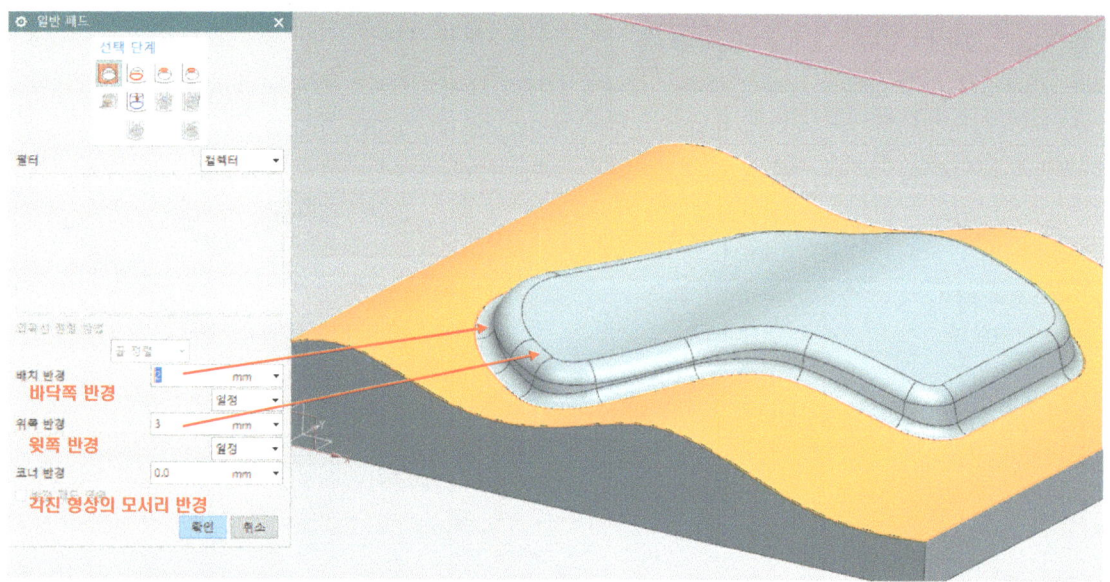

포켓 15-7 포켓

포켓
솔리드 바디에서 재료를 제거하거나, 벡터 방향으로 단면을 투영하여 만든 면으로 시트 바디를 수정합니다.

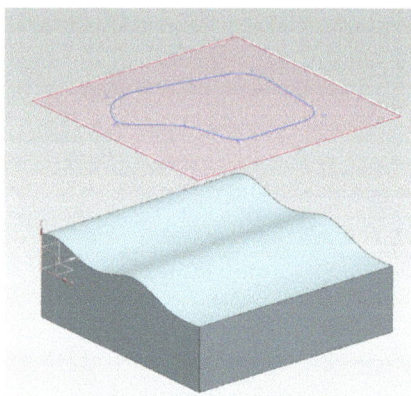

1. 곡면과 닫힌 커브 조건을 생성

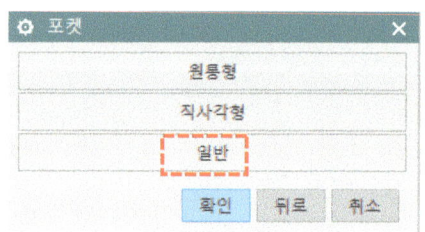

2. 임의의 커브 형상일 경우 [일반] 메뉴 선택

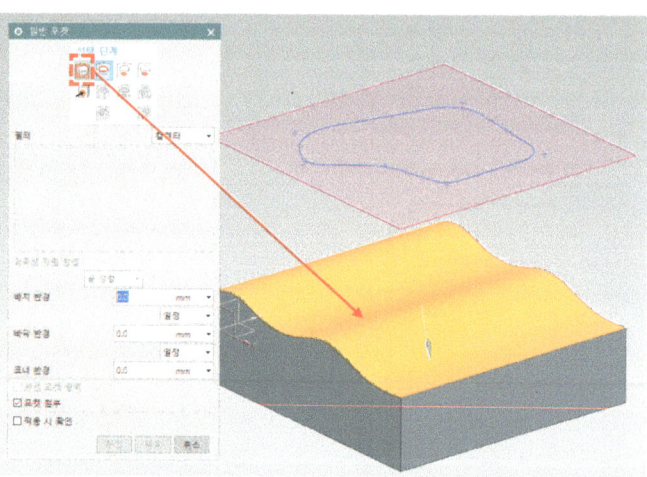

3. 1단계 [배치 면] 아이콘 실행 후 곡면 선택

15-8 포켓

- 4. 2단계 [배치 외곽선] 아이콘 실행 후 스케치 커브 선택

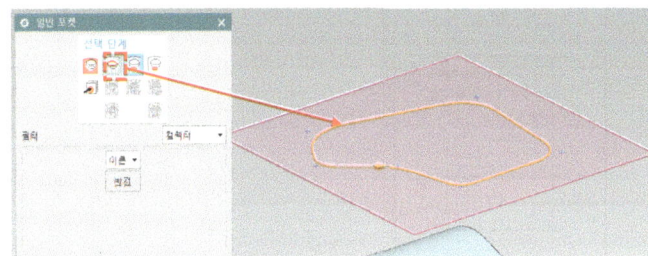

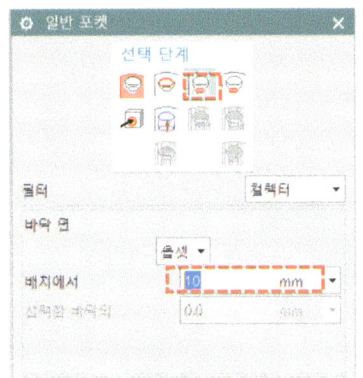

- 5. 3단계 [위쪽 면] 아이콘 선택 후 곡면을 선택하거나 그림처럼 옵셋 값을 입력한다.

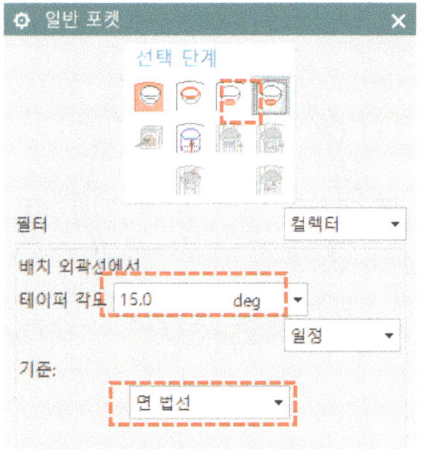

- 6. 4단계 [위쪽 외곽선] 아이콘 선택 후 테이퍼 각도 값과 기준 옵션을 설정한다.
  기능은 패드와 동일하다.

15-9 포켓

- 기본 포켓 형상 생성

- 반경을 적용한 포켓 형상 생성

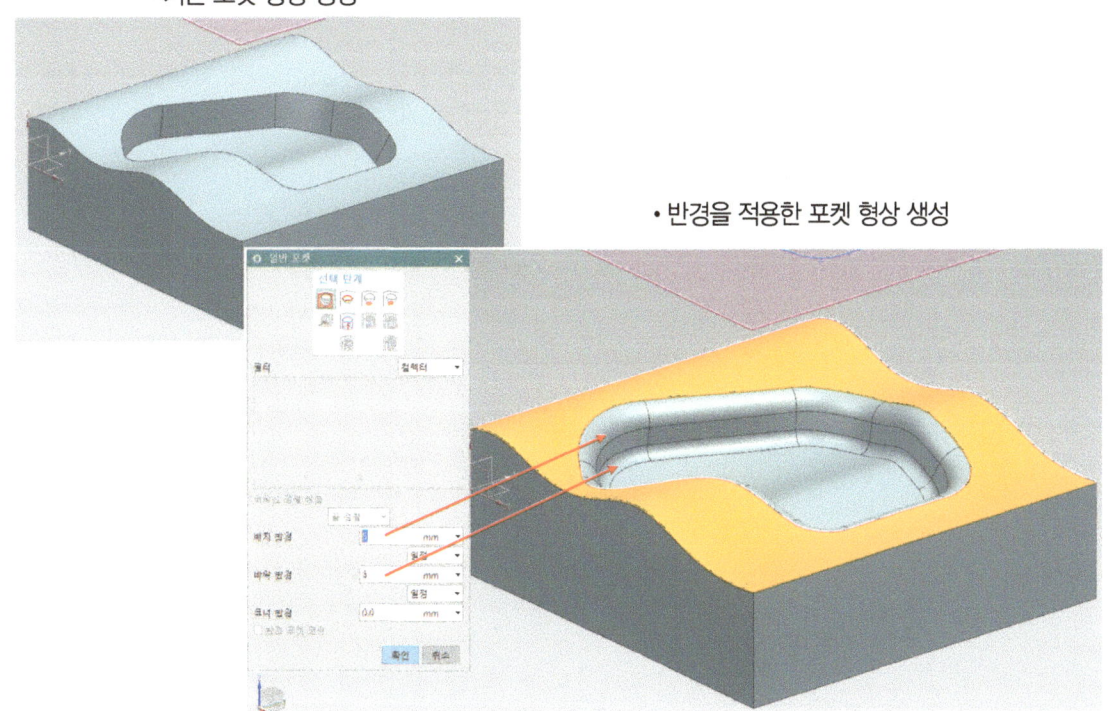

도면 30

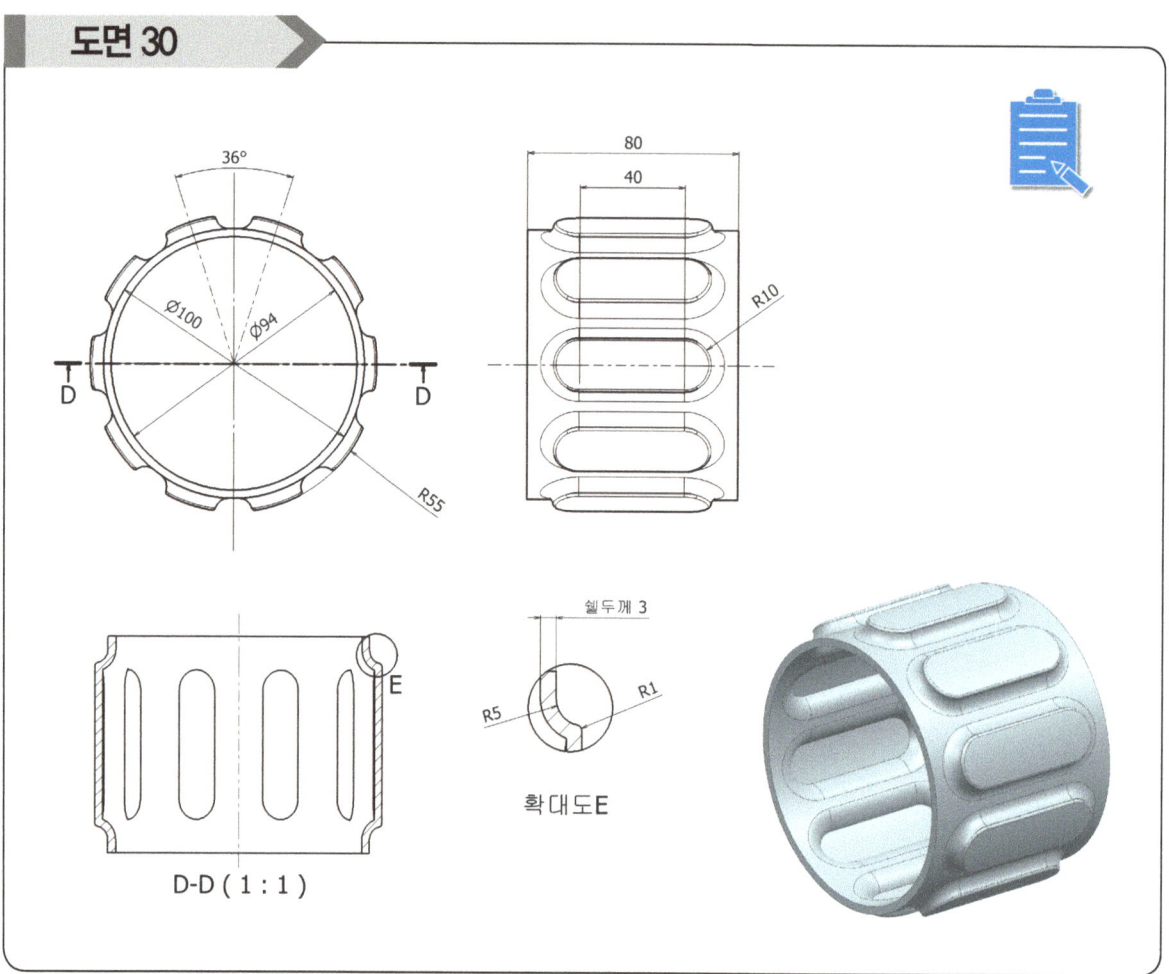

16
좌표계 기능

16 좌표계 기능

 16-1 데이텀 생성

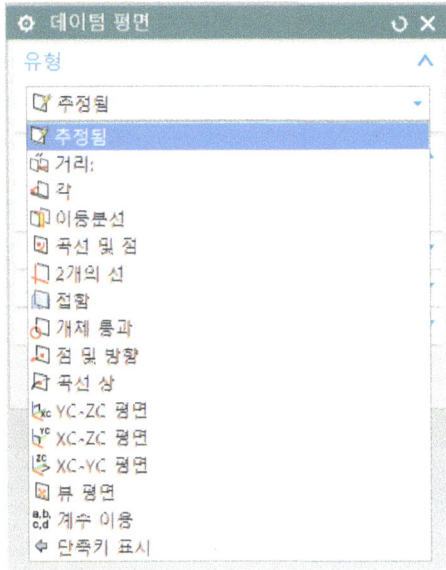

- 데이텀 평면은 옵션을 미리 선택할 필요가 없이 선택 조건에 따라 유형이 자동으로 인식된다.

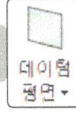 16-2 데이텀 생성 - 거리

- 면을 선택하면 선택한 방향으로 부터 옵셋거리값을 입력하여 평면을 생성한다.

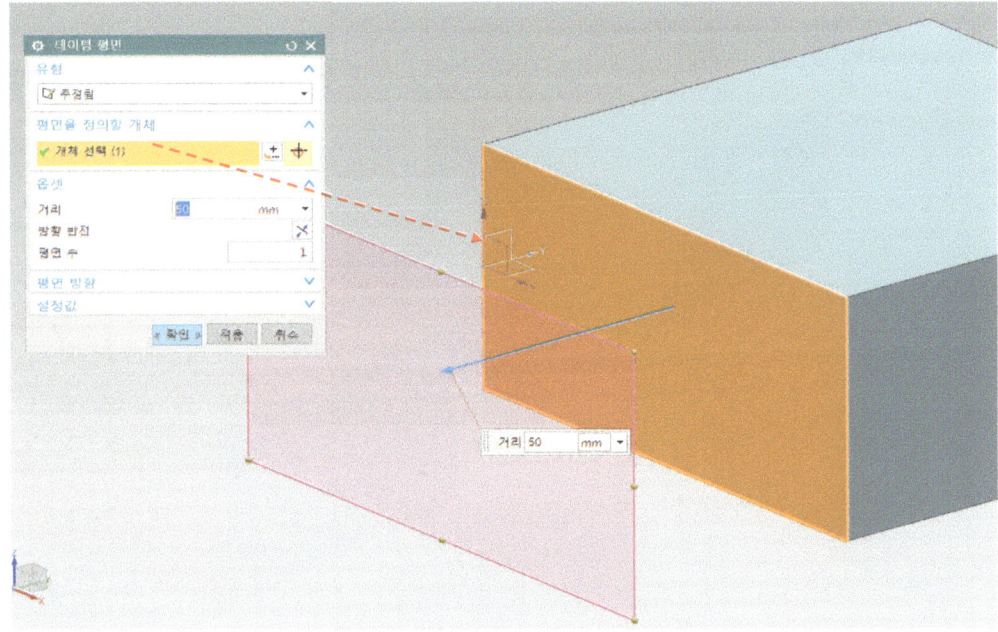

16-3 데이텀 생성 - 각도

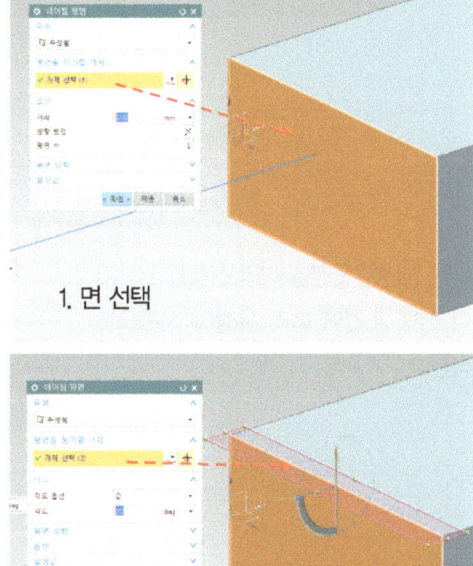

• 각도를 지정하여 기울기를 가진 평면을 생성한다.

1. 면 선택
2. 모서리 선택
3. 각도 값 입력

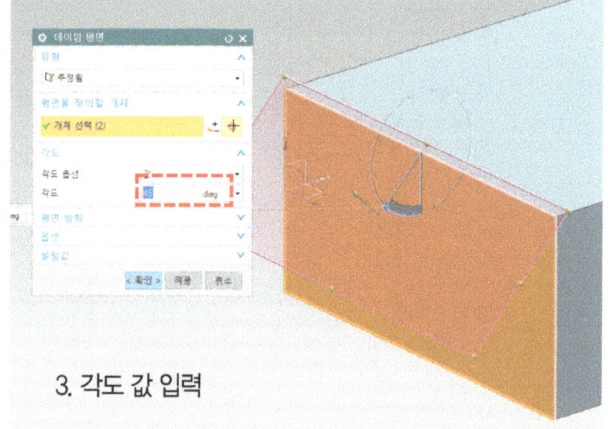

16-4 데이텀 중간 면 생성

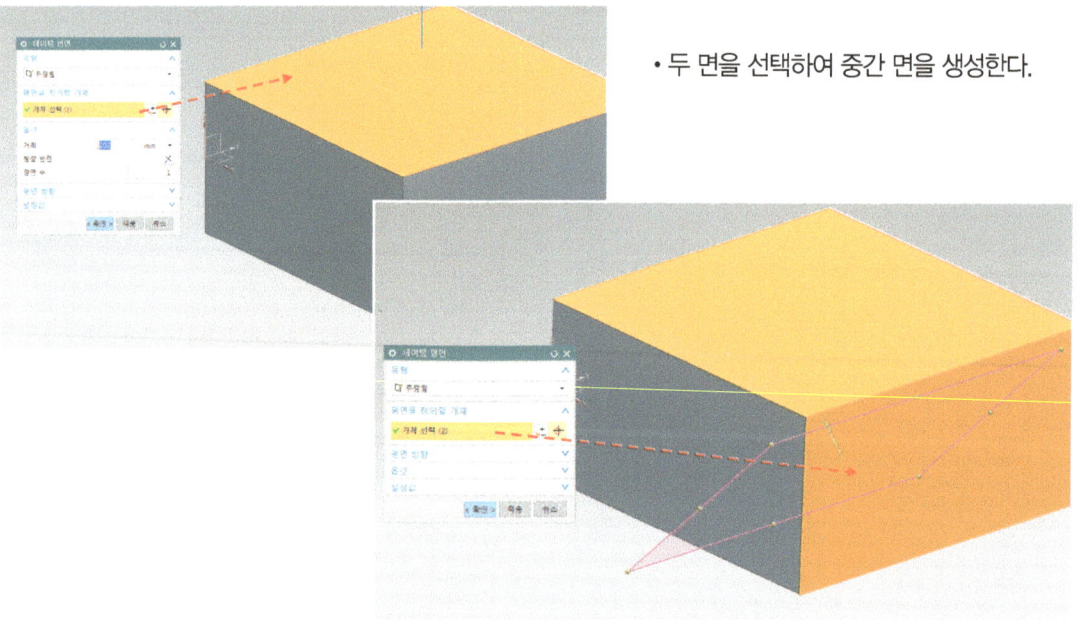

• 두 면을 선택하여 중간 면을 생성한다.

16-5 데이텀 중간 면 생성

• 마주 보는 두 면을 선택하여 중간 면을 생성한다.

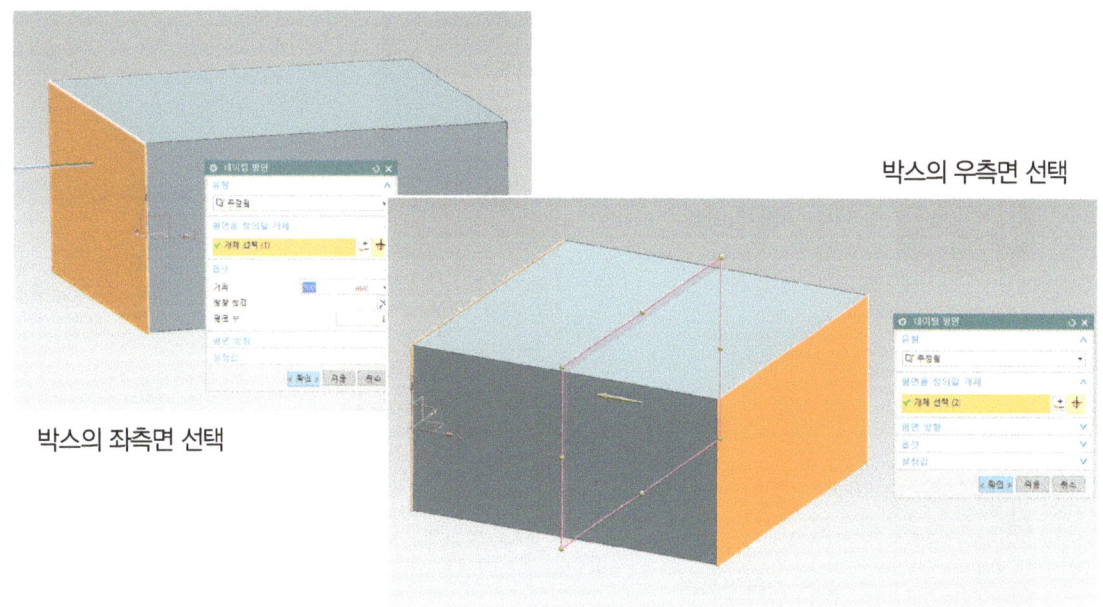

박스의 우측면 선택

박스의 좌측면 선택

16-6 원통 및 곡면에서의 데이텀 생성

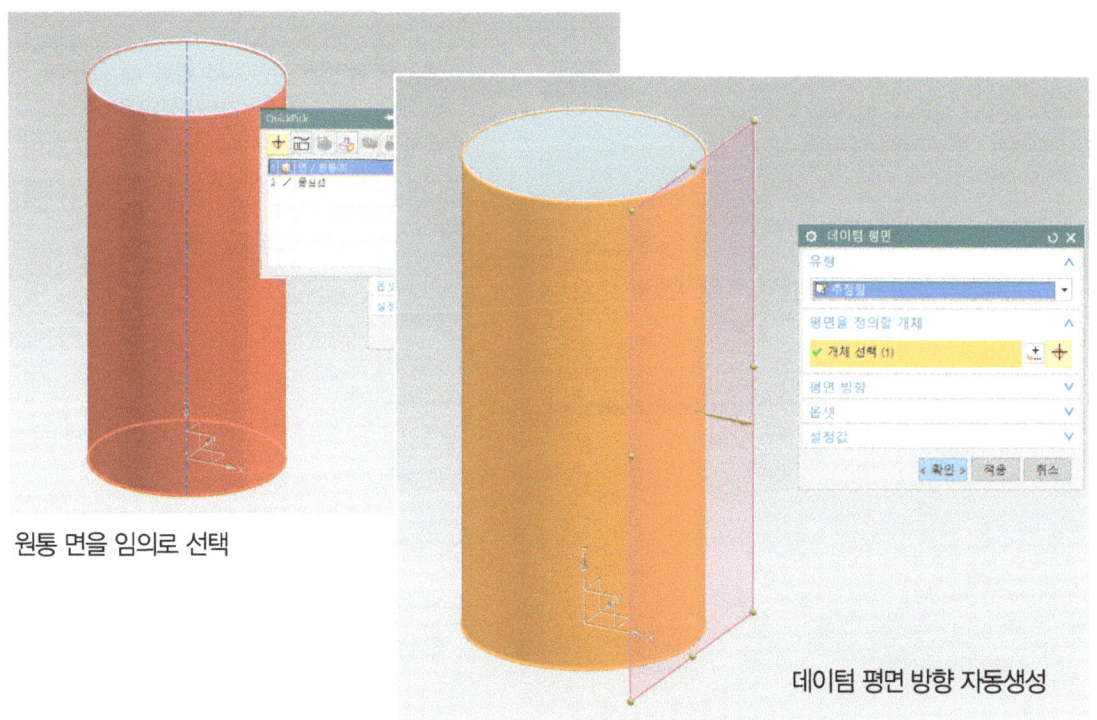

원통 면을 임의로 선택

데이텀 평면 방향 자동생성

16-7 원통 및 곡면에서의 방향제어 데이텀 생성

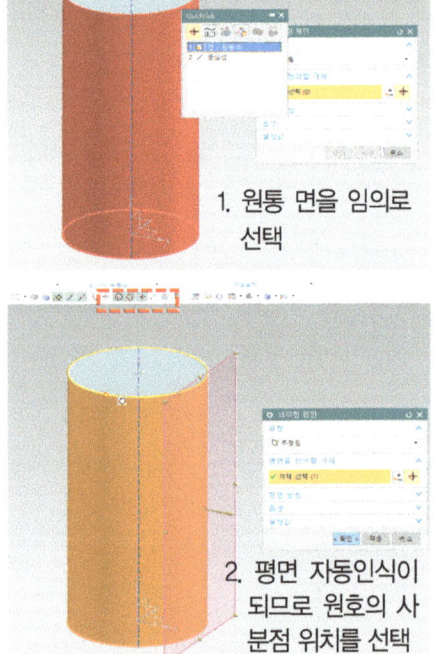

1. 원통 면을 임의로 선택
2. 평면 자동인식이 되므로 원호의 사분점 위치를 선택

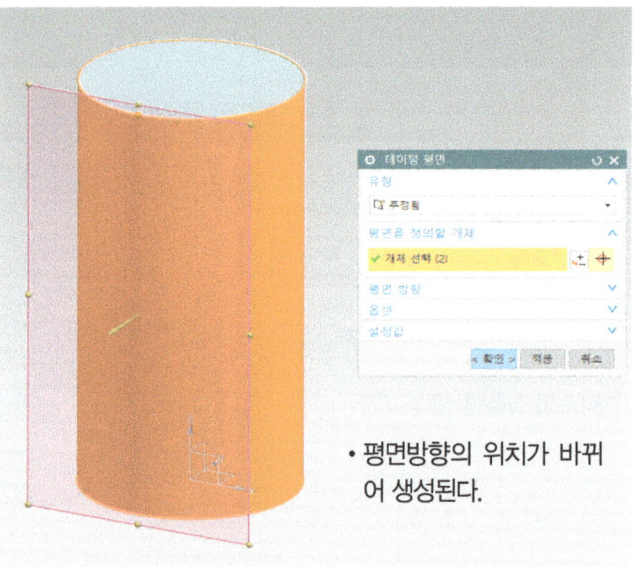

- 평면방향의 위치가 바뀌어 생성된다.

16-8 원통 및 곡면에서의 방향제어 데이텀 생성

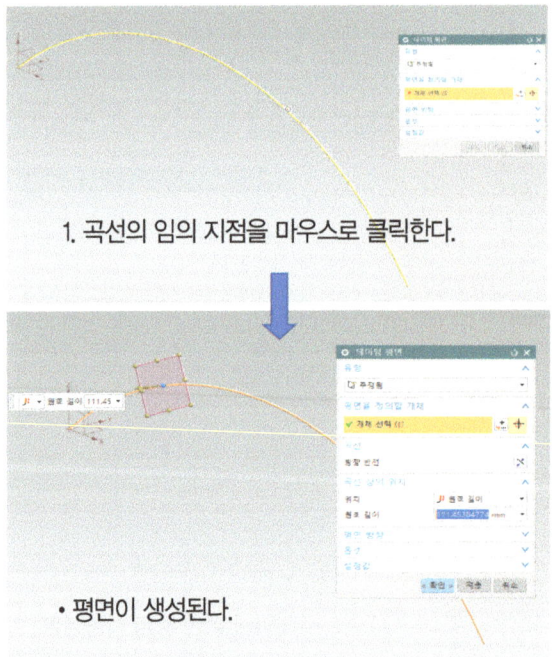

1. 곡선의 임의 지점을 마우스로 클릭한다.
- 평면이 생성된다.

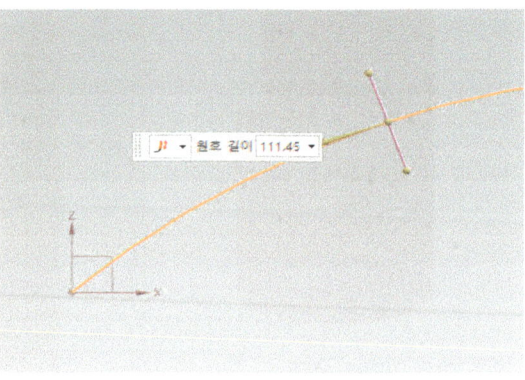

- 생성된 평면을 정면에서 봤을 때 곡면에 수직한 방향으로 평면이 생성됨을 확인할 수 있다.

- 이 상태로 생성해서 작업해도 되고 여기서 한 단계 더 추가적으로 작업을 할 수 있다.

16-9 원통 및 곡면에서의 방향제어 데이텀 생성

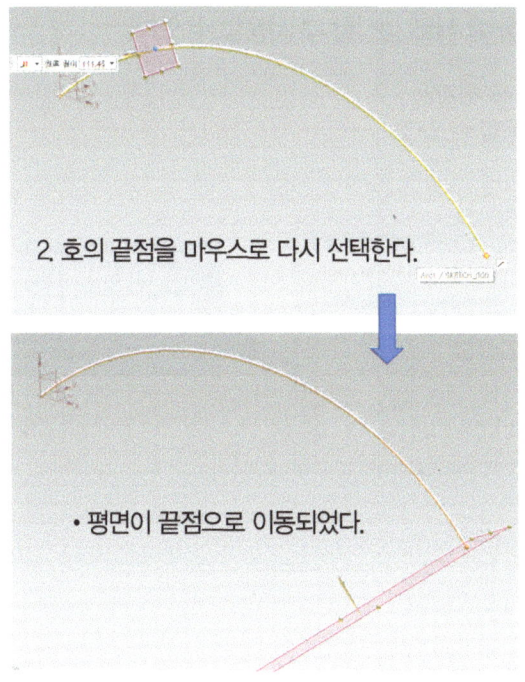

2. 호의 끝점을 마우스로 다시 선택한다.

• 평면이 끝점으로 이동되었다.

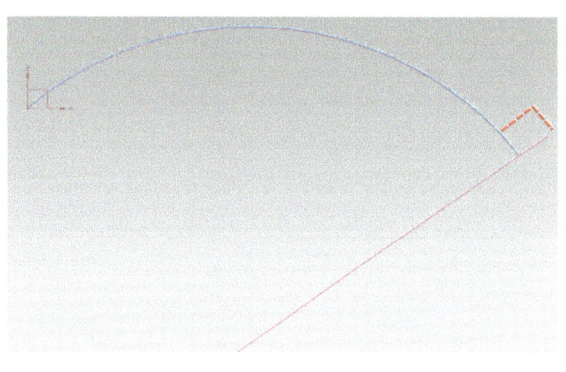

• 생성된 평면을 정면에서 봤을 때 역시 곡면에 수직한 방향으로 평면이 생성됨을 확인할 수 있다.

• 끝점 위치에 데이텀이 생성되면 이제 생성된 데이텀에 스케치 작업을 하면 된다.

16-10 곡선에서의 데이텀 생성 · 평면 방향

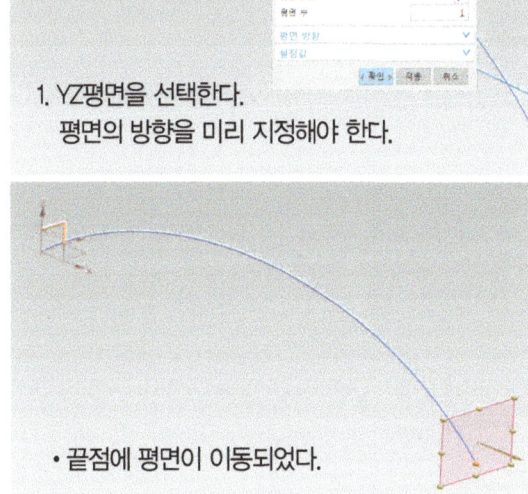

1. YZ평면을 선택한다.
   평면의 방향을 미리 지정해야 한다.

• 끝점에 평면이 이동되었다.

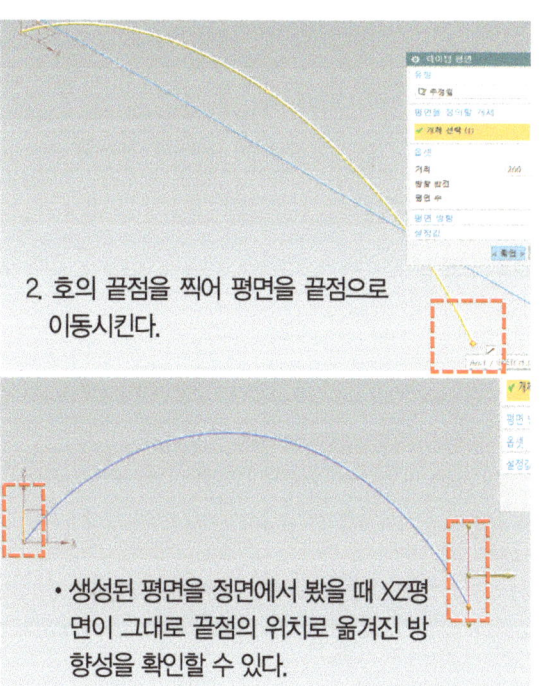

2. 호의 끝점을 찍어 평면을 끝점으로 이동시킨다.

• 생성된 평면을 정면에서 봤을 때 XZ평면이 그대로 끝점의 위치로 옮겨진 방향성을 확인할 수 있다.

16-11 데이텀 좌표계

■ 데이텀 좌표계는 기존의 데이텀 평면이 삭제되었을 때 새로 생성할 때 사용할 수 있다.

- 데이텀 평면을 생성하여 다른 위치에 스케치를 할 수 도 있지만,
  데이텀 좌표계도 필요시 추가하여 여러 방향으로 활용할 수 있다.

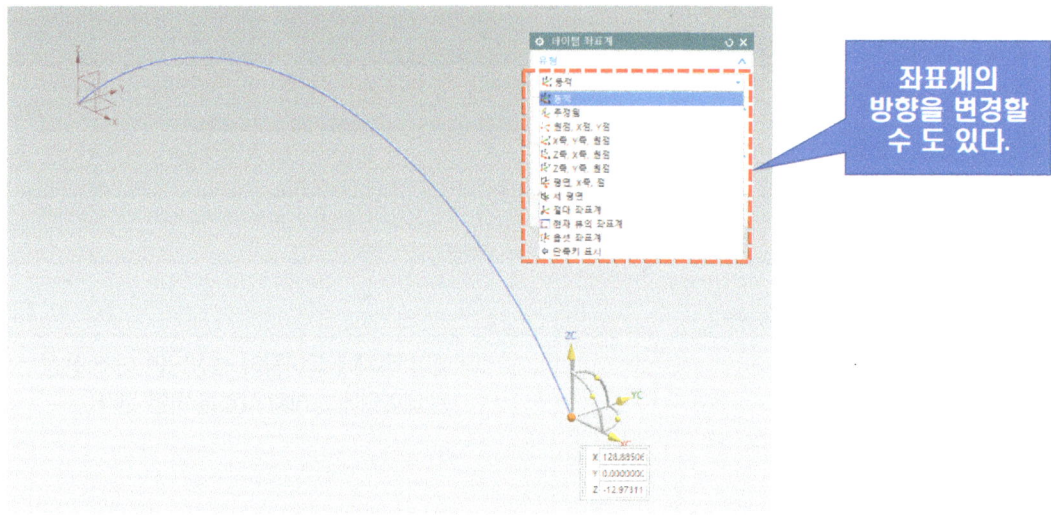

좌표계의 방향을 변경할 수 도 있다.

도면 31

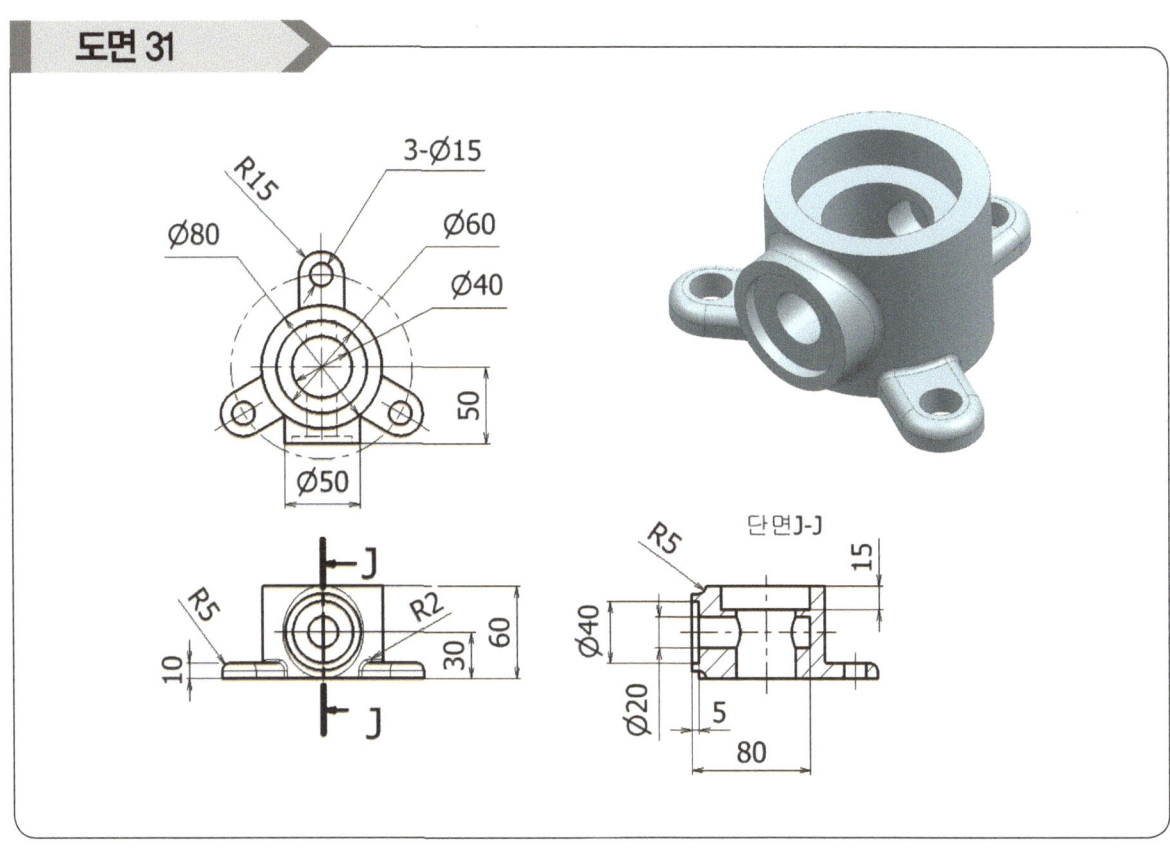

도면 32

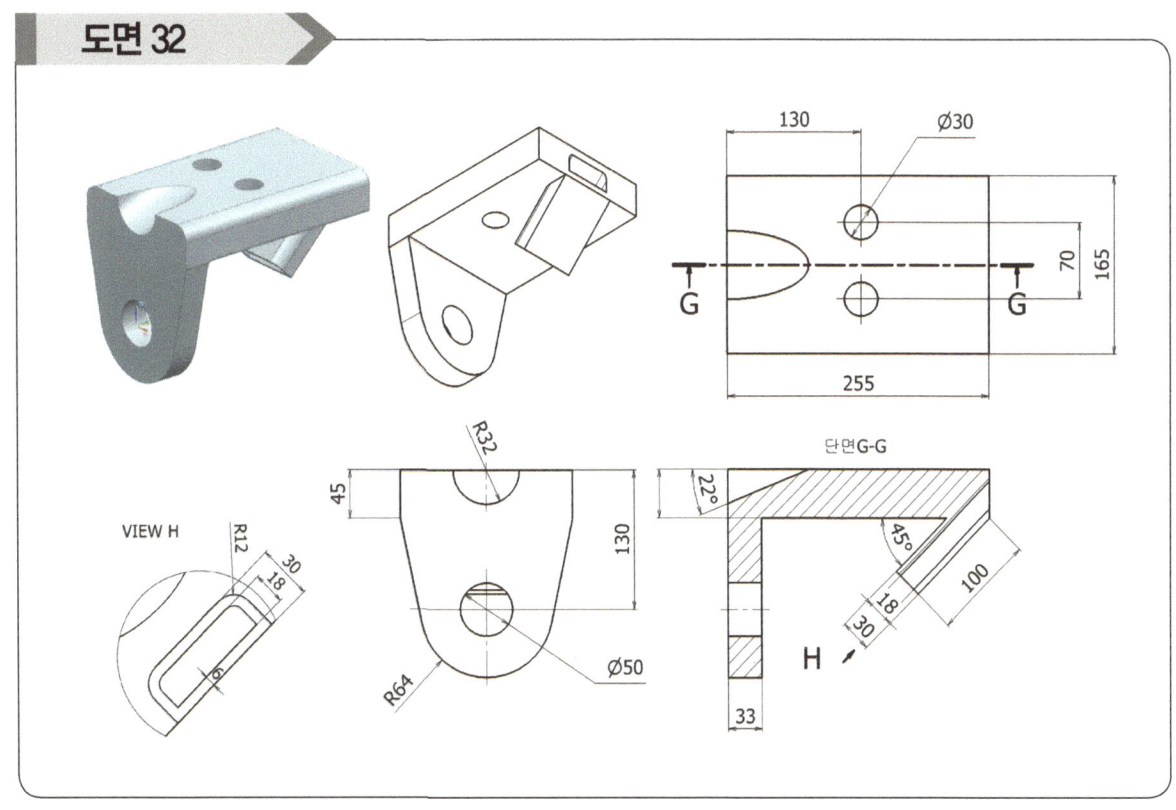

17

곡면 기능

17 곡면 기능

17 곡면 기능

- 곡면 아이콘을 선택 시 관련 곡면 기능을 활용 할 수 있다.

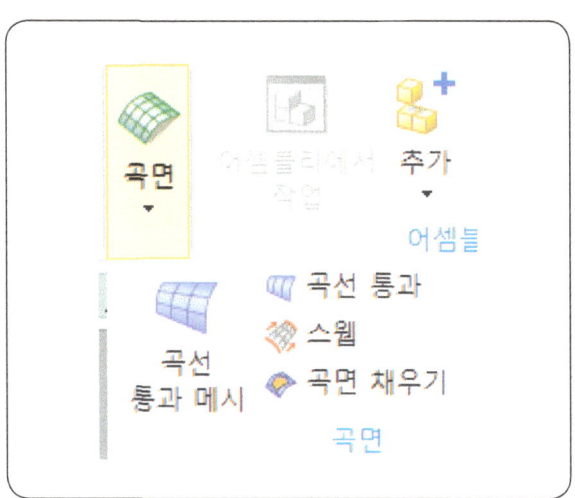

17 곡면 기능 활용

- 여기 모든 곡면 기능들은 2개 이상의 단면 커브를 활용하여 곡면 또는 솔리드 모델링을 생성할 수 있다.

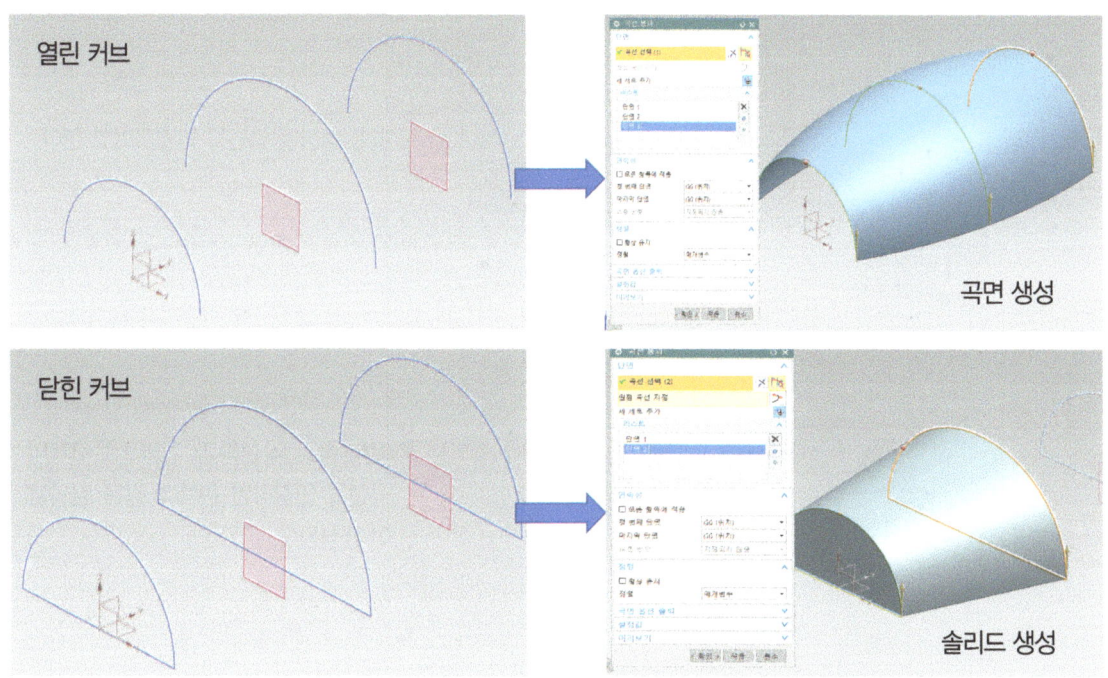

17-1 곡선 통과

- 2개 이상의 단면 커브를 활용하여 곡면을 생성할 수 있다.

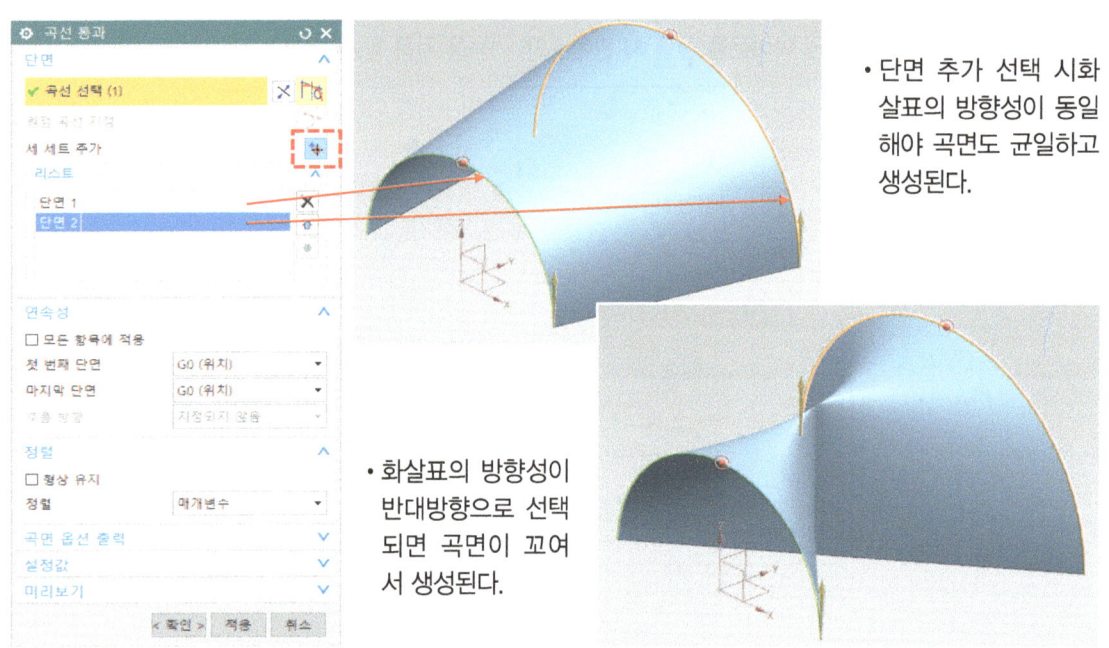

- 단면 추가 선택 시 화살표의 방향성이 동일해야 곡면도 균일하고 생성된다.

- 화살표의 방향성이 반대방향으로 선택되면 곡면이 꼬여서 생성된다.

17-2 곡선 통과

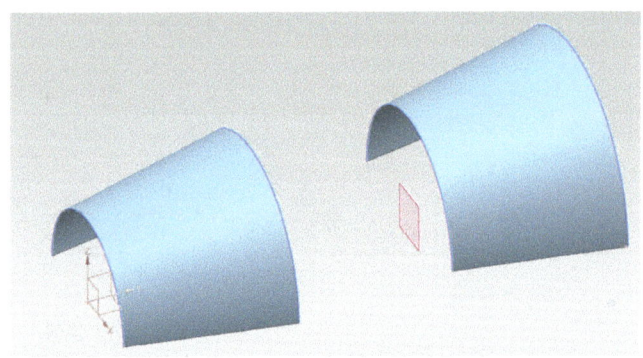

1. 별도 생성된 곡면을 연결하려고 한다.

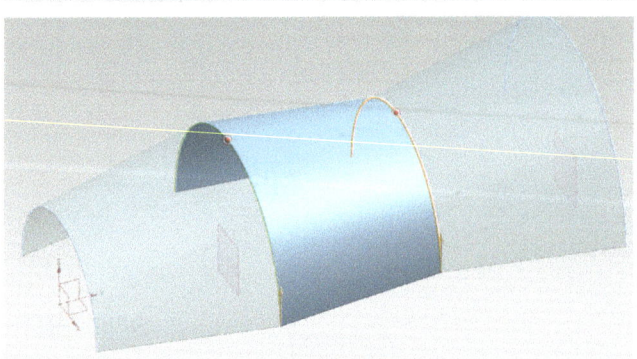

2. 일반적인 곡선통과 기능으로 2개의 곡선을 연결하면 왼쪽과 같은 결과물이 생성된다.

17-3 곡선 통과

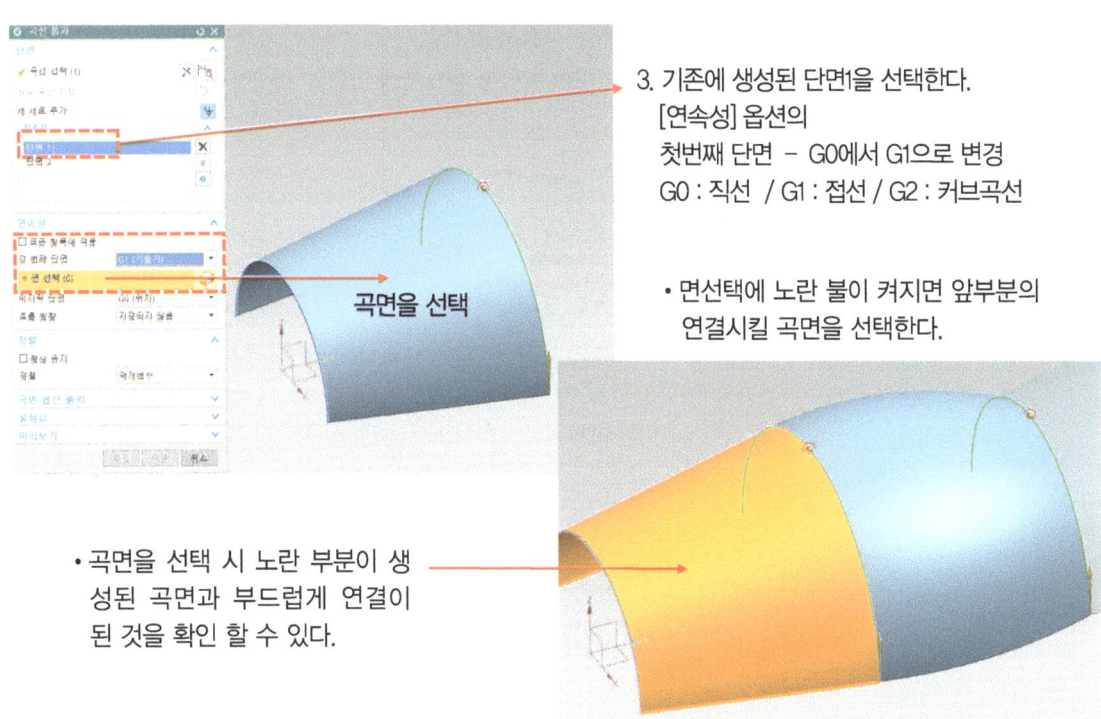

3. 기존에 생성된 단면1을 선택한다.
   [연속성] 옵션의
   첫번째 단면 – G0에서 G1으로 변경
   G0 : 직선 / G1 : 접선 / G2 : 커브곡선

• 면선택에 노란 불이 켜지면 앞부분의
  연결시킬 곡면을 선택한다.

곡면을 선택

• 곡면을 선택 시 노란 부분이 생성된 곡면과 부드럽게 연결이 된 것을 확인 할 수 있다.

17-4 곡선 통과

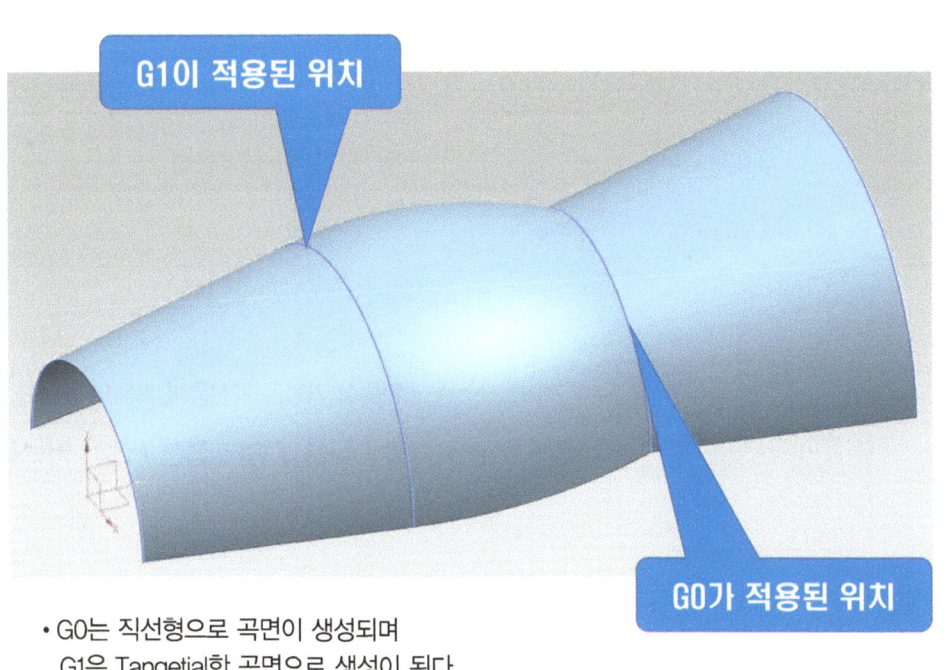

G1이 적용된 위치

G0가 적용된 위치

• G0는 직선형으로 곡면이 생성되며
  G1은 Tangetial한 곡면으로 생성이 된다.

17-5 곡선 통과 메시

-  곡선 통과 기능의 경우 한 방향으로 곡면을 생성하였다면,
  곡선 통과 메시 기능은 두 개의 방향성을 가진 단면 커브를 활용하여 곡면을 생성할 수 있다.

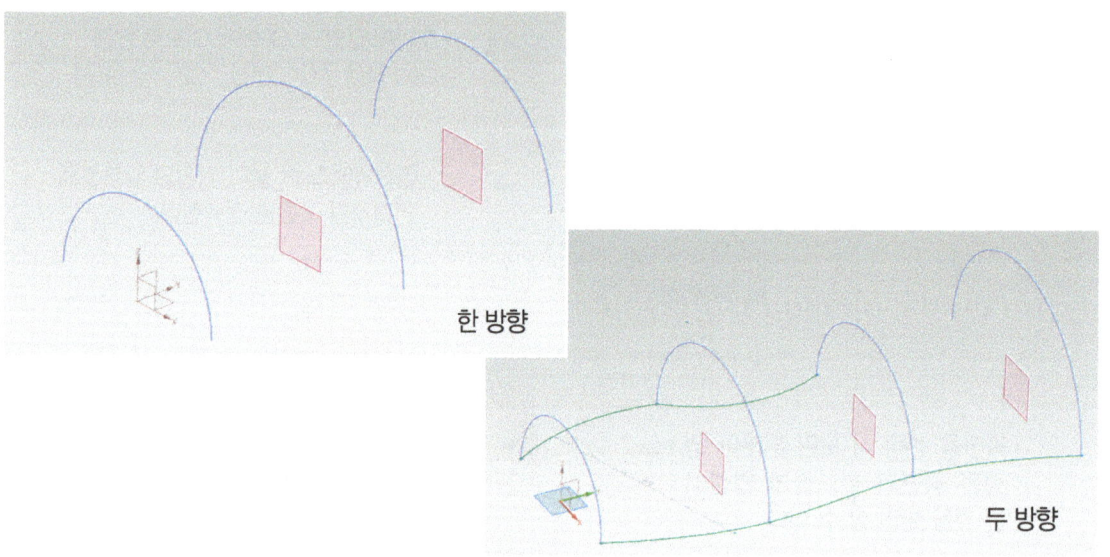

한 방향

두 방향

17-6 곡선 통과 메시

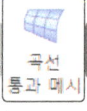

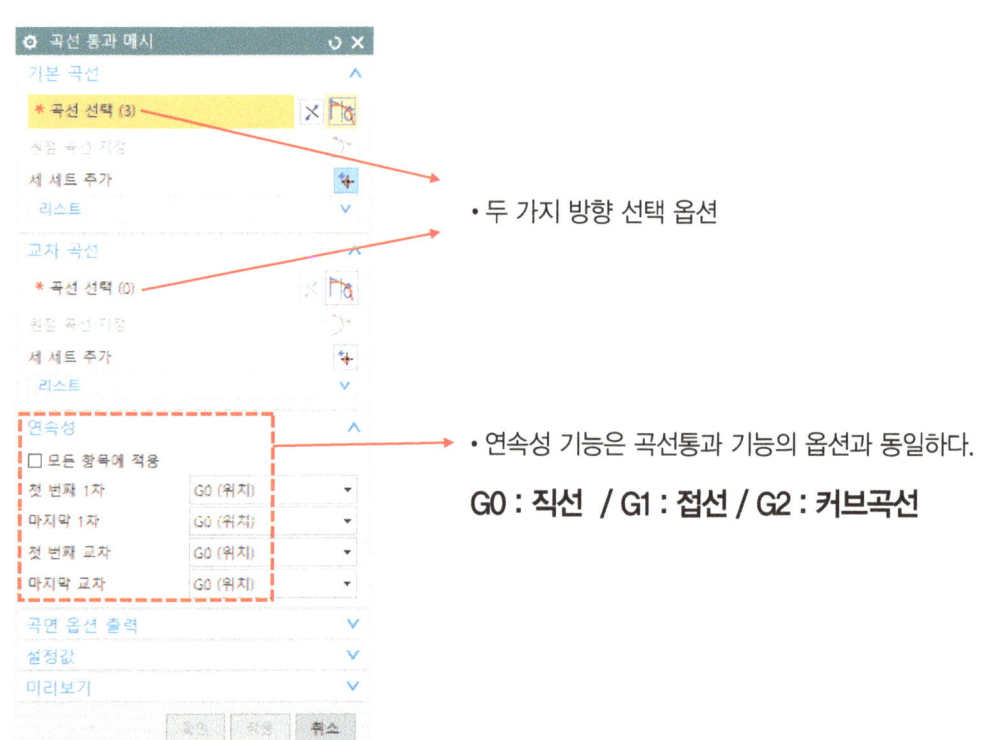

- 두 가지 방향 선택 옵션

- 연속성 기능은 곡선통과 기능의 옵션과 동일하다.

  G0 : 직선 / G1 : 접선 / G2 : 커브곡선

17 · 곡면 기능

 **17-7 곡선 통과 메시**

1. 다음과 같은 XZ방향의 스케치 커브와 XY방향의 스케치 커브로 생성된 객체를 작업한다.

2. 기본곡선과 교차곡선을 두방향으로 나누어 객체를 선택한다.
   이때 곡선의 방향성은 반대로 선택해도 상관없다.

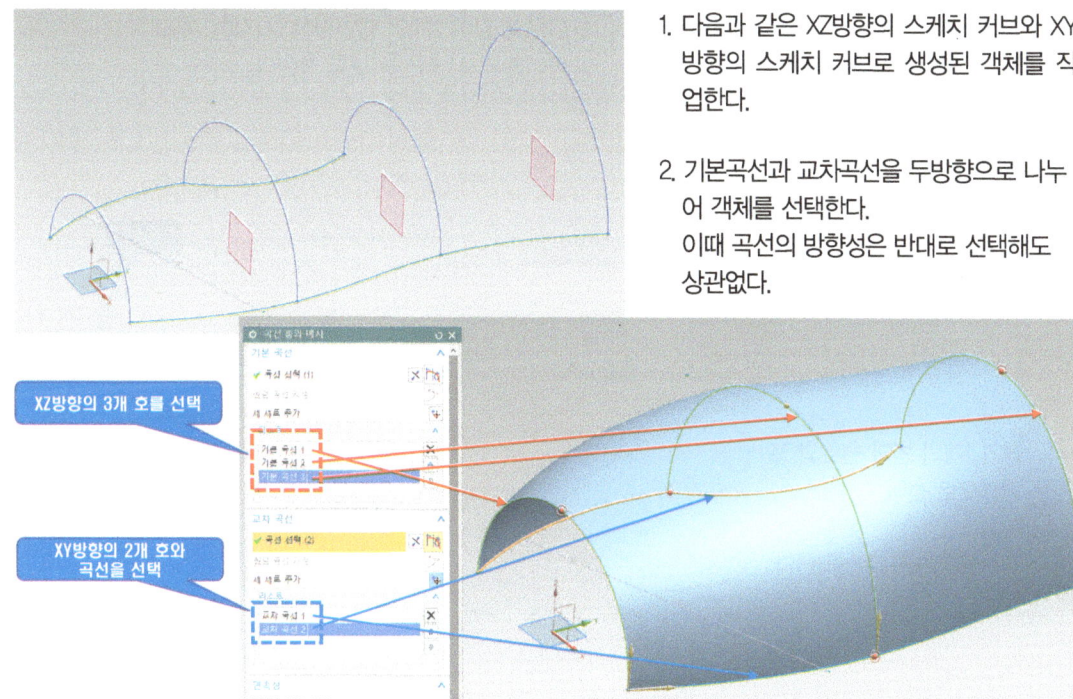

17-8 스웹

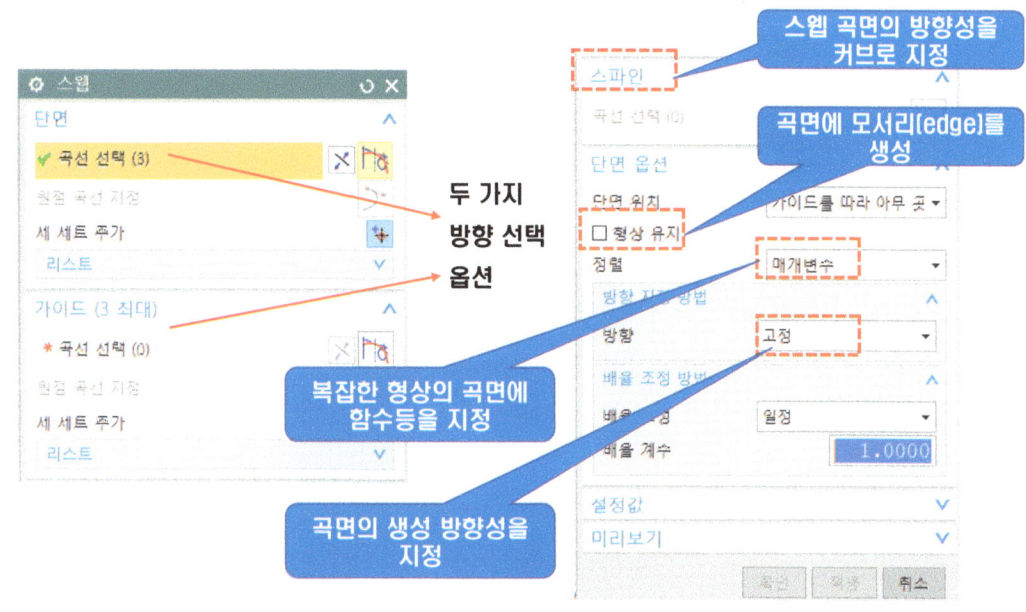

151

17-9 스웹

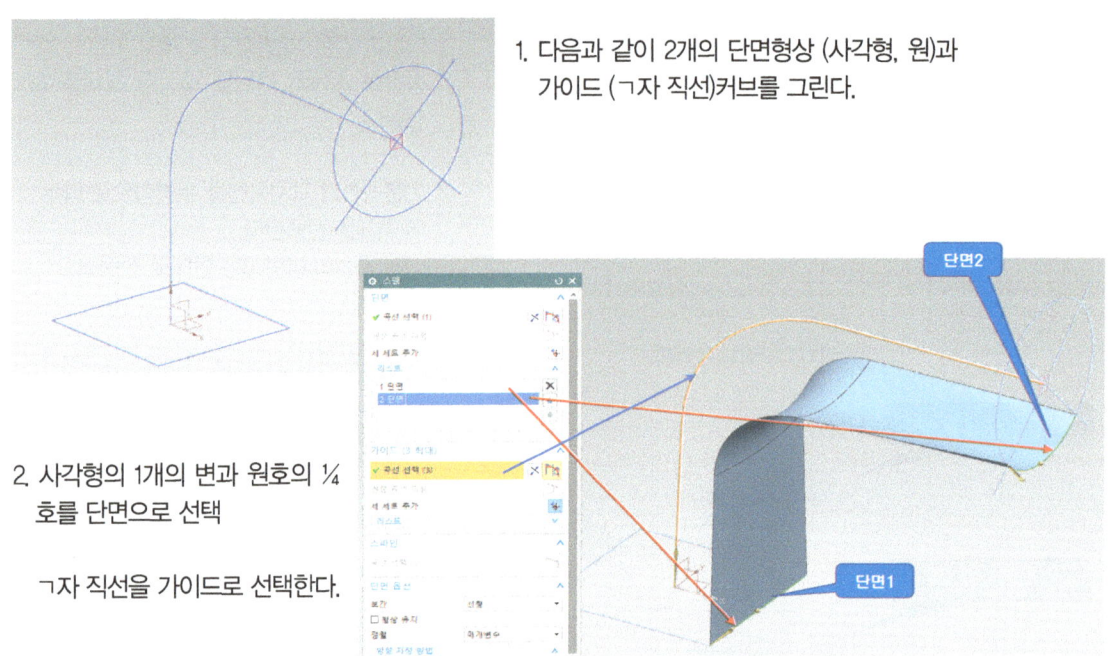

1. 다음과 같이 2개의 단면형상 (사각형, 원)과 가이드 (ㄱ자 직선)커브를 그린다.

2. 사각형의 1개의 변과 원호의 ¼ 호를 단면으로 선택

ㄱ자 직선을 가이드로 선택한다.

17-10 스웹

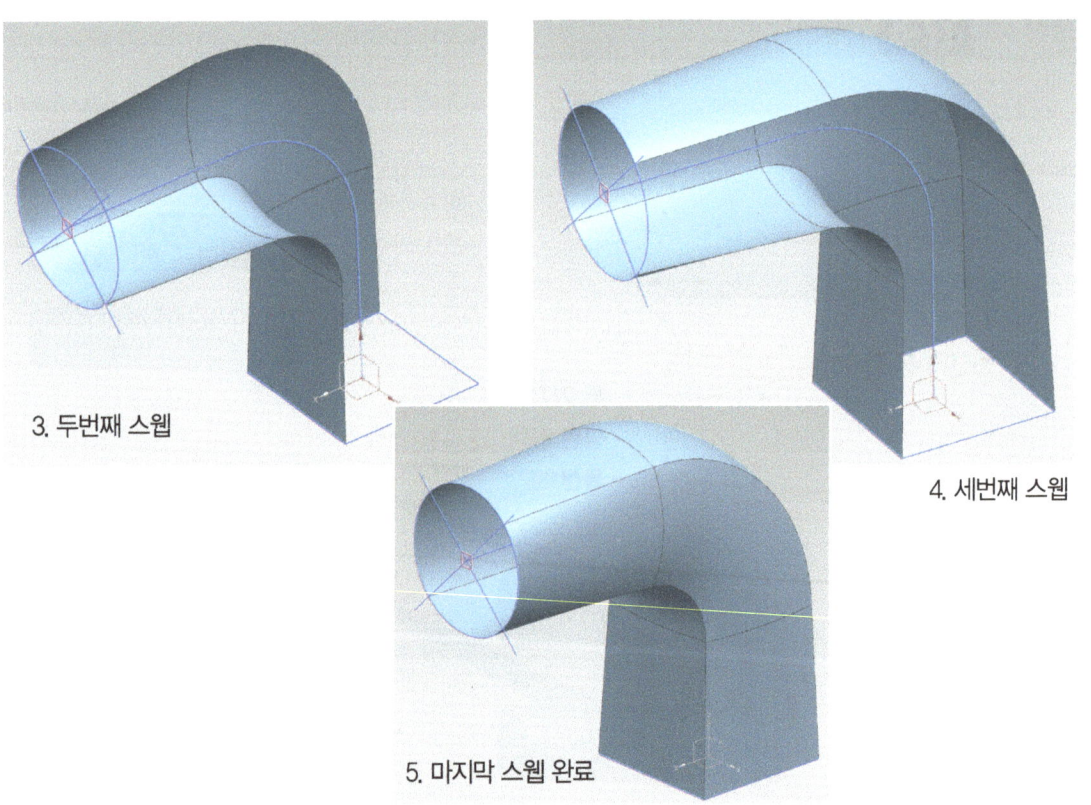

3. 두번째 스웹

4. 세번째 스웹

5. 마지막 스웹 완료

17-11 경계 평면

- 평면 형상의 닫힌 커브에 평평한 곡면을 막아주는 기능이다.

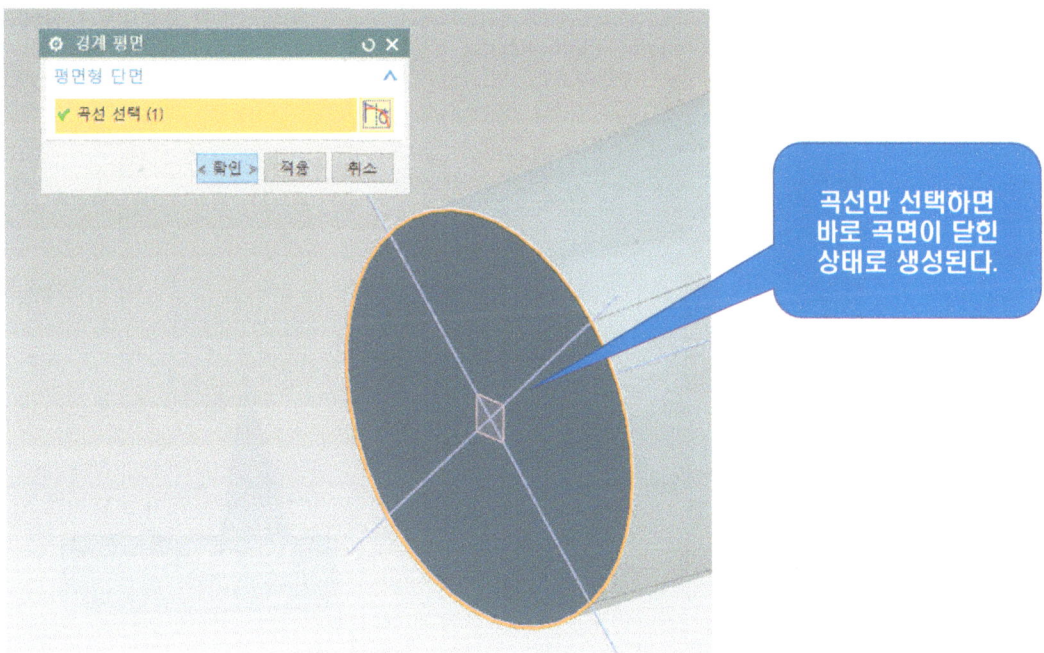

곡선만 선택하면 바로 곡면이 닫힌 상태로 생성된다.

17-12 잇기

- 분리된 곡면들을 모두 선택하여 한 장의 곡면으로 이어 연결해 주는 기능이다.
  오픈 된 곡면 형상에서 잇기를 실행하면 아래 그림처럼 면만 붙여 하나의 면이 된다.

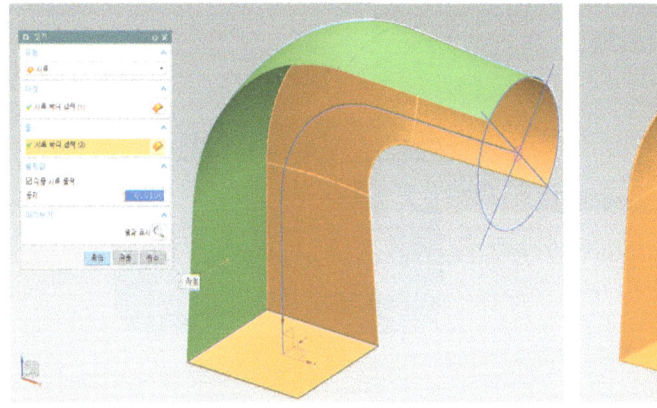

분리된 면에서 잇기 실행

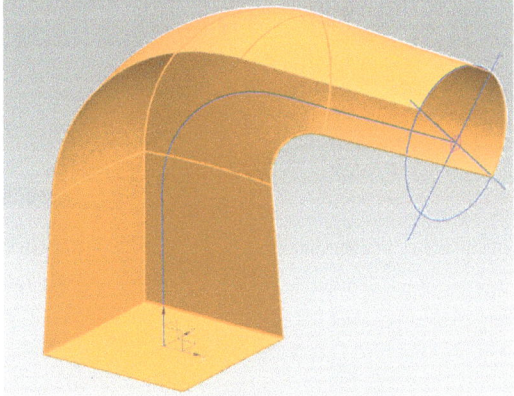

하나의 면으로 이어진 면 결과

경계 평면 17-13 잇기

- 닫힌 곡면 형상에서 잇기를 실행하면 곡면 -> 솔리드 변환이 된다.
  단, 면과 면 사이에 틈새가 있으면 면 잇기가 실행되지 않는다.

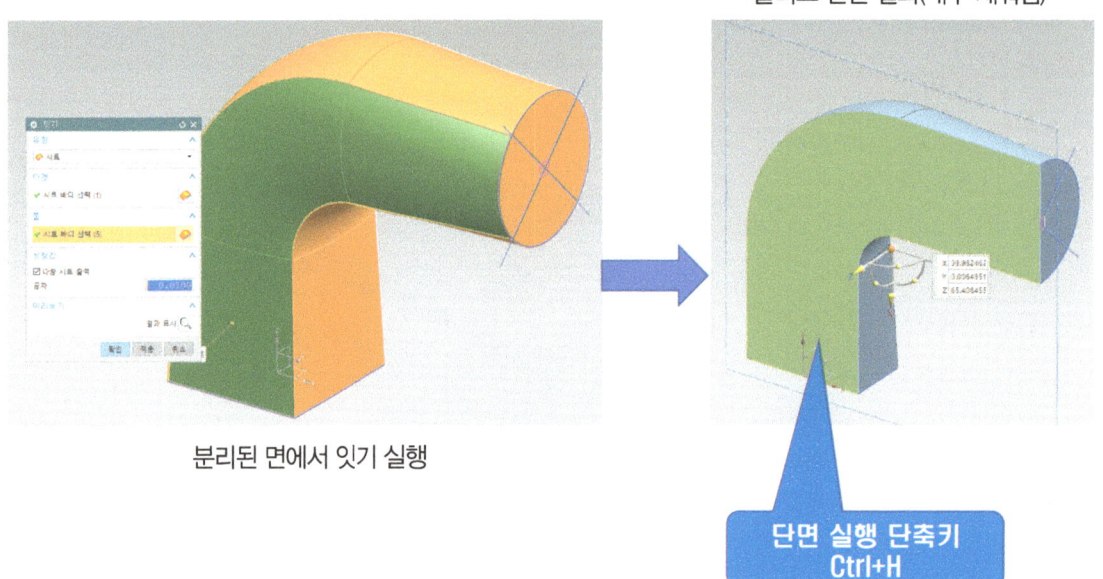

분리된 면에서 잇기 실행

솔리드 변환 결과(내부 채워짐)

단면 실행 단축키
Ctrl+H

17-14 잇기 작업 후 내부 단면 확인

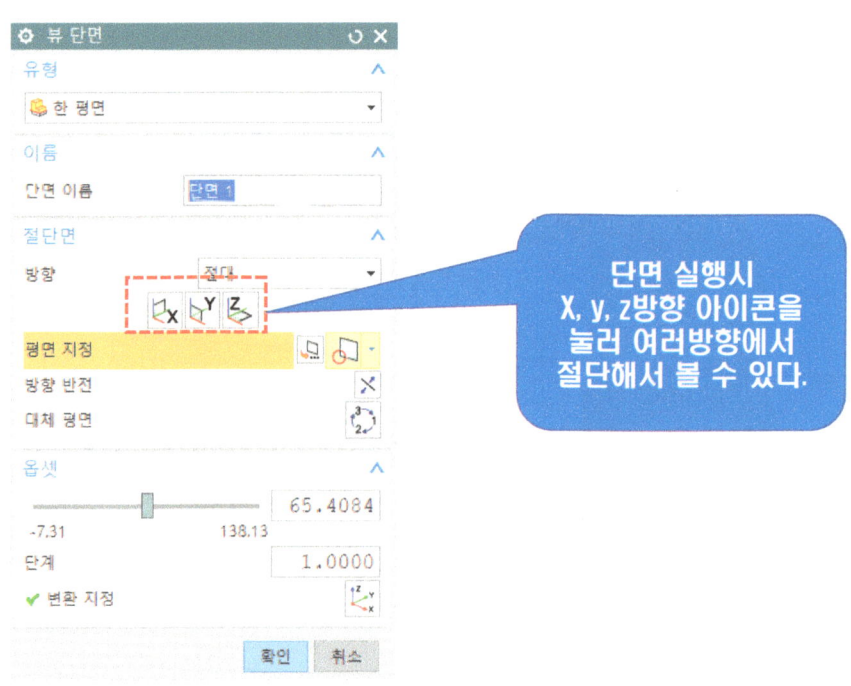

단면 실행시
X, y, z방향 아이콘을
눌러 여러방향에서
절단해서 볼 수 있다.

관련기능 예제

도면 33

- 아래와 같은 단면을 제시된 도면을 참고하여 3개의 스케치가 있다. '곡선통과' 기능을 사용하여 모델링 작업을 하시오.

도면 34

- 일정한 간격인 3개의 데이텀 평면에 동일한 크기의 사각형을 '곡선투영'기능을 활용하여 작업후 '스웹' 기능을 이용하여 모델링 작업을 하시오.

도면 35

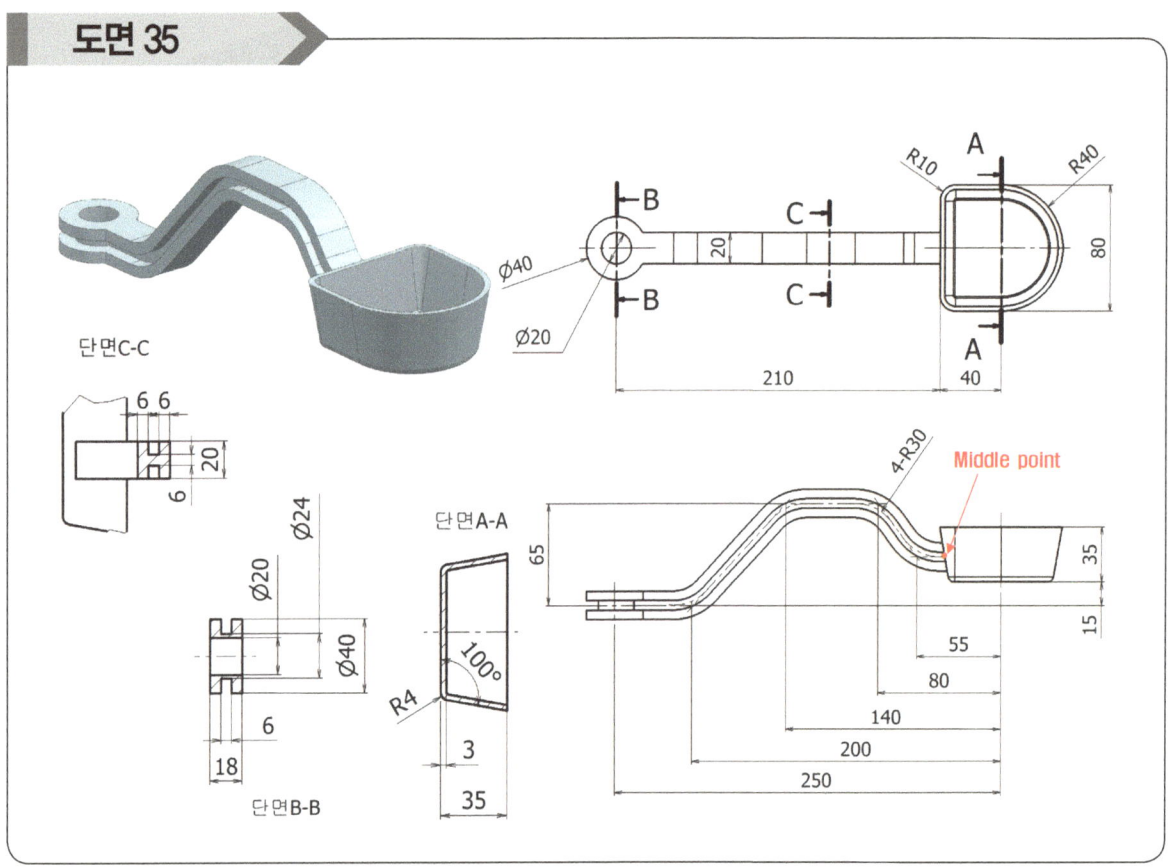

단면C-C

단면B-B

단면A-A

18

동기식 모델링

18 동기식 모델링

18 동기식 모델링 (Synchronous Modeling)

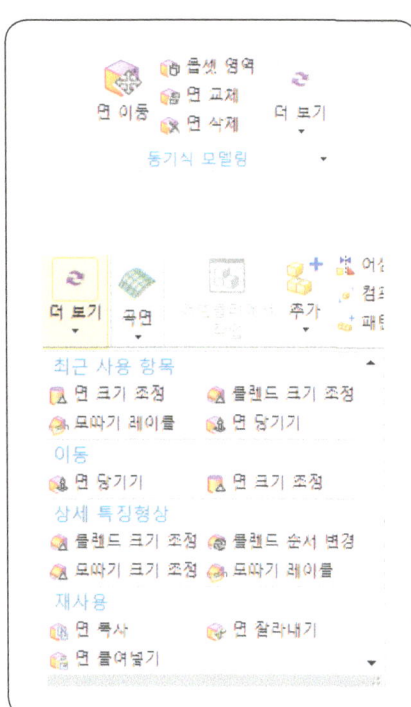

■ **동기식 모델링을 사용하는 이유**

- History없는 다른 종류의 CAD간 편집이 용이하다.
- 모델링 작업 당사자가 아니어도 수정이 가능하다.
- 히스토리의 위치 및 구속조건에 관계없이 모델링 수정이 가능하다.
- 저장파일 크기가 작다.
- 작업자의 편집 속도 빠르다.

동기식 모델링 기능은 설명을 듣고 각자 정리하시기 바랍니다.

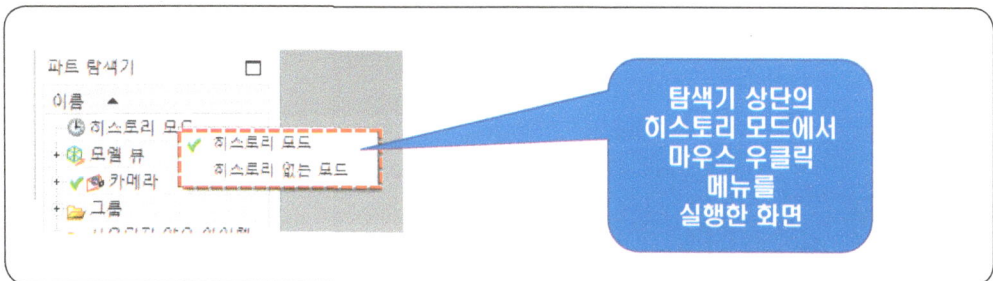

- 히스토리 모드에서 작업하다 히스토리 없는 모드로 작업 전환이 가능하다.

그러나 히스토리 모드로 다시 전환하면, Hole, chamfer, Blend기능등이 Body로 변환되어 더 이상 파라메터 수정이 불가능하다.
또는 타 업체에서 작업된 모델링파일이 깨져 수정이 불가능할 경우도 있다.

이러한 경우에 동기식 모델링을 사용해서 수정이 가능하다.

연습도면

도면 36

• 치수 표시 없는 부분 임의 치수로 작업

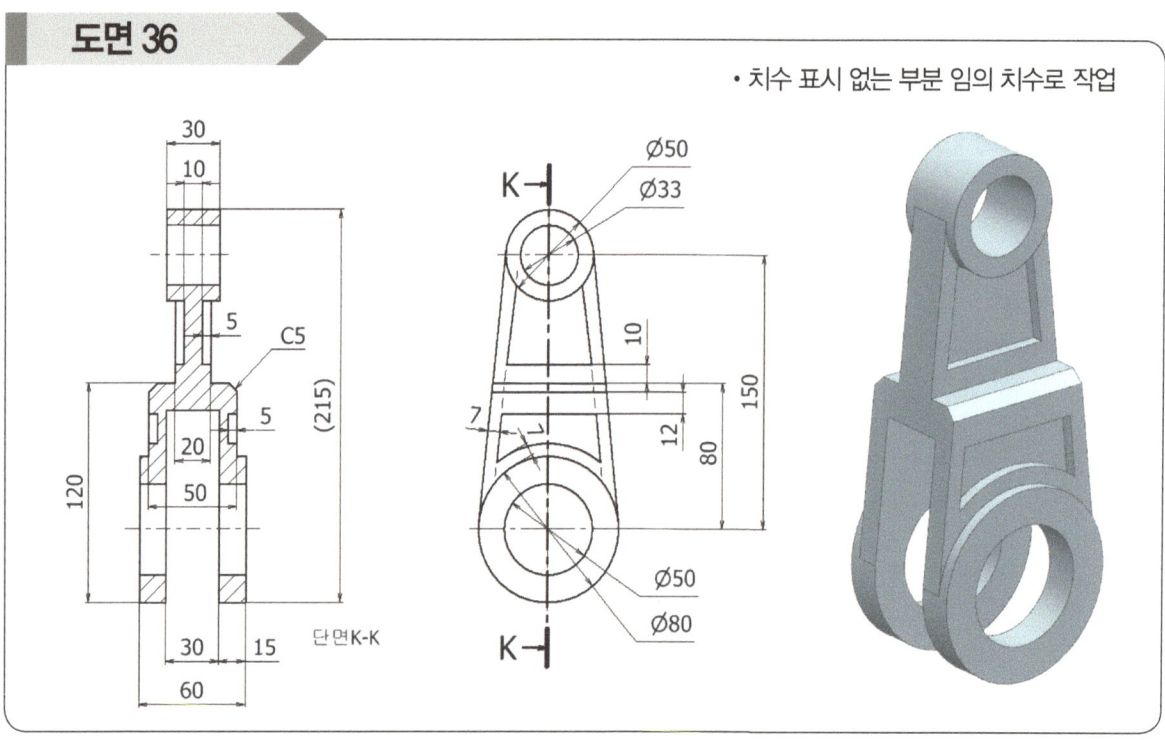

도면 37

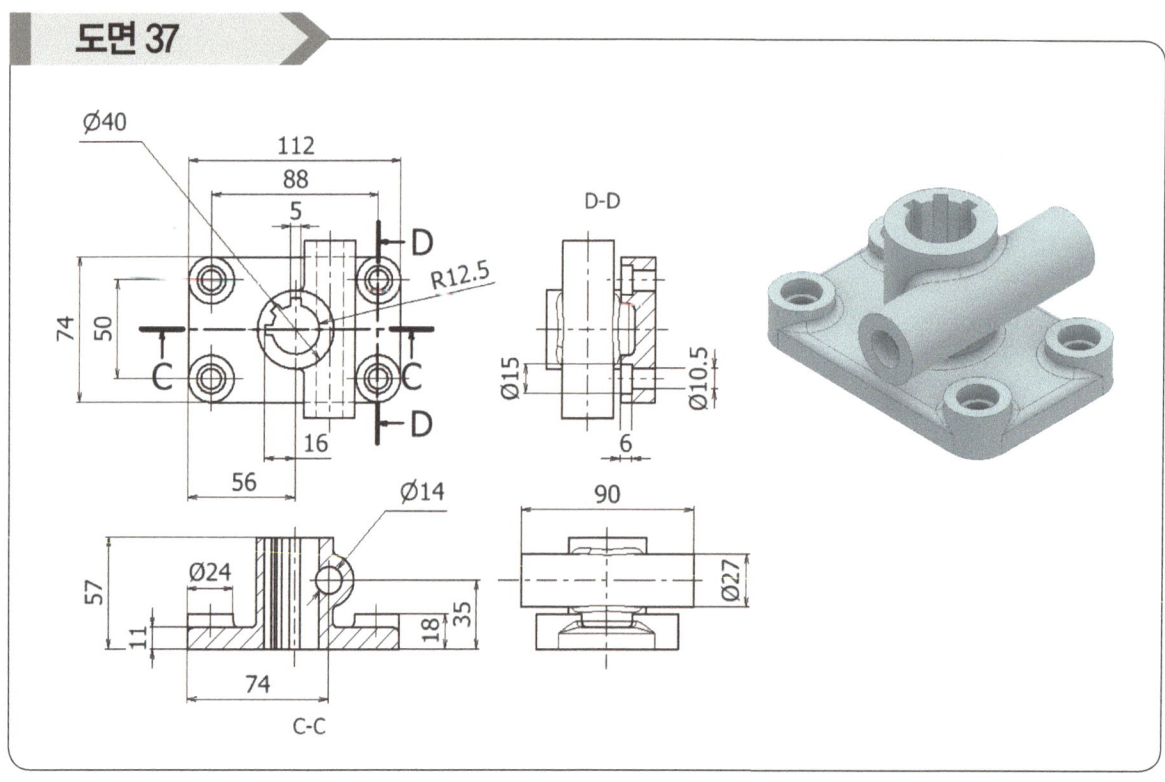

도면 38

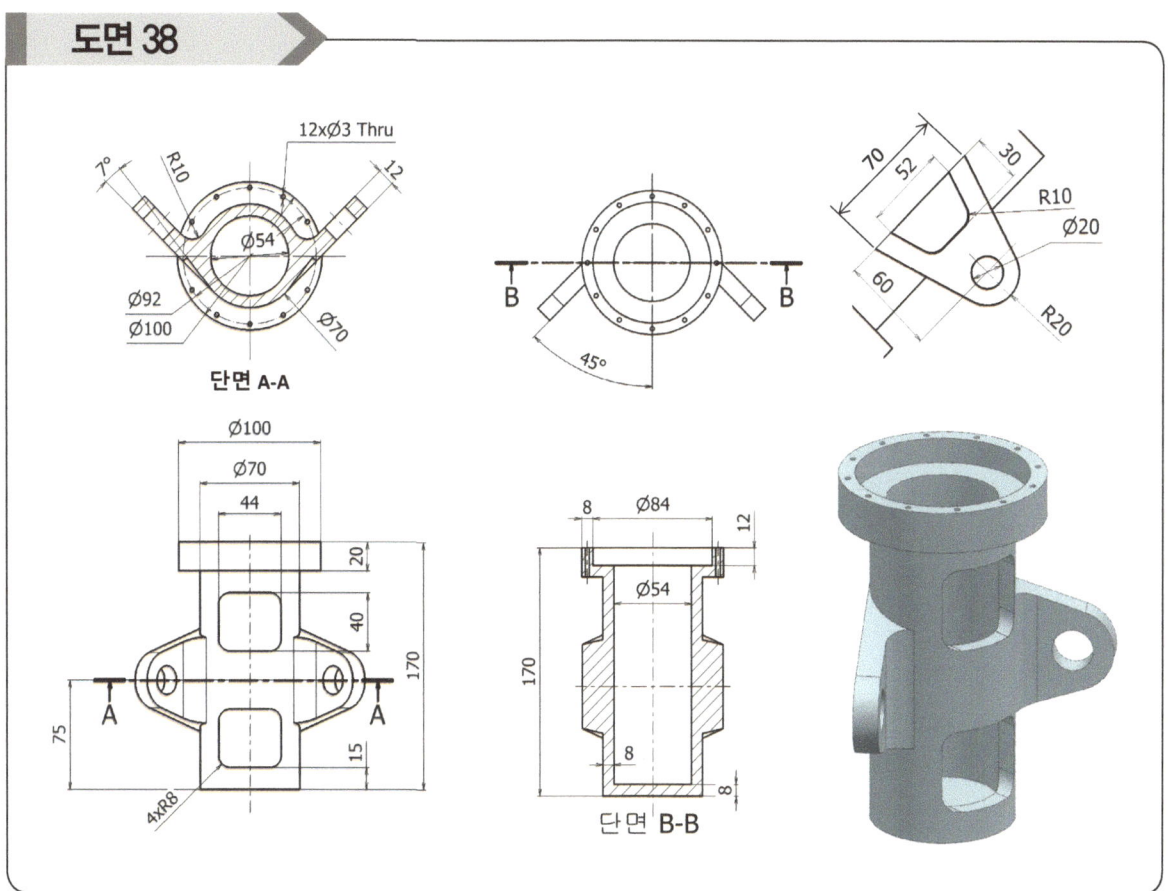

19

MOLD 코어 캐비티 파팅

19 MOLD 코어 캐비티 파팅

코어 파팅 방법 1

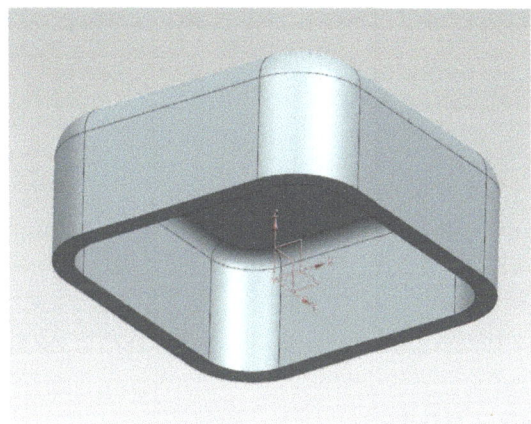

1. 제품 모델링 : 50x50x20, 두께3

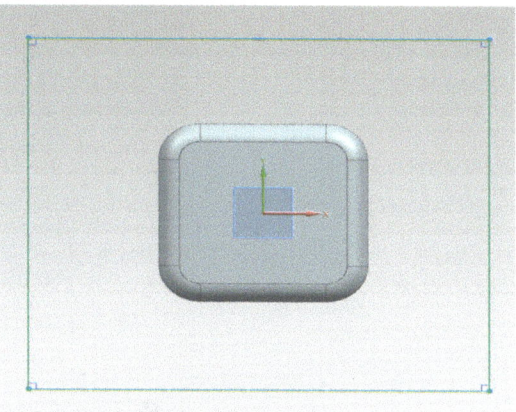

2. 코어 블록 사각형 스케치 : 크기 임의

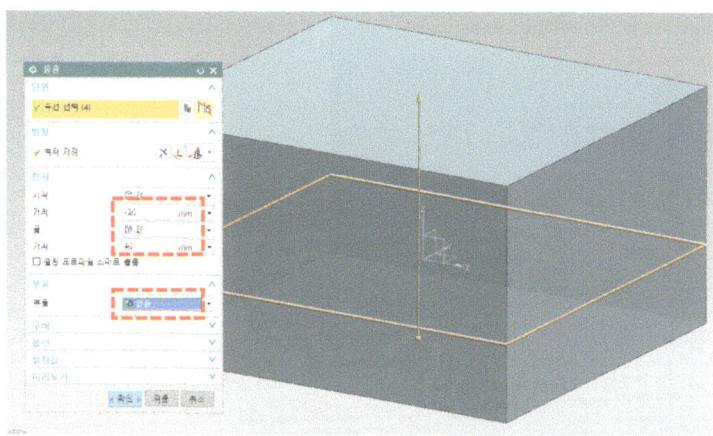

3. 블록의 높이를 지정

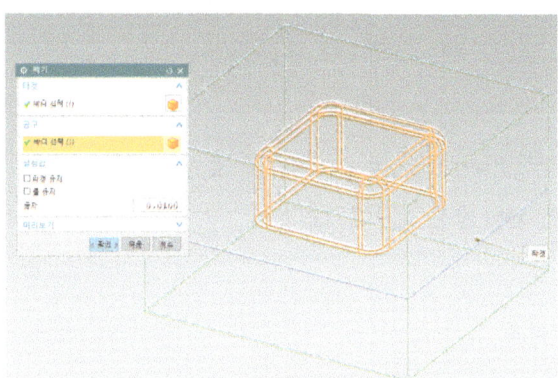

4. 빼기 실행 : 코어블록에서 제품 빼내기

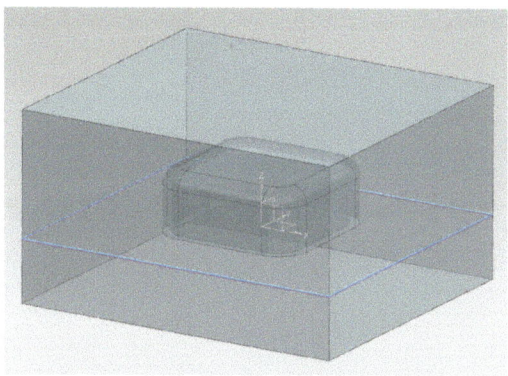

5. 제품을 빼기 한 후 결과물 :Ctrl+J 투명도

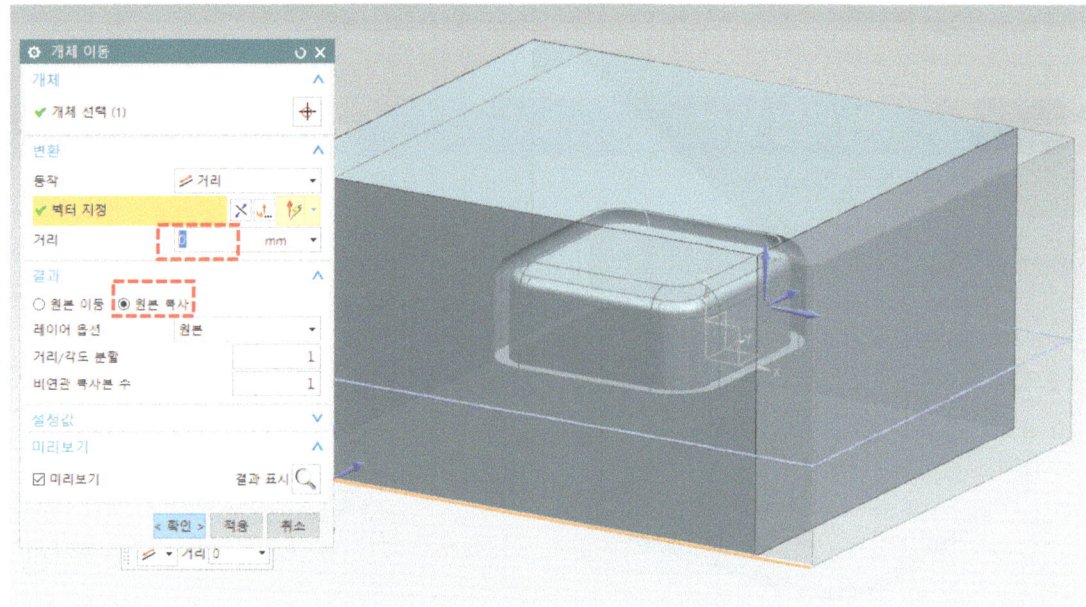

6. Ctrl+T 실행하여 블록을 제자리 복사

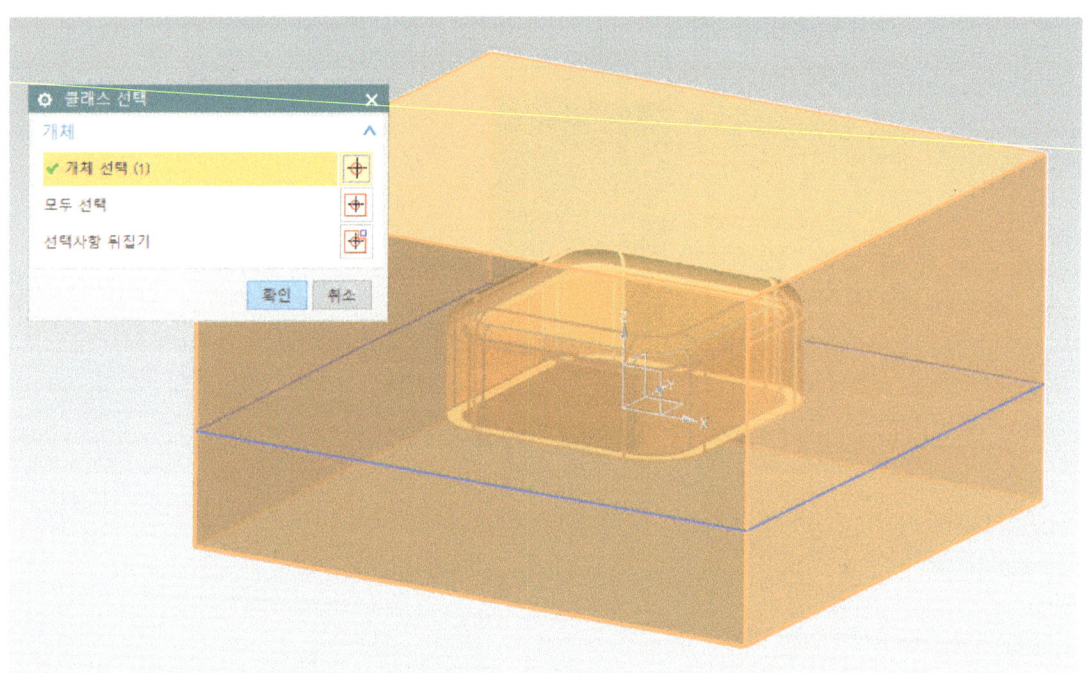

7. Ctrl+B 실행하여 겹쳐진 블록 중 한 개만 숨겨준다.

19 • MOLD 코어 캐비티 파팅

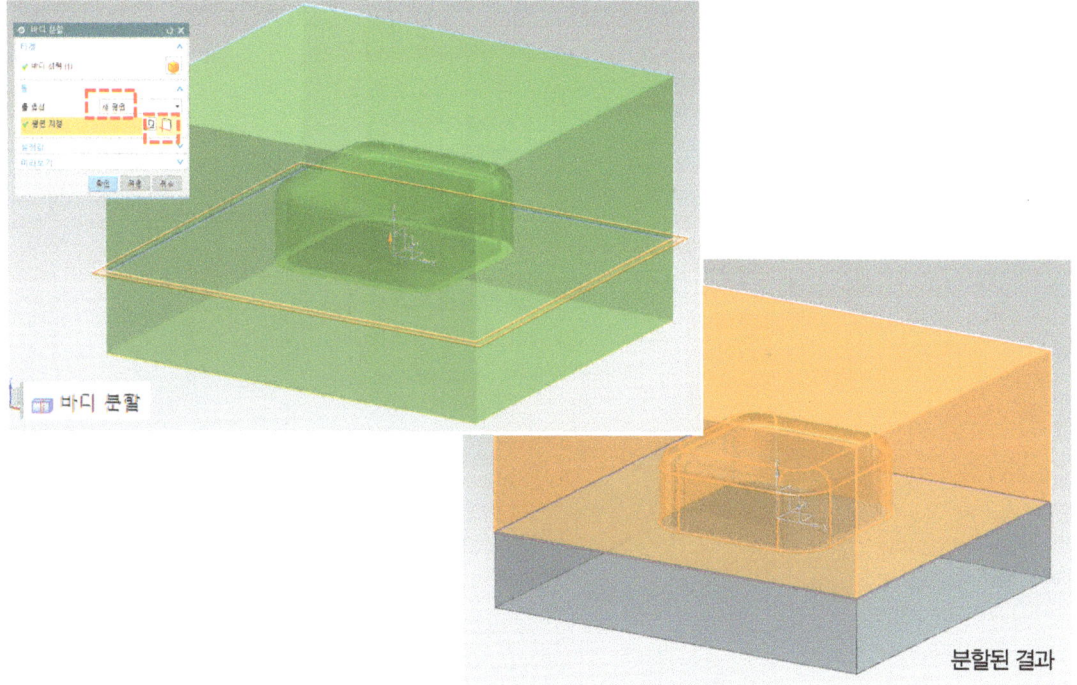

8. 바디 분할 실행 : 스케치의 두 선을 이용하여 분할

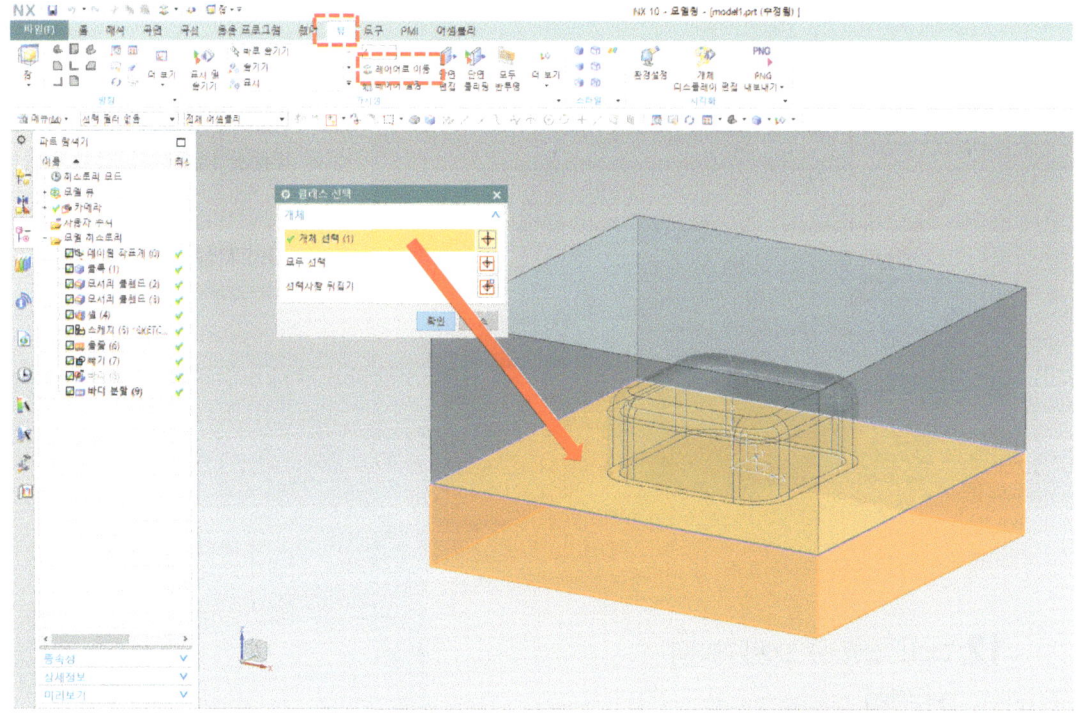

9. [뷰]-[레이어로 이동] 실행 → 하측 코어 선택   Layer 200번 선택

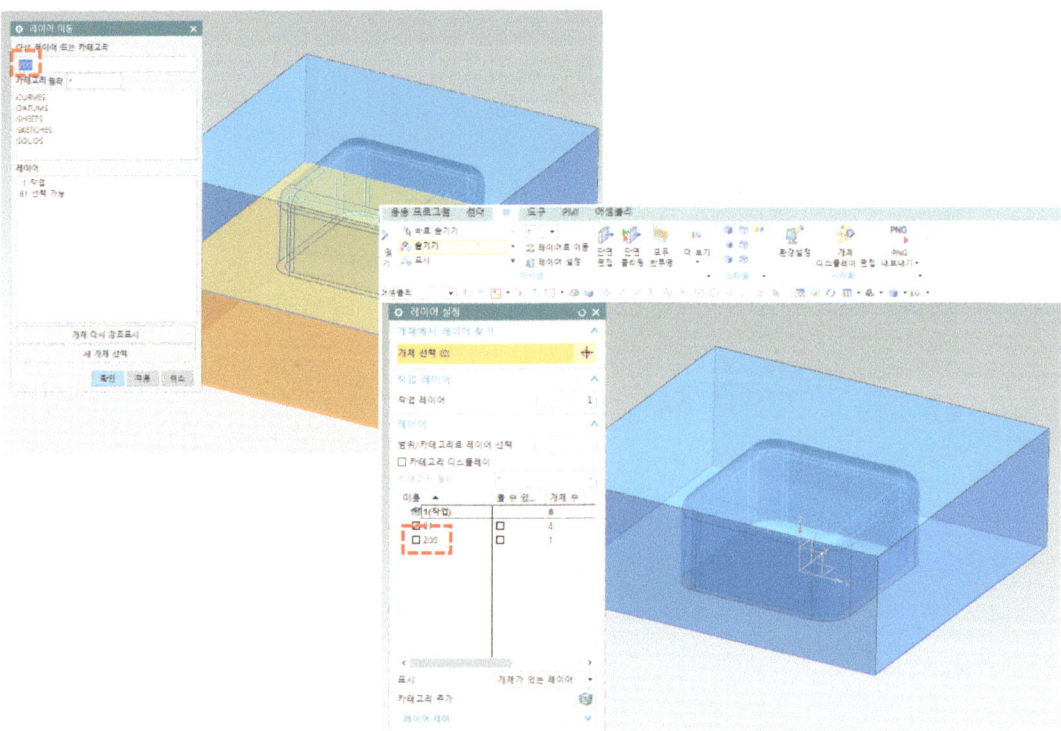

10. Ctrl+L 실행 -> 200번 레이어 체크해제
- 하측 코어를 숨긴다.

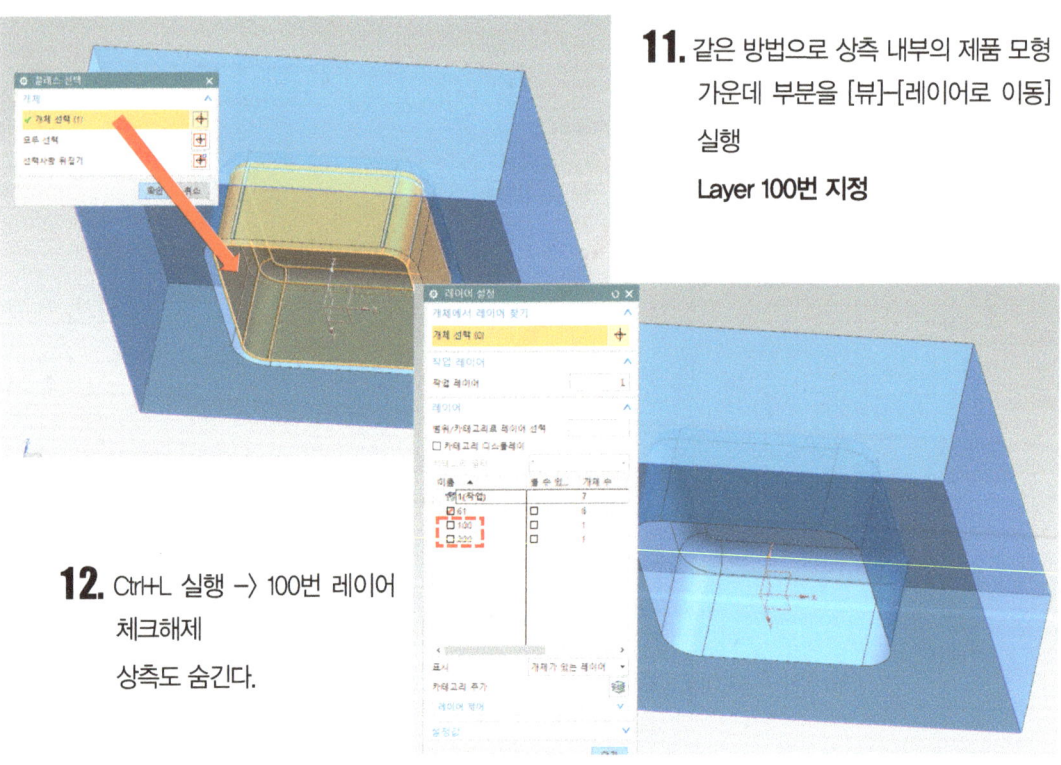

11. 같은 방법으로 상측 내부의 제품 모형 가운데 부분을 [뷰]-[레이어로 이동] 실행

Layer 100번 지정

12. Ctrl+L 실행 -> 100번 레이어 체크해제
상측도 숨긴다.

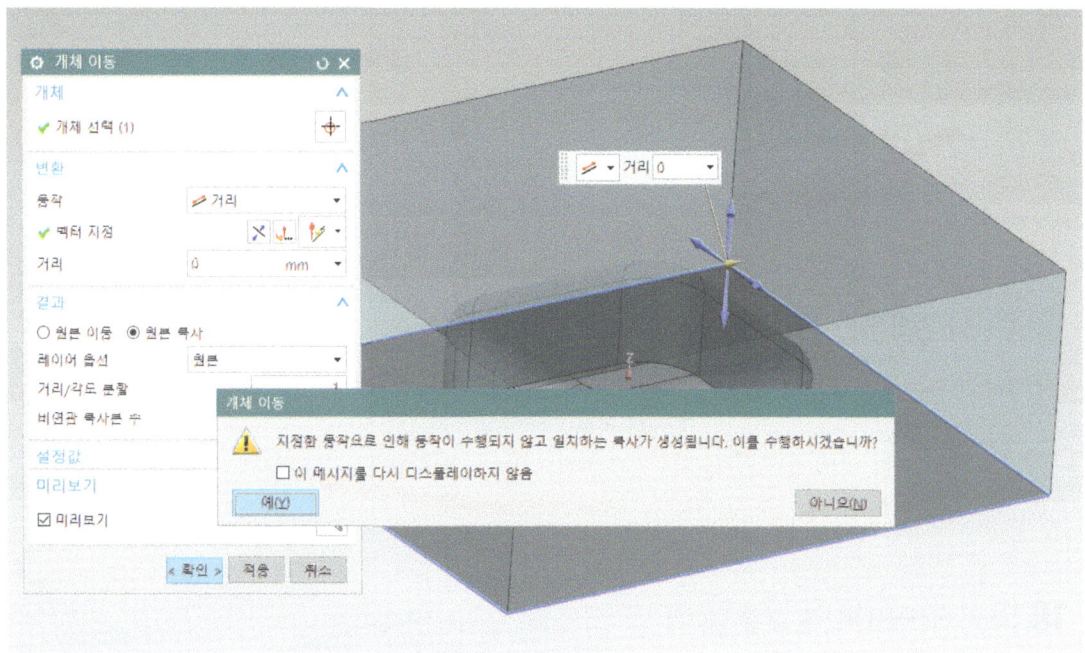

13. 남아 있는 상측 코어를 다시 Ctrl+T 제자리 복사

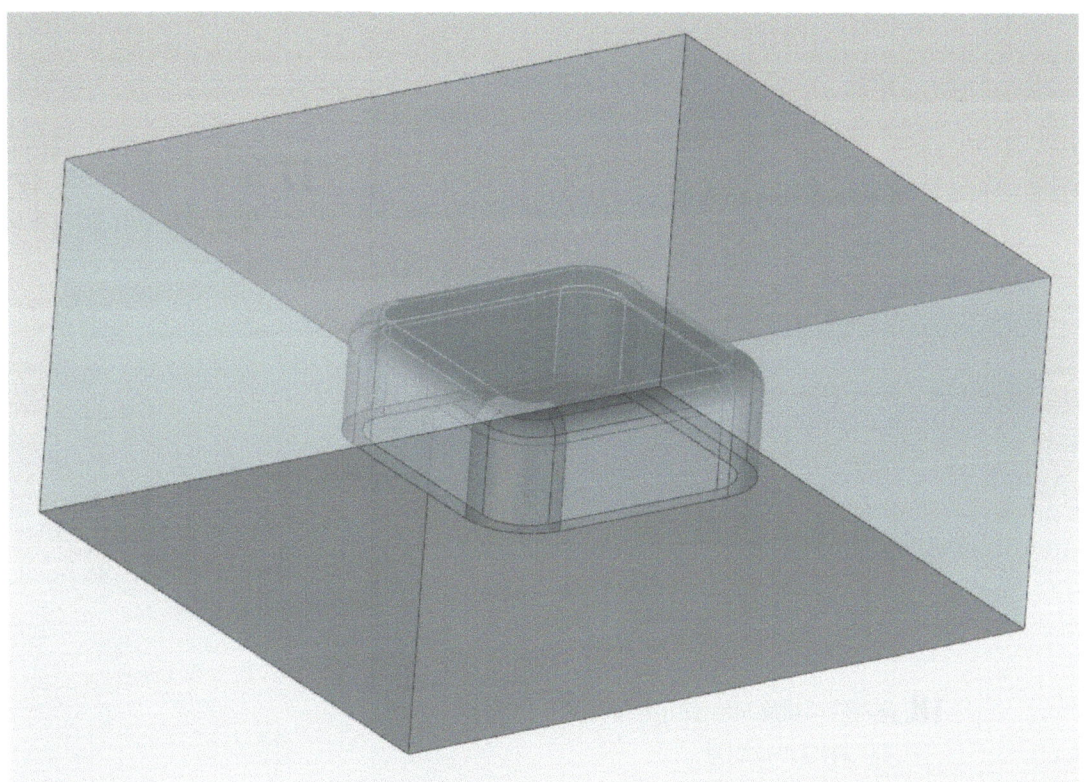

14. Ctrl+Shift+B 화면 반전 실행 : 현재 객체가 숨겨지고 처음 단계에 복사해 두었던 블록 전체 덩어리가 보여짐.

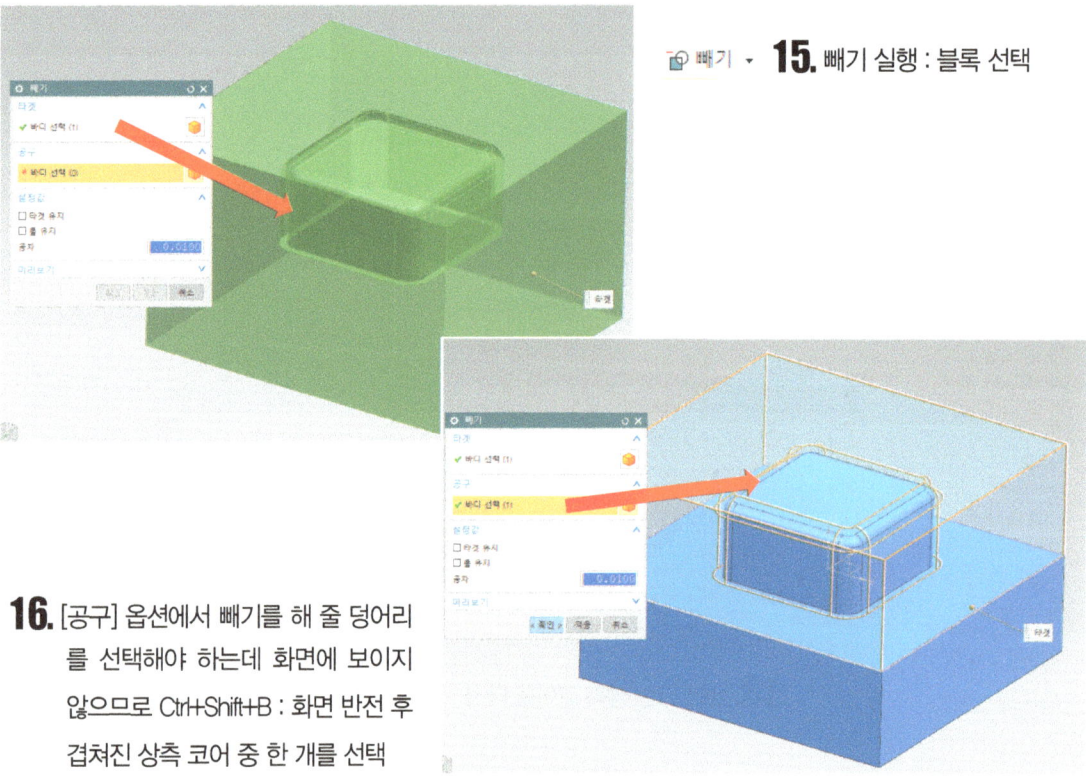

15. 빼기 실행 : 블록 선택

16. [공구] 옵션에서 빼기를 해 줄 덩어리를 선택해야 하는데 화면에 보이지 않으므로 Ctrl+Shift+B : 화면 반전 후 겹쳐진 상측 코어 중 한 개를 선택

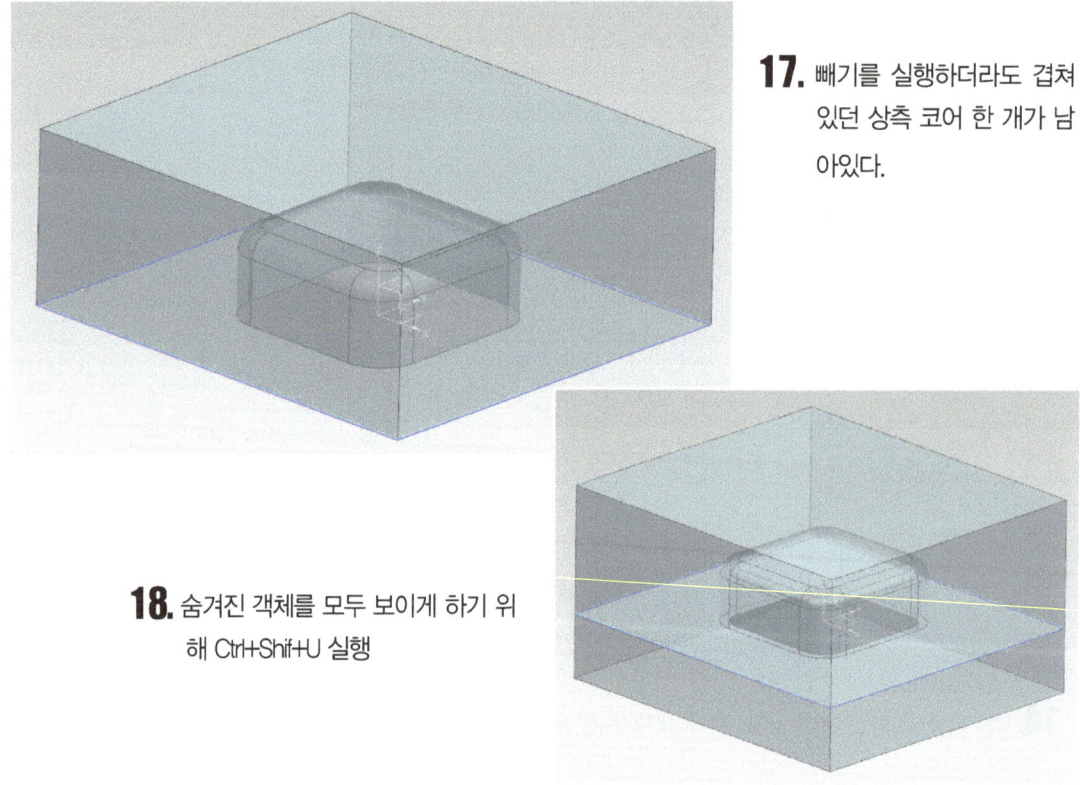

17. 빼기를 실행하더라도 겹쳐 있던 상측 코어 한 개가 남아있다.

18. 숨겨진 객체를 모두 보이게 하기 위해 Ctrl+Shift+U 실행

19 · MOLD 코어 캐비티 파팅

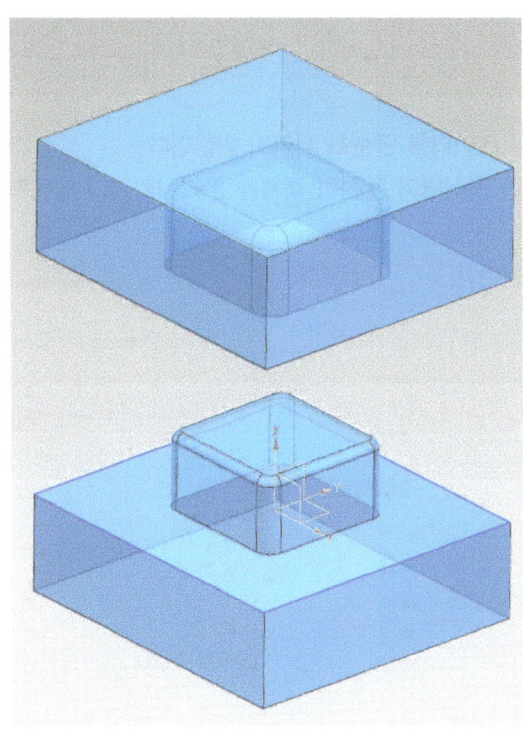

19. Ctrl+T 실행 후 상측 개체 이동 상하측을 분리시켜 배치하거나 또는 2D데이터로 각각 배치 작업을 진행한다.

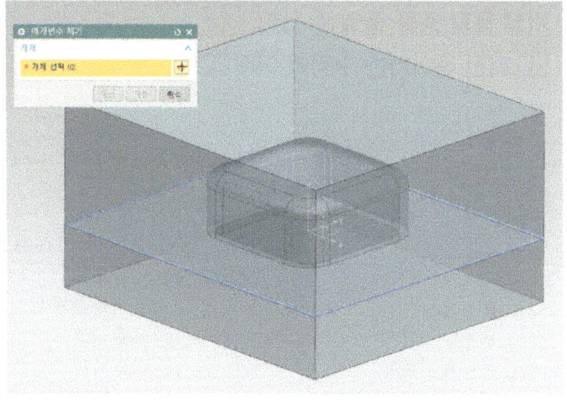

20. 마지막에 데이터를 깨서 정리한다.

- 이 작업 순서대로 여러 번 연습한다.

코어 기본기 연습

데이터를 깨는 이유는 계속 작업을 진행할 수도 있지만 데이터를 단순화 시키기 위함이다.
또한, 빼기 등의 기능을 실행하더라도 연결된 고리들을 끊어내어 완전히 객체를 분리시키거나 데이터 저장 용량 등을 줄일 수 있다.
단, 깨진 데이터는 수정이 어려우므로 잘 판단하여 실행한다.

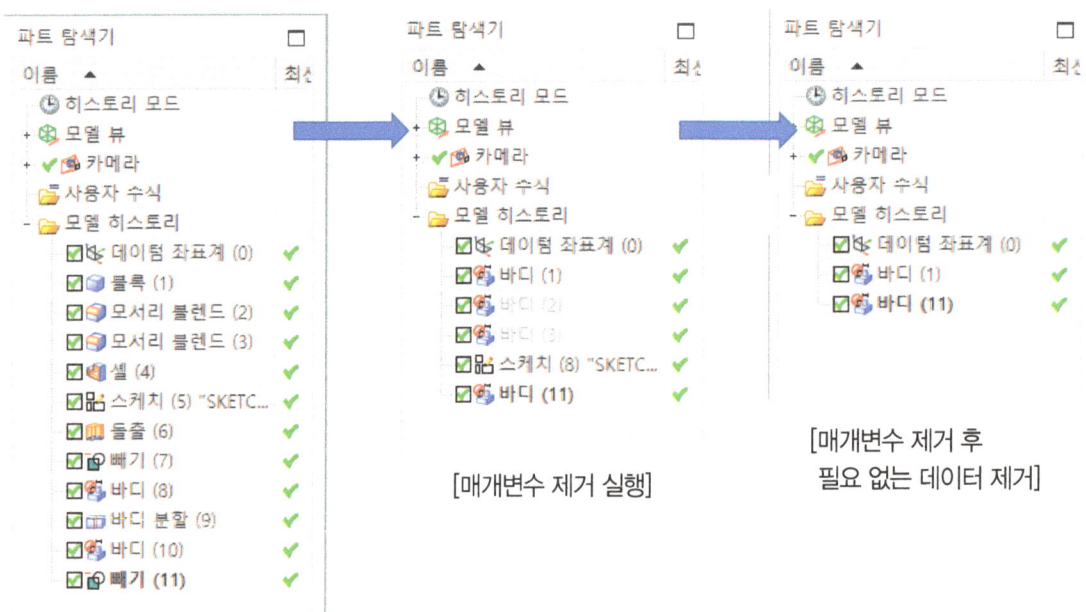

[처음 모델링 작업 내역]   [매개변수 제거 실행]   [매개변수 제거 후 필요 없는 데이터 제거]

코어 파팅 방법 2 : 1번의 제품과 동일

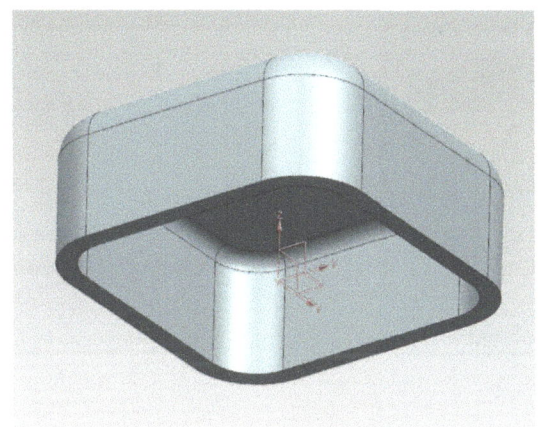

1. 제품 모델링 : 50x50x20, 두께3

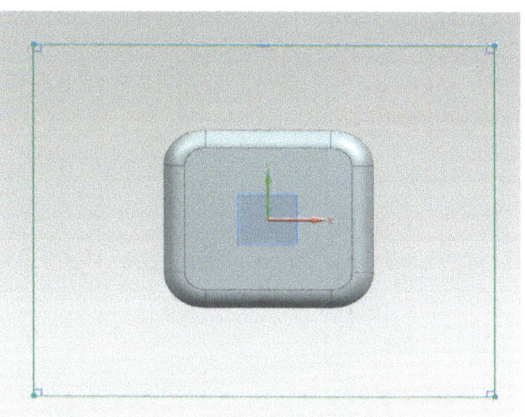

2. 코어 블록 사각형 스케치 : 크기 임의

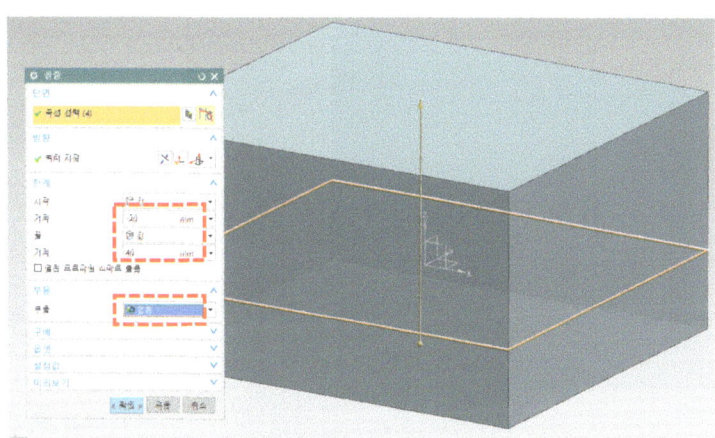

3. 블록의 높이를 지정

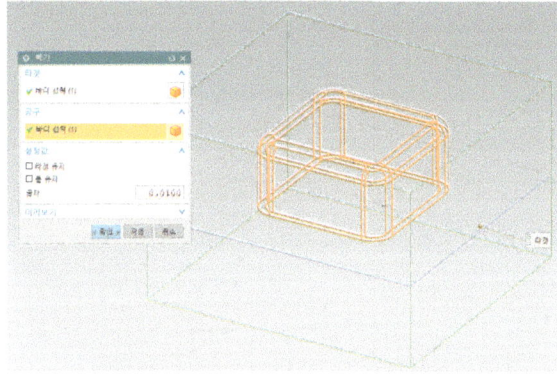

4. 빼기 실행 : 코어블록에서 제품 빼내기

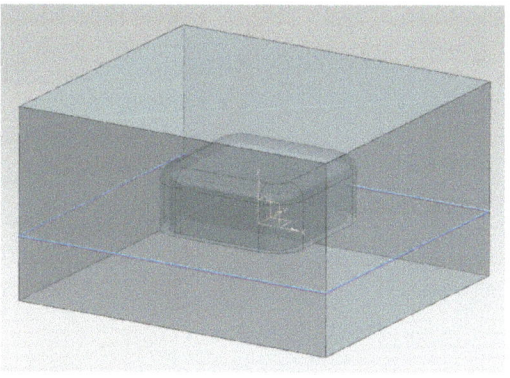

5. 제품을 빼기 한 후 결과물 :Ctrl+J 투명도

코어 파팅 방법 2

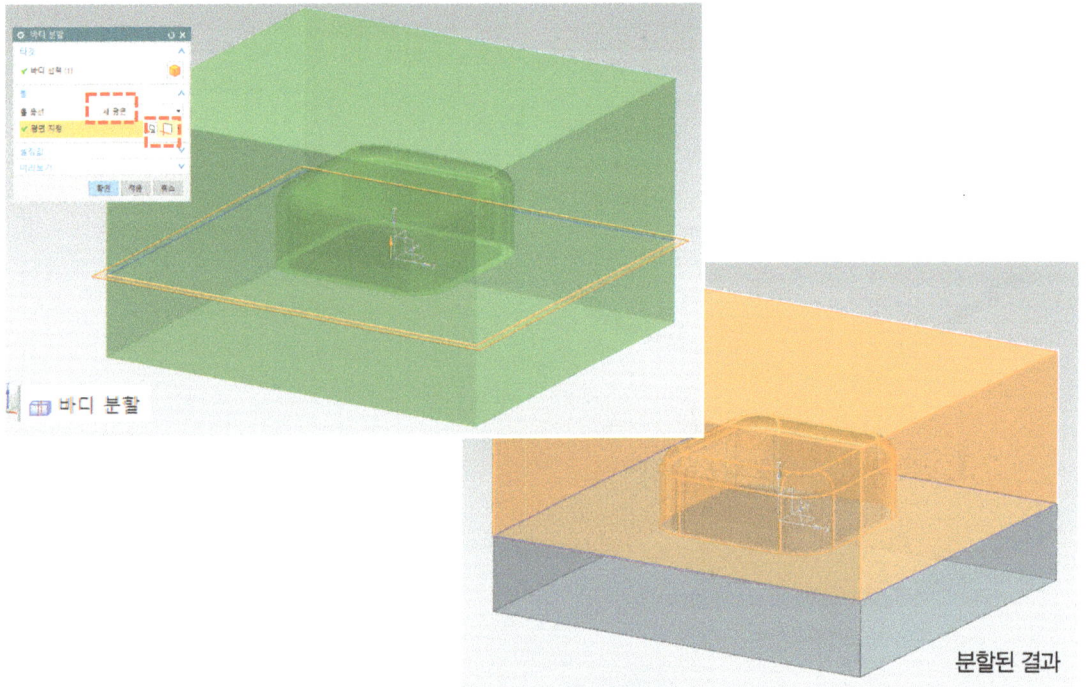

6. 바디 분할 실행 : 스케치의 두 선을 이용하여 분할

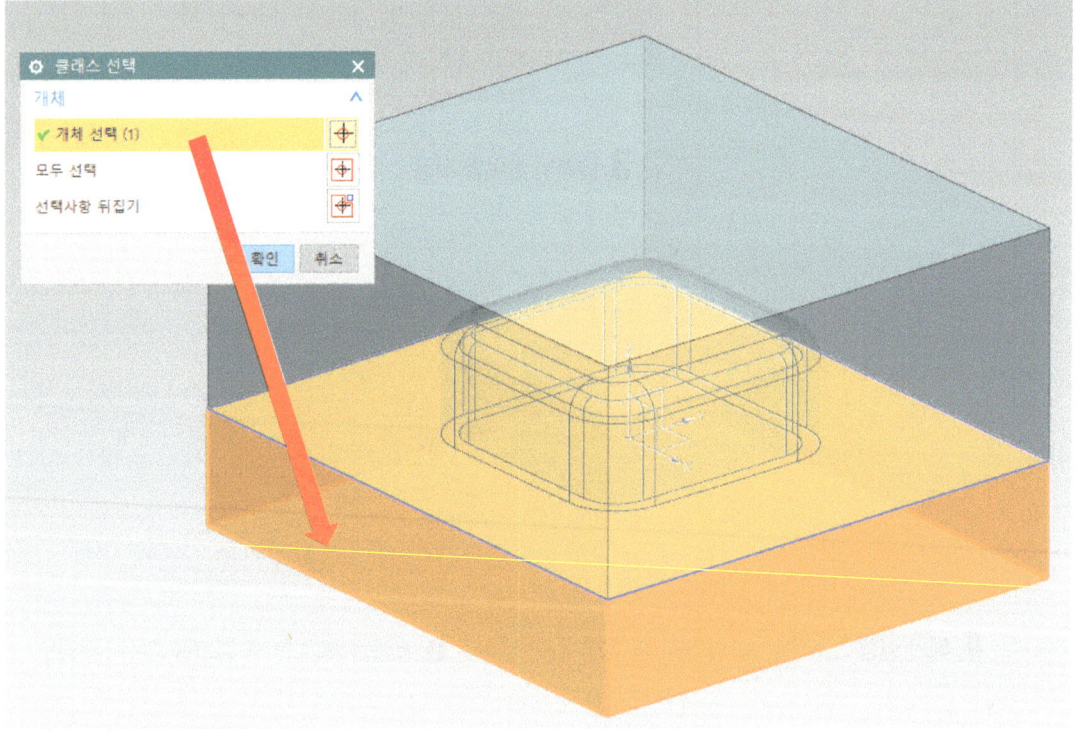

7. Ctrl+B 하측 코어 숨기기

19 • MOLD 코어 캐비티 파팅

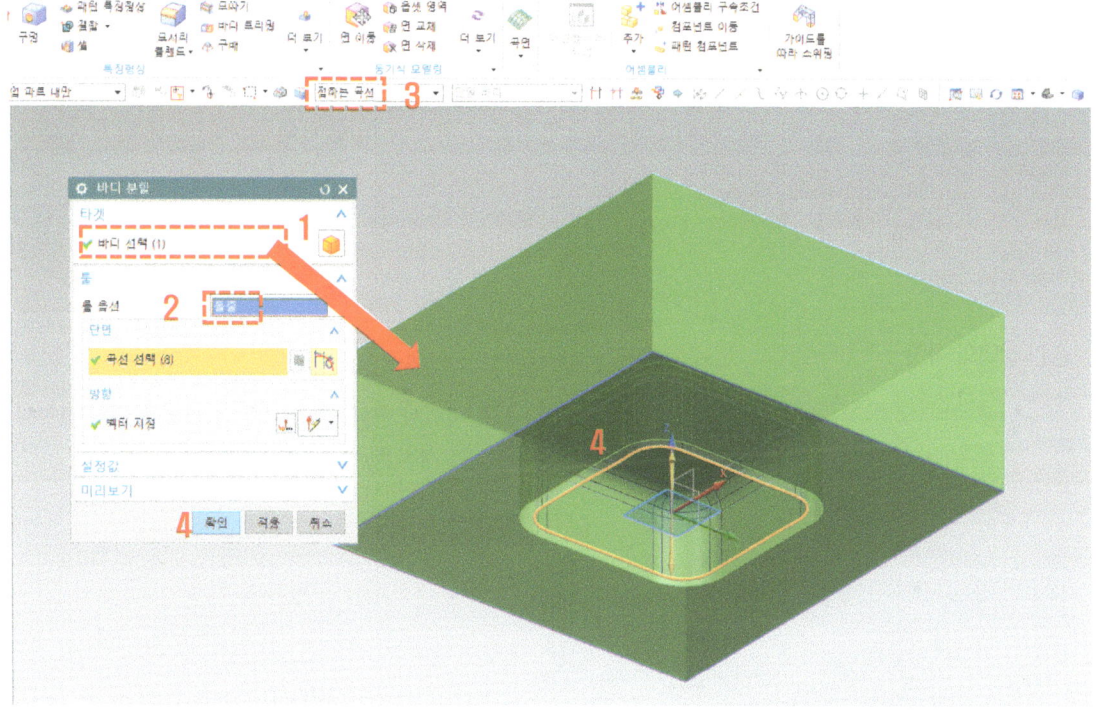

🗐 바디 분할 **8.** 내부의 제품 부분을 따로 분리하기 위해 [바디 분할] – [돌출] 실행

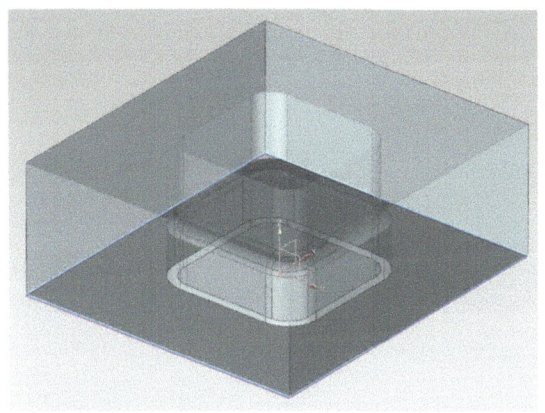

돌출옵션에서 선택한 사각형 기준으로 Z방향
으로 전체 분리되었다.

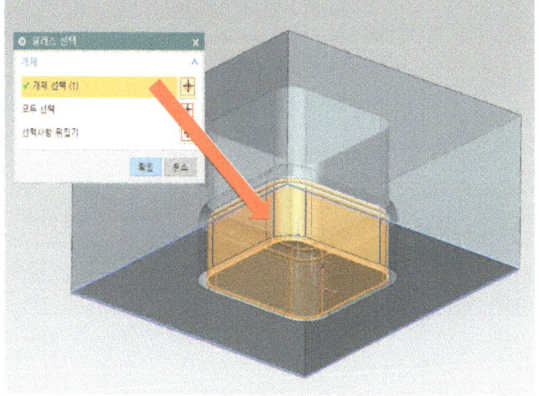

9. Ctrl+B 내부의 제품부만 숨기기

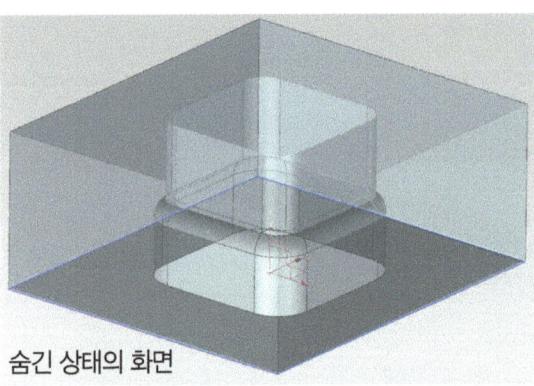

숨긴 상태의 화면

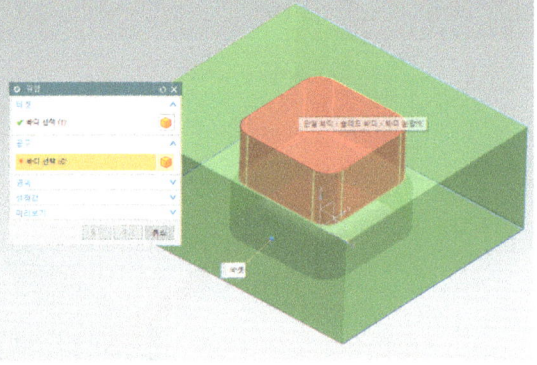

10. 나머지 형상에서 분리된 주변부를 모두 결합해서 한 개의 캐비티로 정리한다.

결합된 후의 상태

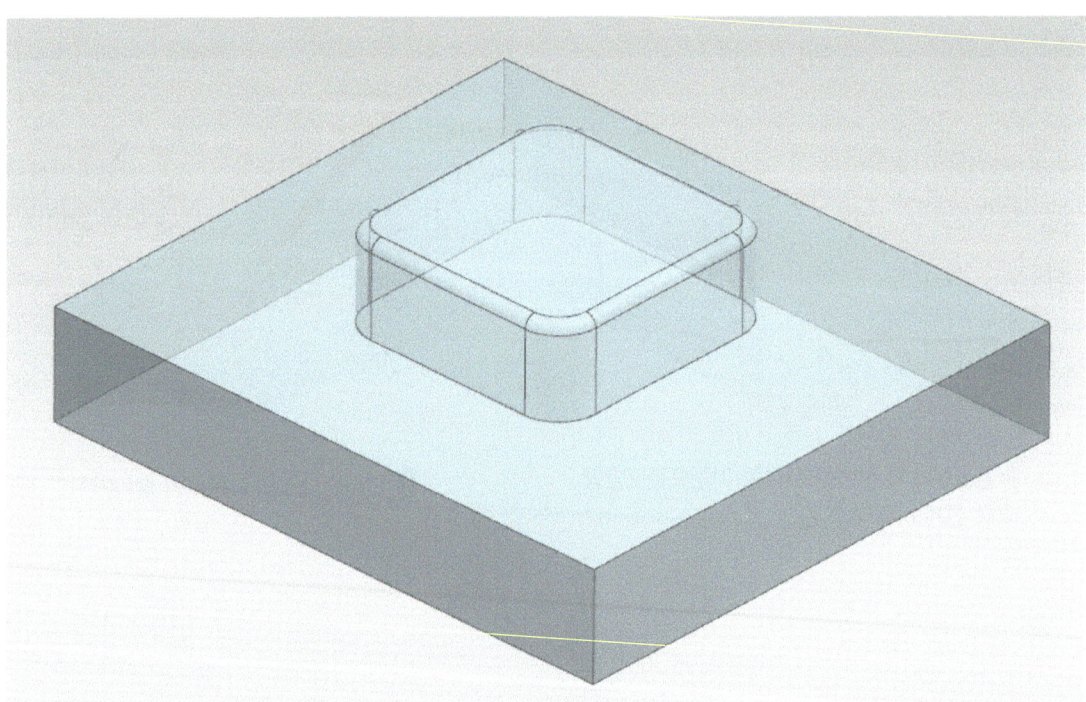

11. 상측의 캐비티는 완성되었으므로 화면을 반전시켜 하측을 디스플레이 한다. Ctrl+Shift+B : 화면 반전한 상태
언뜻 보면 완성된 코어 같지만 앞에서 가운데 알맹이가 분리되었기 때문에 바닥의 사각형 베이스와 돌출부위를 결합시킨다.

19 · MOLD 코어 캐비티 파팅

12. 결합 실행

13. 마지막은 방법1과 마찬가지로 매개변수 제거로 정리한다.

코어가 완성되었다.

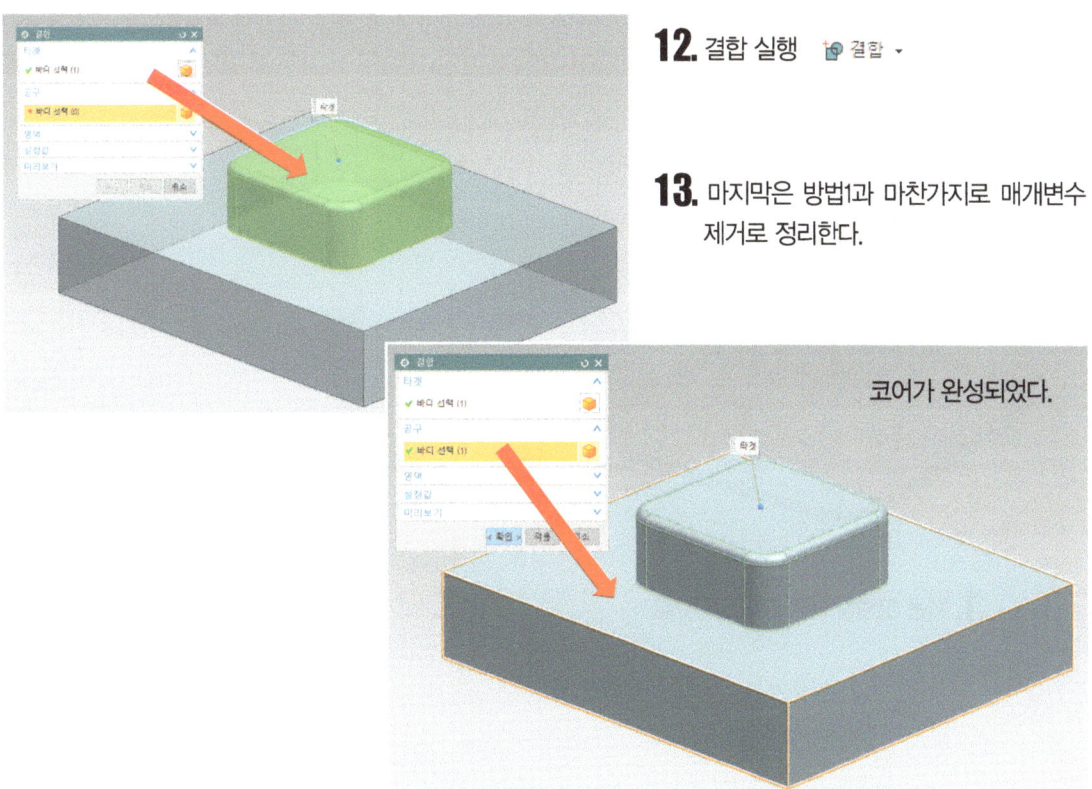

코어 파팅 방법 3 : 1번의 제품과 동일

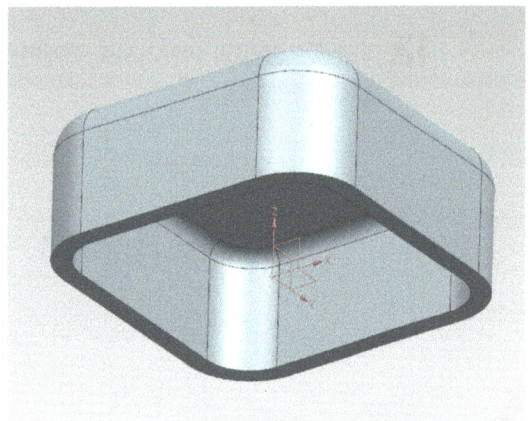

1. 제품 모델링 : 50x50x20, 두께3

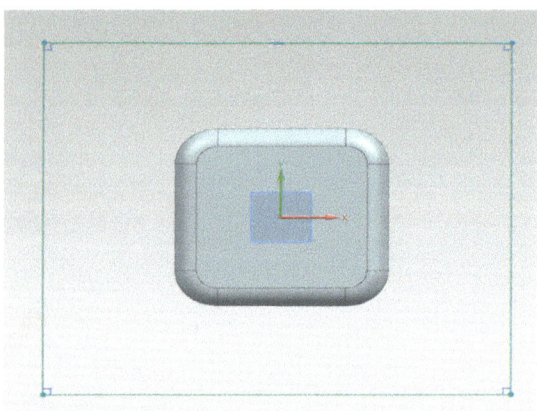

2. 코어 블록 사각형 스케치 : 크기 임의

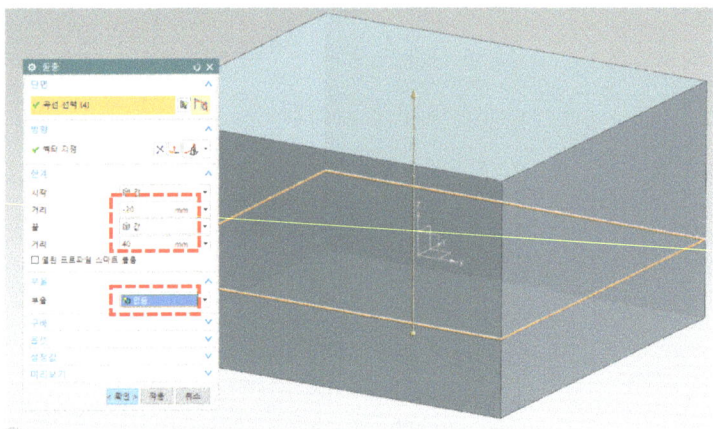

3. 블록의 높이를 지정

코어 파팅 방법 3

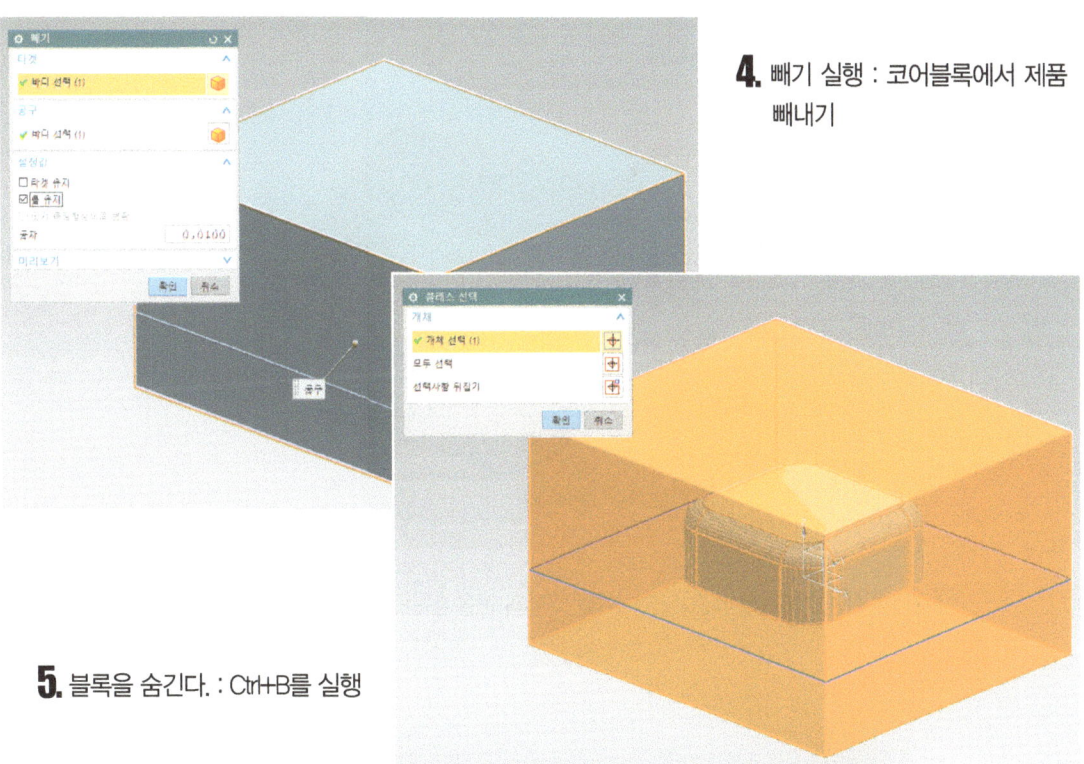

4. 빼기 실행 : 코어블록에서 제품 빼내기

5. 블록을 숨긴다. : Ctrl+B를 실행

여기서는 앞의 두가지 방법과 다르게 [툴 유지] 에 체크를 한다.
그러면 빼기를 실행하더라도 제품 원본이 그대로 남아있게 된다.

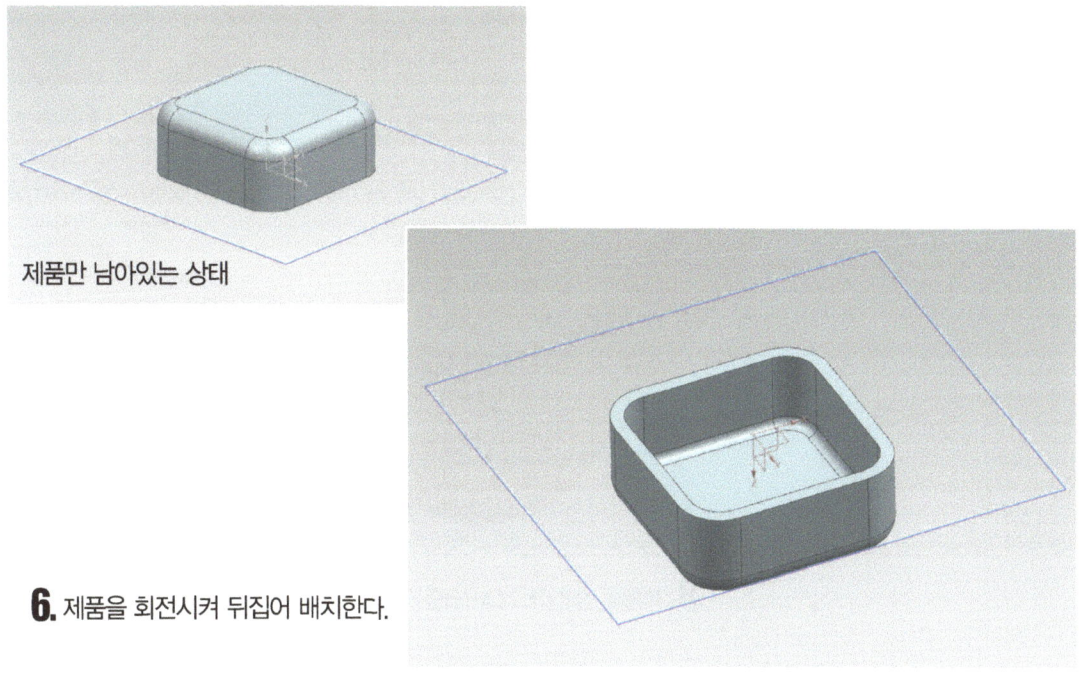

제품만 남아있는 상태

6. 제품을 회전시켜 뒤집어 배치한다.

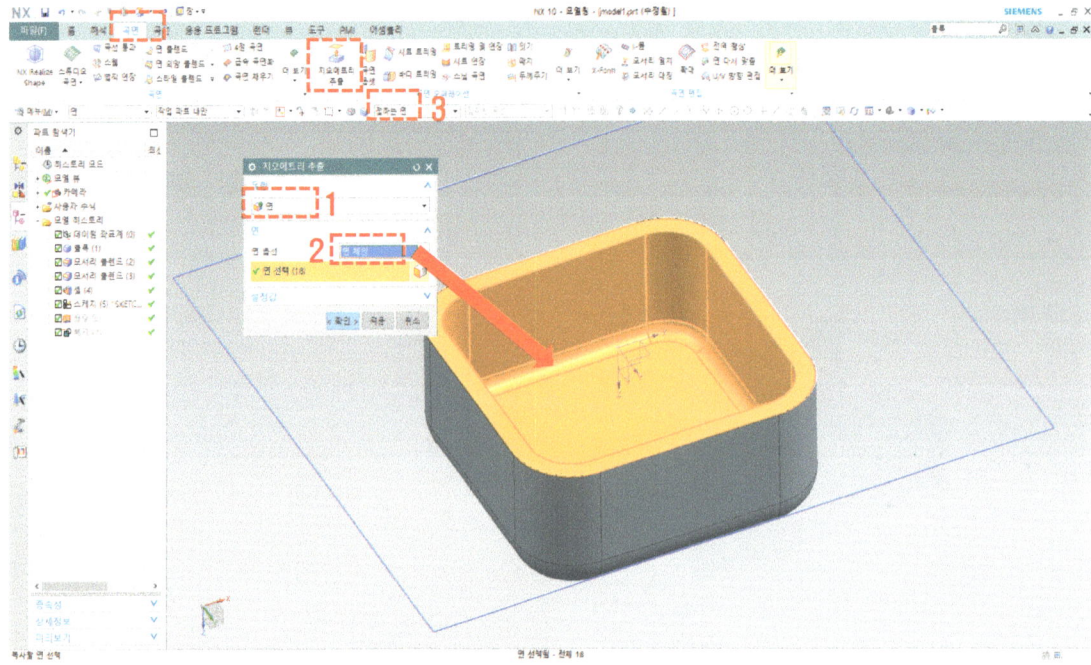

7. [곡면]-[지오메트리 추출]실행 : 제품 내부의 면을 한번에 선택할 수 있도록 옵션 설정

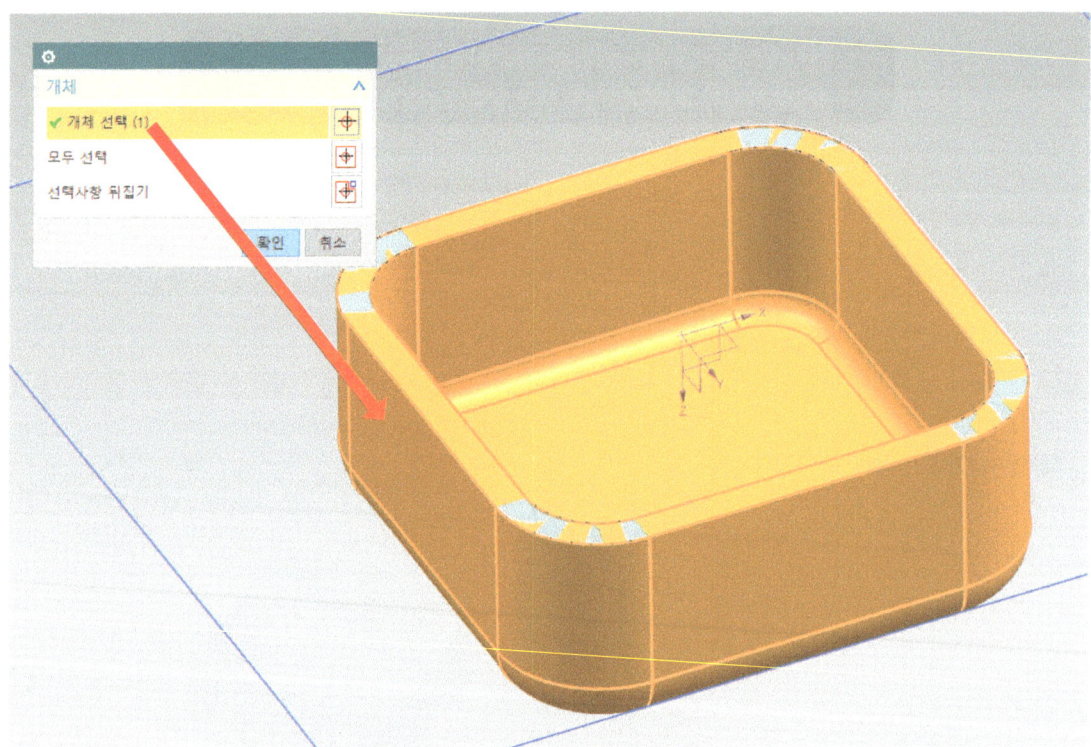

8. 제품을 숨긴다. : Ctrl+B를 실행

시트 연장

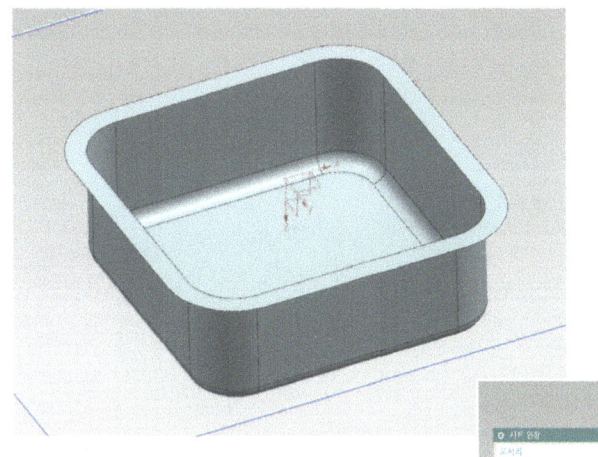

9. [시트연장]을 실행해서 면 가장자리 모서리를 선택한 후 연장 길이는 사각형 스케치(제품 사이즈) 보다 크게 늘린다.

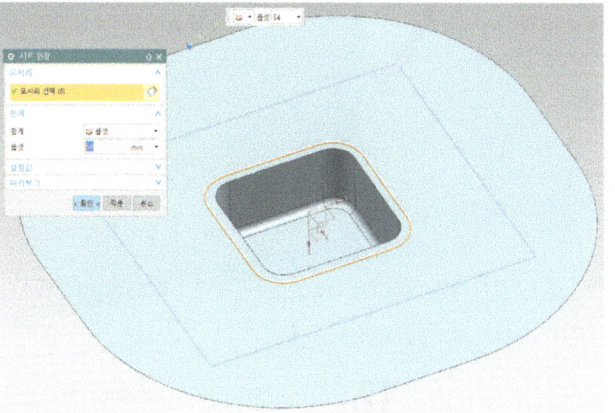

10. 모델링 구분을 위해 Ctrl+J 실행을 해서 면의 색상을 변경한다.

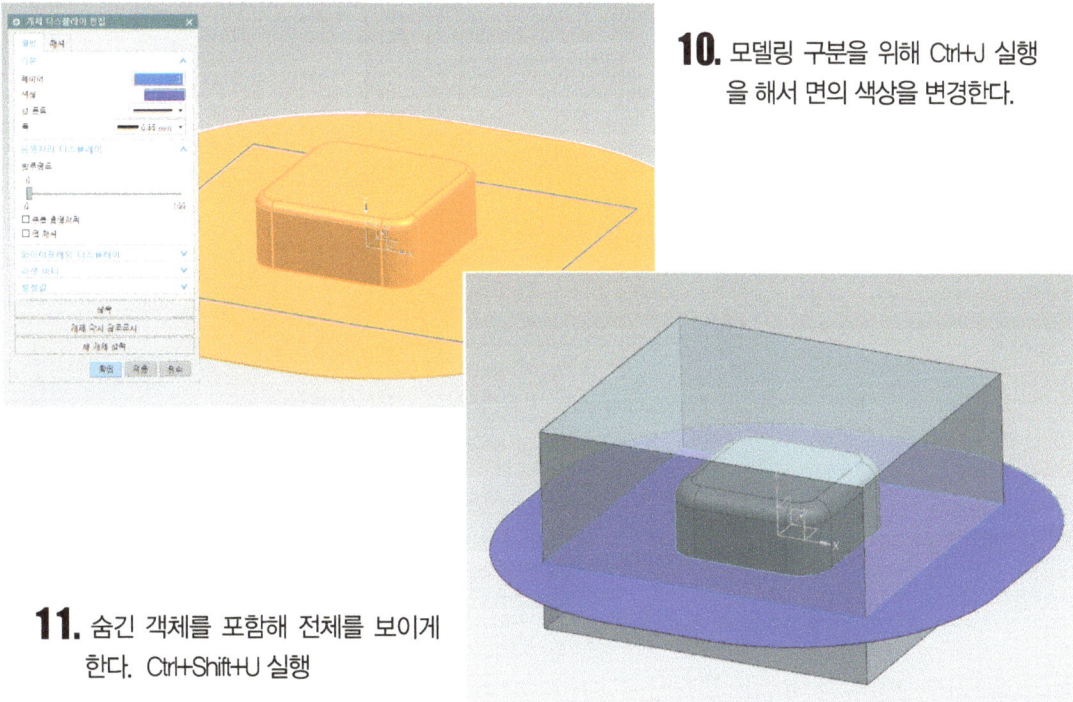

11. 숨긴 객체를 포함해 전체를 보이게 한다. Ctrl+Shift+U 실행

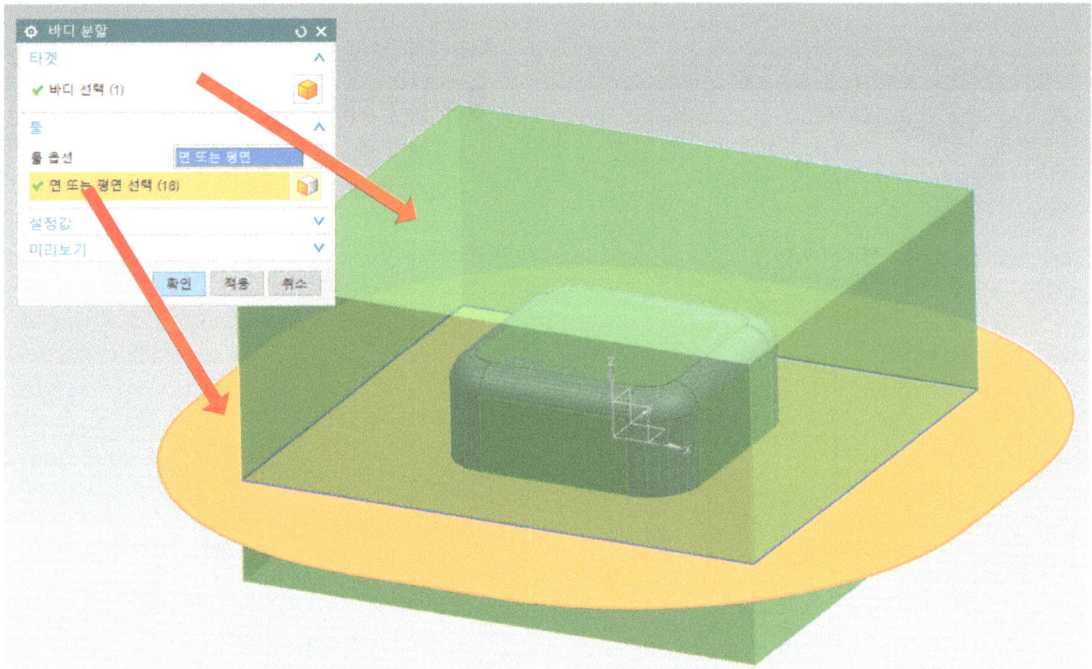

12. [바디 분할] 실행 – 추출한 면으로 분할 시킨다. –> 매개변수 제거

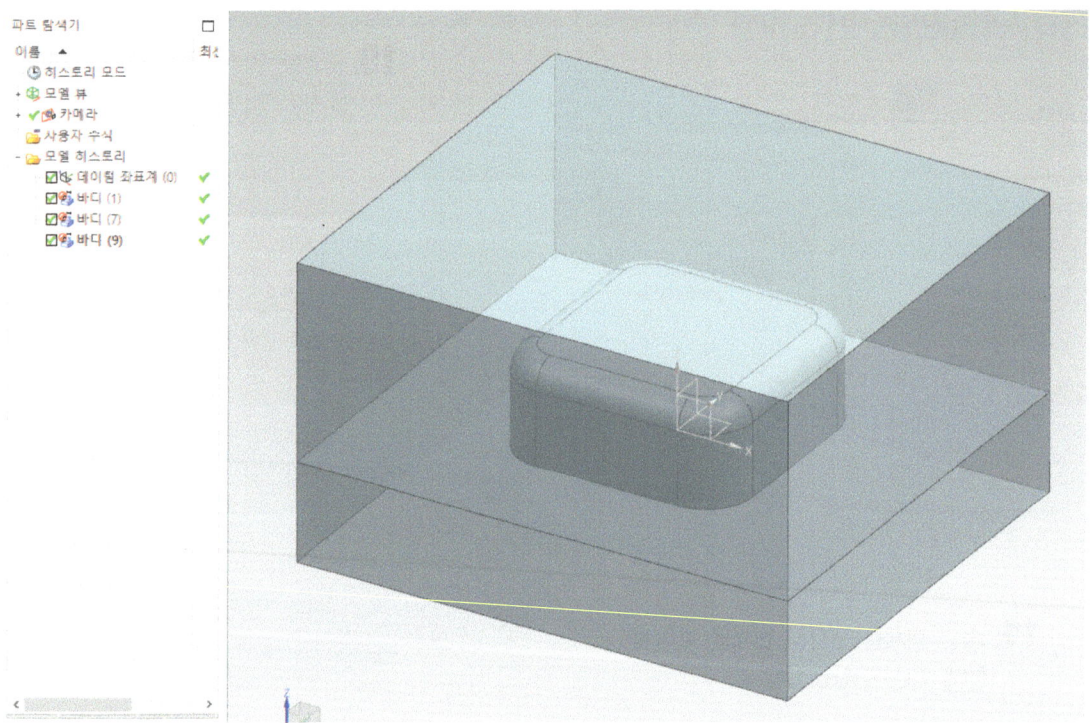

13. 매개변수 제거하면 그림처럼 3개의 바디로 정리된다. 이중 제품은 숨기거나 삭제

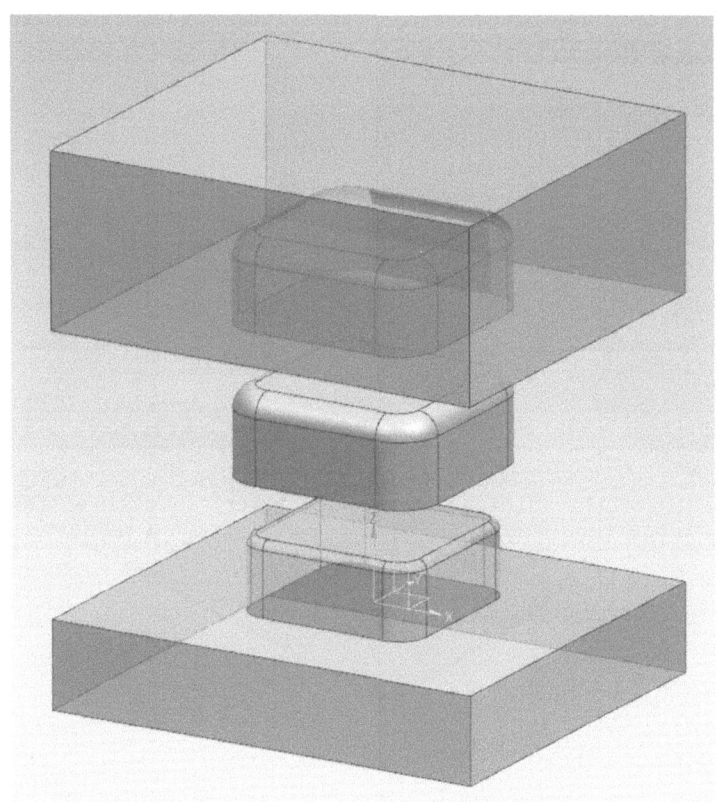

14. 3개를 Ctrl+T [객체이동] 으로 거리를 띄워 분해도 처럼 배치 후 드래프팅 작업을 한다.

파팅연습 도면 1

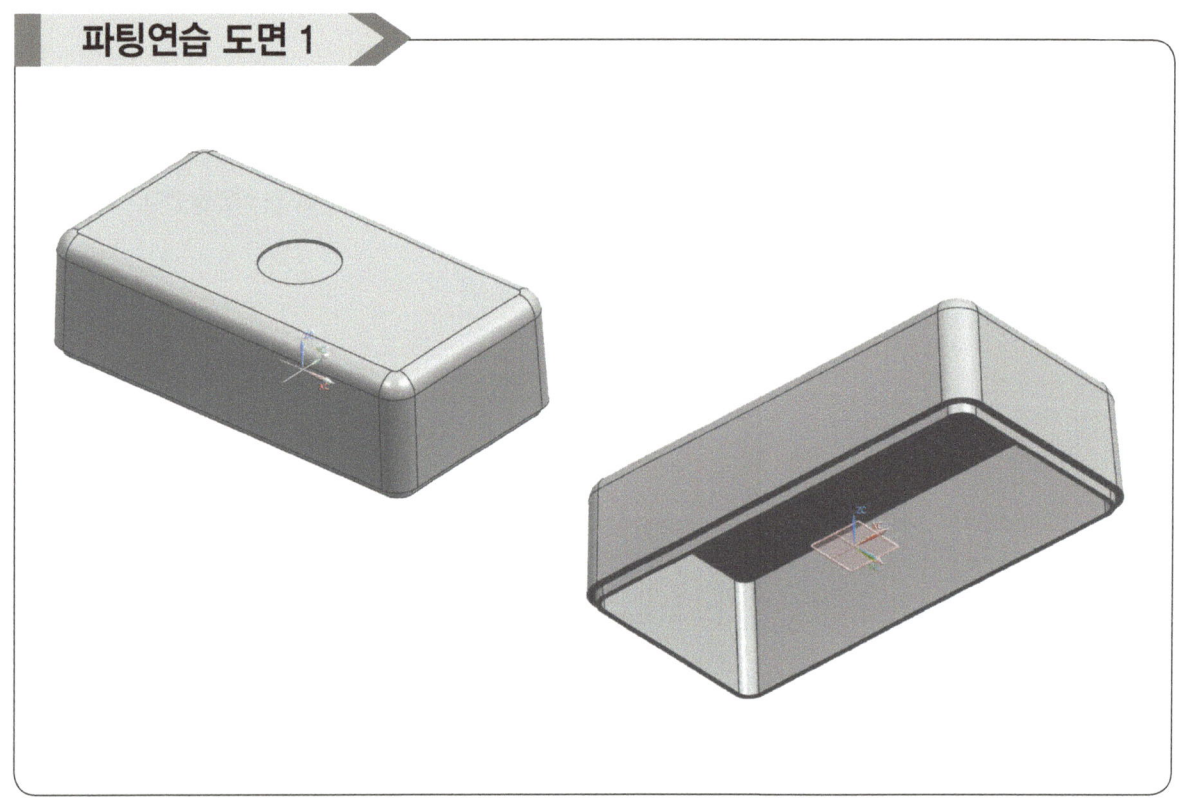

파팅연습 도면 2

파팅연습 도면 3

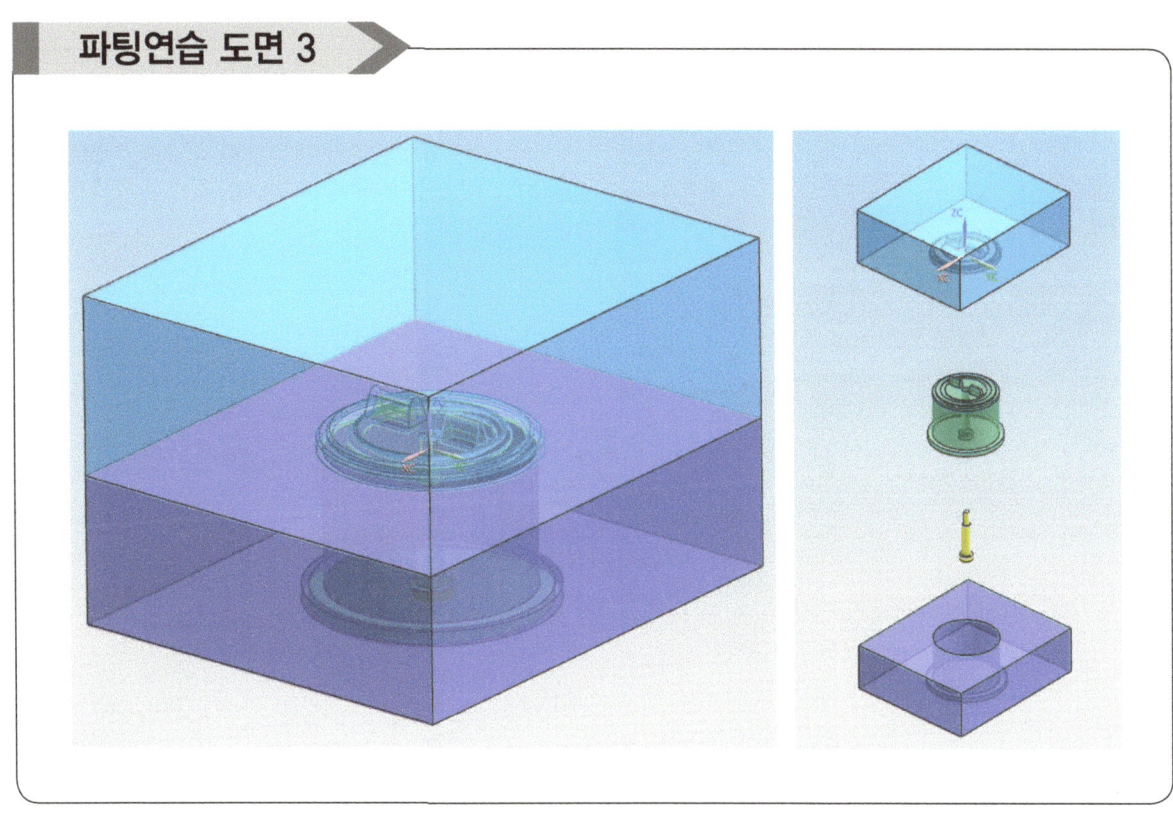

파팅연습 도면 4

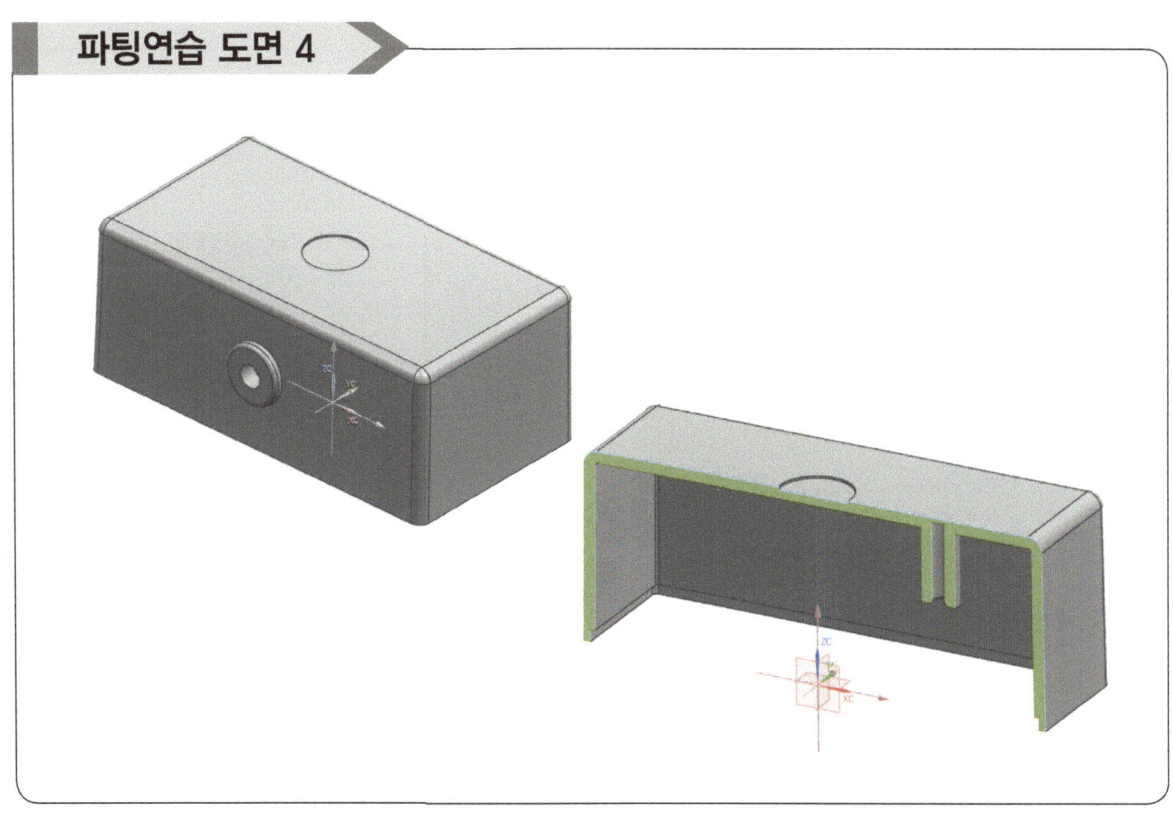

파팅연습 도면 5

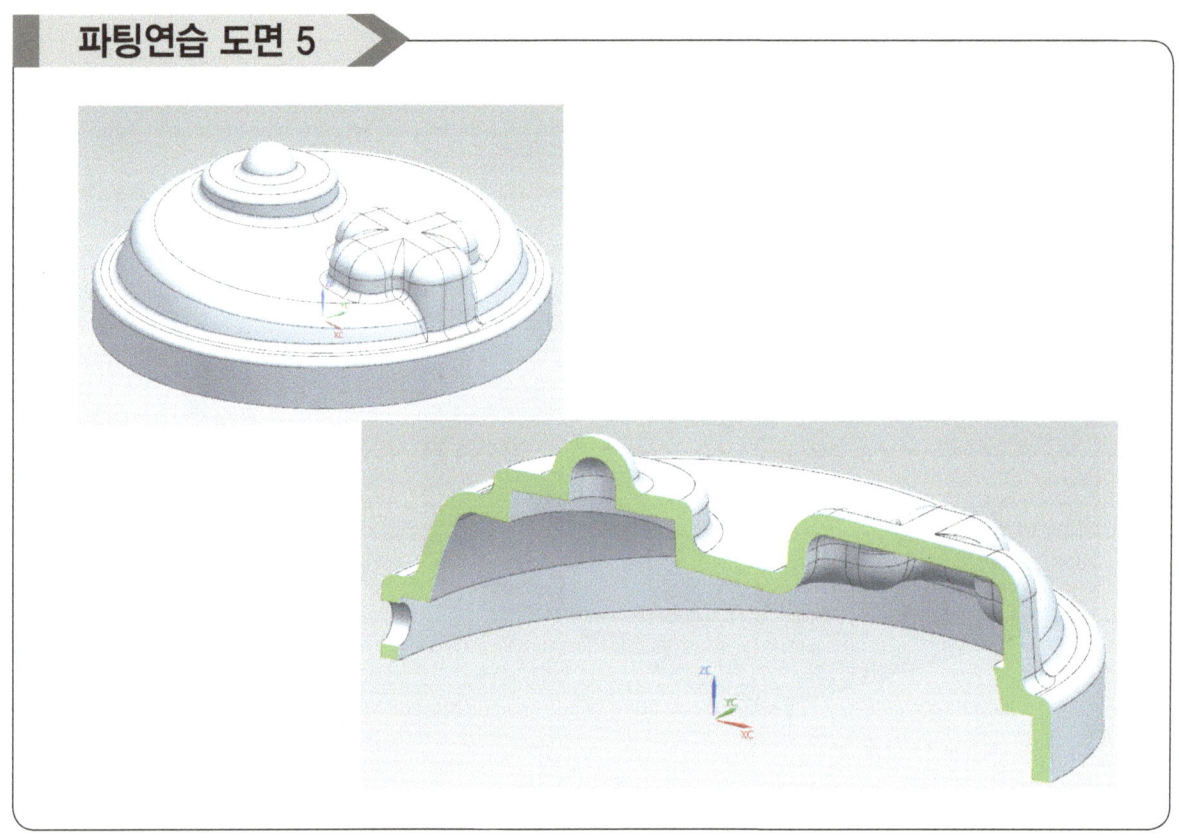

파팅연습 도면 6

파팅연습 도면 7

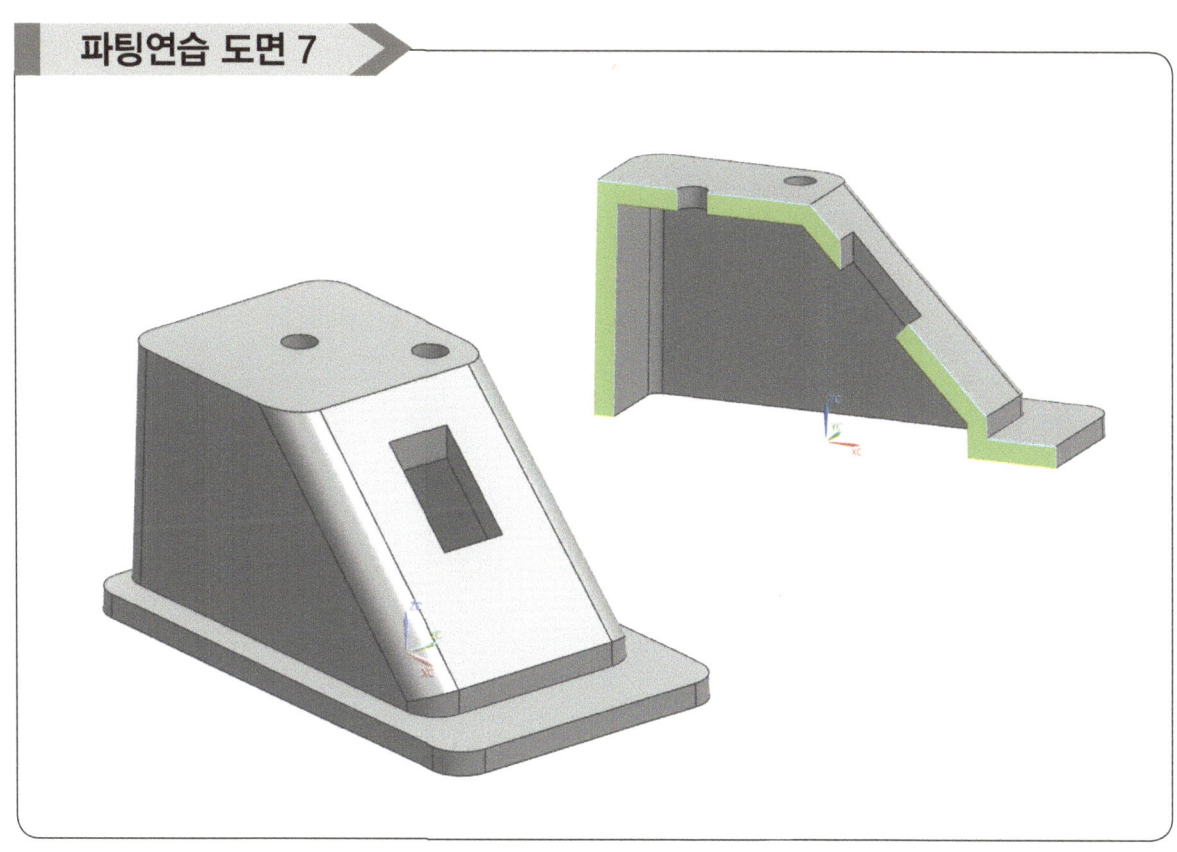

파팅연습 도면 8

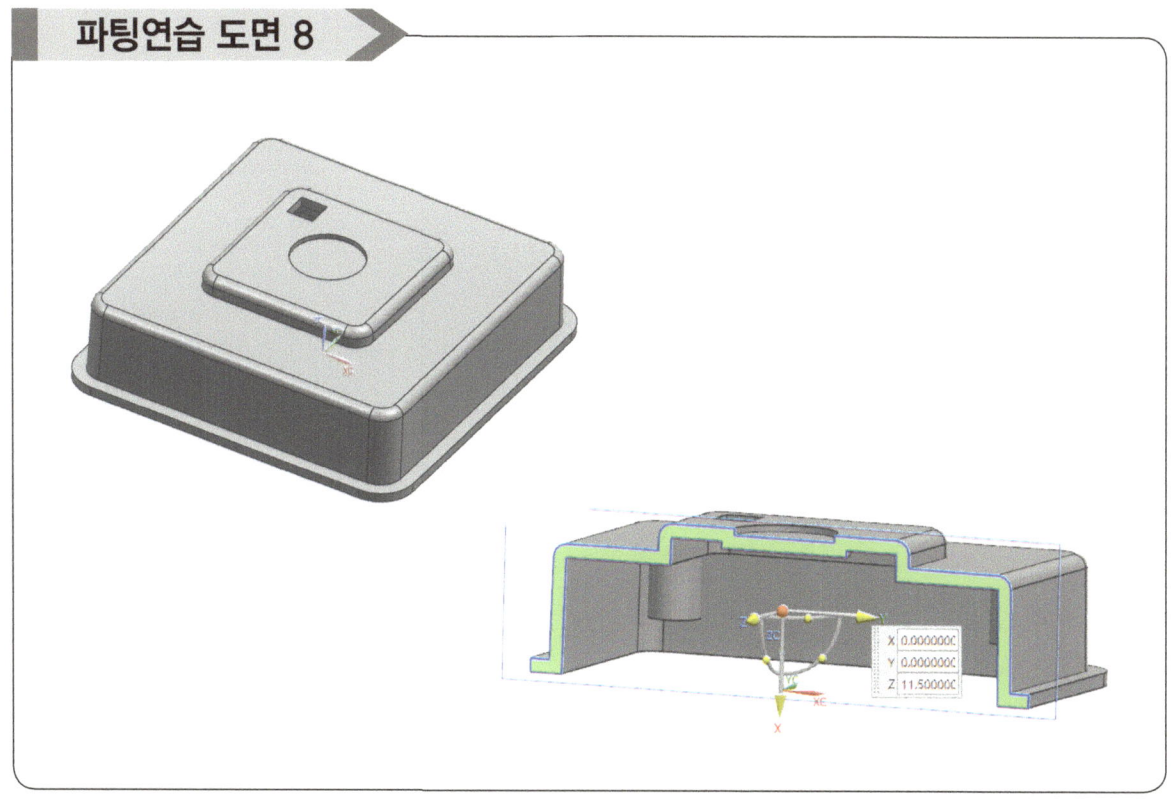

# 20

코어 및 캐비티 모델링
따라 연습 해보기

20 코어 및 캐비티 모델링 따라 연습 해보기

다음 제품을 모델링 한 후 코어 및 캐비티 작업을 따라해보자.

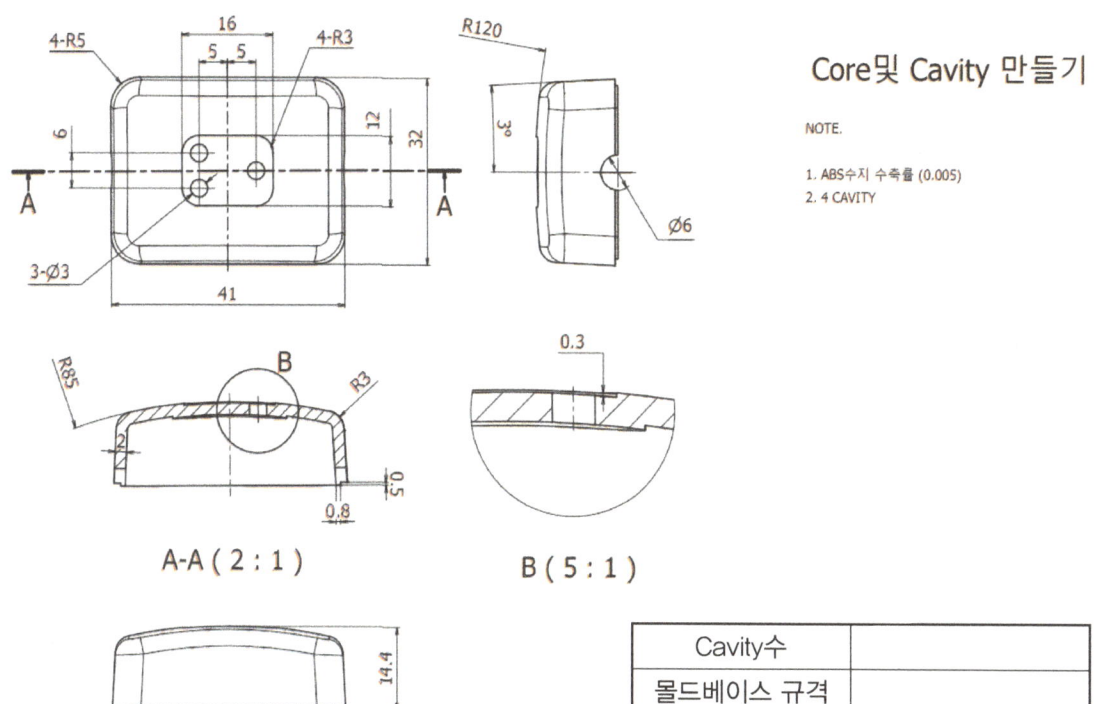

Core및 Cavity 만들기

NOTE.

1. ABS수지 수축률 (0.005)
2. 4 CAVITY

Cavity수	
몰드베이스 규격	

코어 및 캐비티 배치 상태 참고

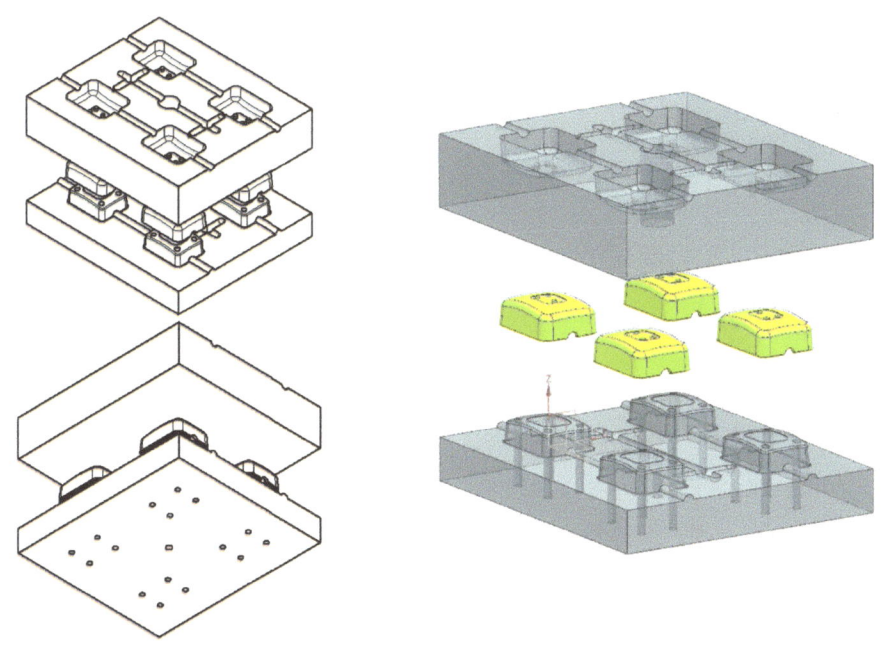

1 코어 만들기 · 수축률 적용하기

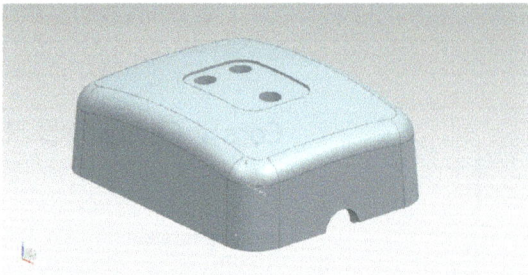
• 제품 모델링 불러오기

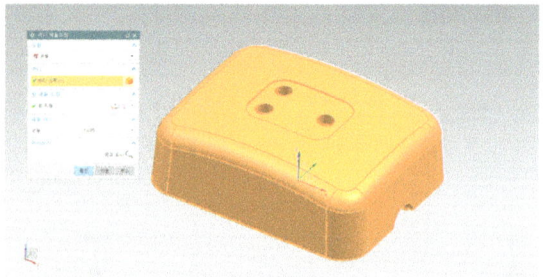
• 수축률 0.005를 적용하여 제품 스케일 1.005로 크기를 키워준다.

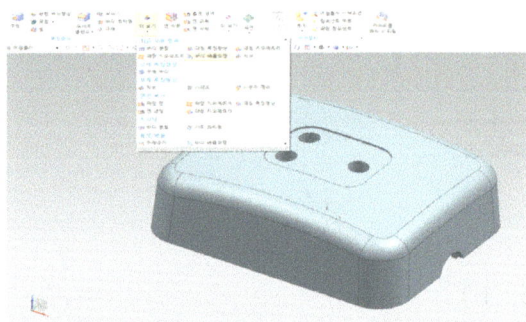
• [바디 배율 조정] 실행

2 코어 만들기 · 코어 사이즈 정하기

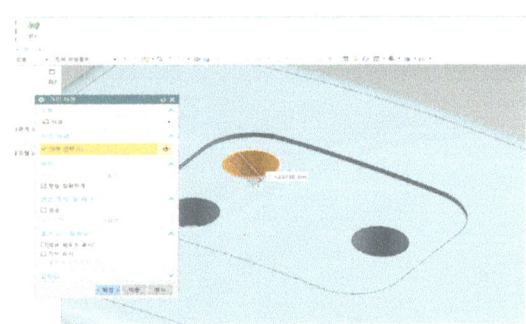
• 수축률 적용후 구멍크기를 측정해서 확인

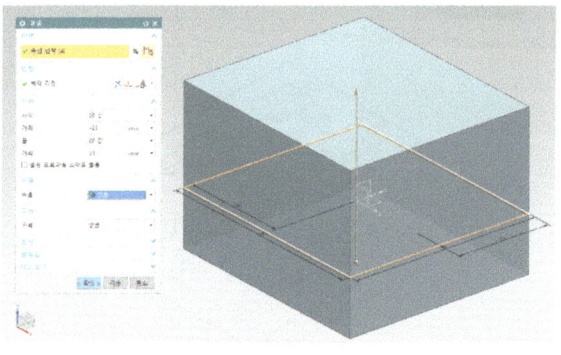
• 높이도 마찬가지로 제품에서 20mm여유를 적용하여 코어 높이를 적용한다.

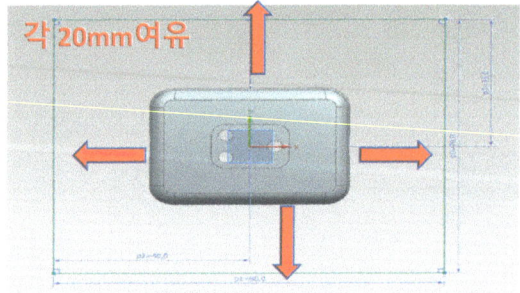
• 코어 사이즈를 정치수로 구한다.

3 | 코어 적용하기- 코어블록에서 제품 빼기

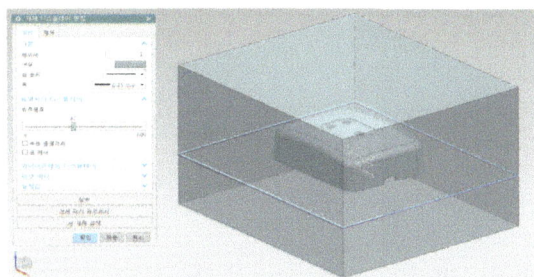
• 코어 내부가 보여지도록 투명도를 적용한다.

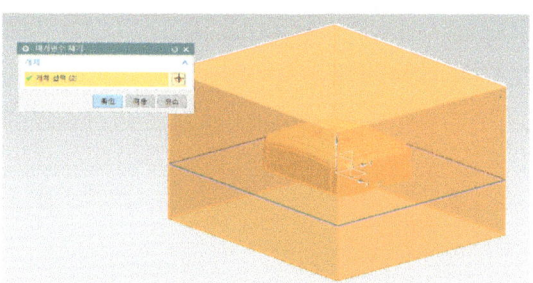
• 제품을 완전히 분리하여 작업하는데 모든 연결 관계의 데이터를 깨준다.
[매개변수 제거] 기능을 실행

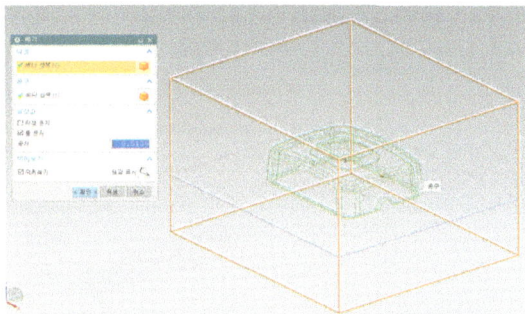
• 코어블록에서 제품을 뺀다. 제품 원본은 남겨둔다.

4 | 코어 적용하기- 파팅면 만들기

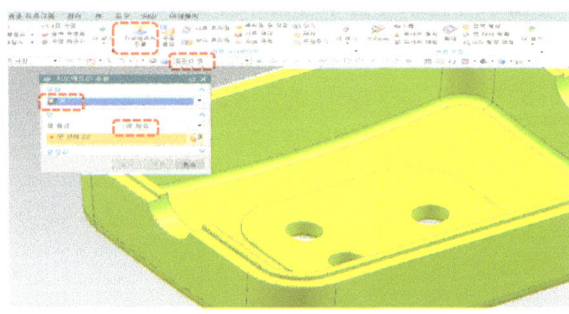
• 제품 안쪽이 보이도록 뒤집어 배치한 후 [지오메트리 추출] 실행

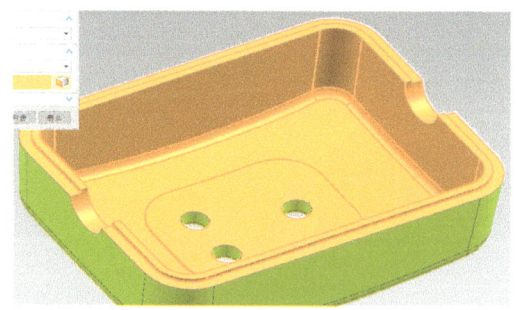
• 제품 바닥 전체를 선택한 상태

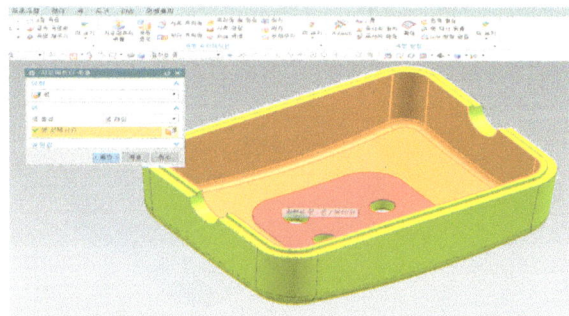
• 면 선택시 한 번에 여러면을 선택

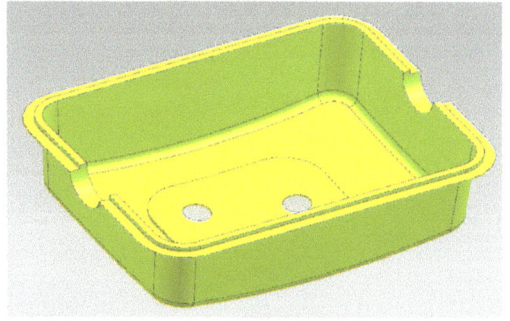
• 제품을 숨긴 후 면만 추출한 모형

5. 코어 적용하기- 파팅면 만들기

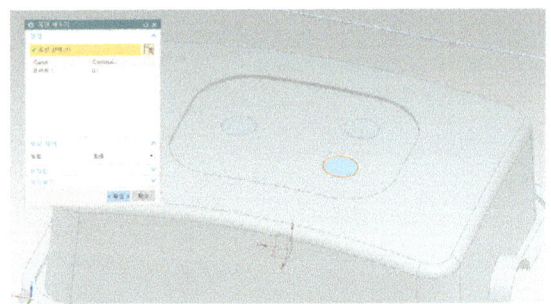
- 추출된 면에서 뚫린 구멍자리를 메꿔준다. [곡면 채우기]실행

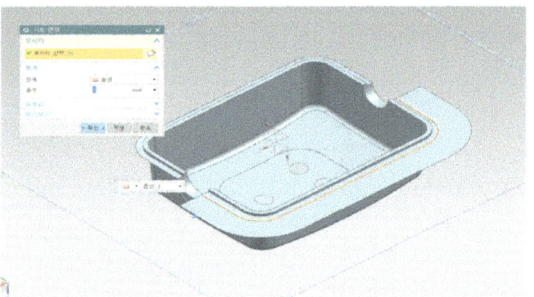
- 파팅을 실행하기 위해 블록의 크기보다 면을 넓혀 준다. [시트연장]실행

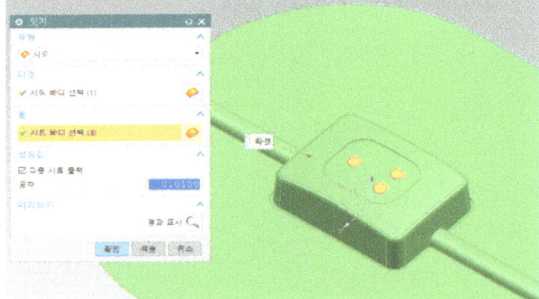
- 분리된 면을 한 개의 면으로 이어준다. [잇기]실행

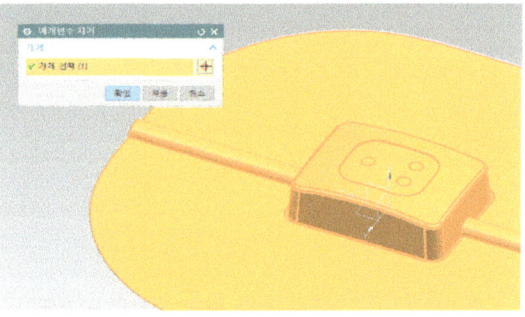
- 중간 단계에서 작업 내역과 데이터를 단순화 하기 위해 [매개변수 제거]를 실행

6. 코어 적용하기- 파팅 분할

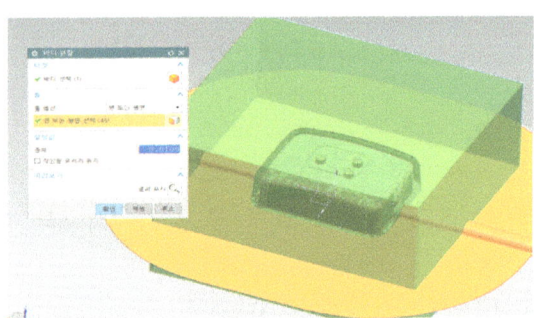
- 시트연장이 된 면으로 코어블록을 두개의 바디로 나누어 준다. [바디분할] 실행

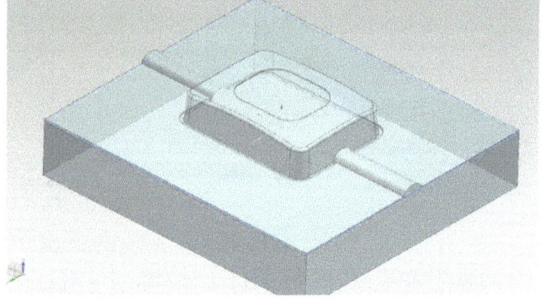
- 상측의 바디를 숨겨 하측의 코어 부분을 확인

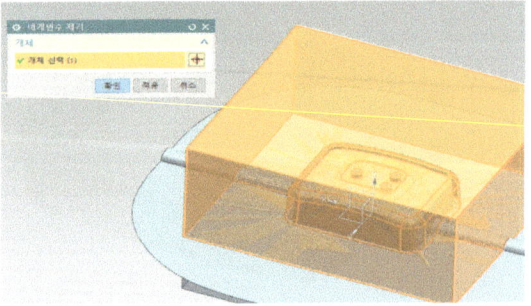
- [매개변수 제거]로 다시한번 데이터를 정리한다.

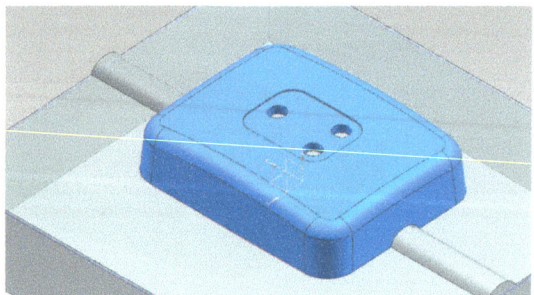
- 초반 작업에 남겨두었던 제품모형을 가져온다.

7 코어 적용하기- 밀핀 위치 그리기

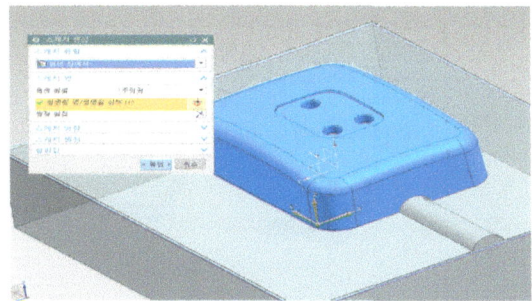
- 코어 윗면에 스케치 작성

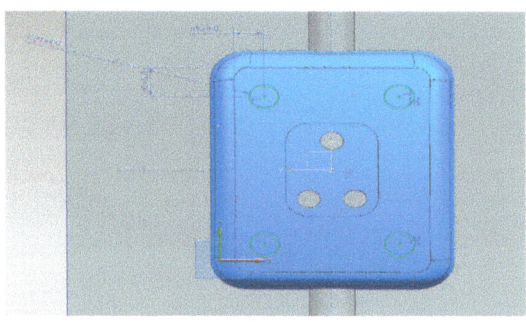
- 제품의 네 군데 위치에 대칭복사

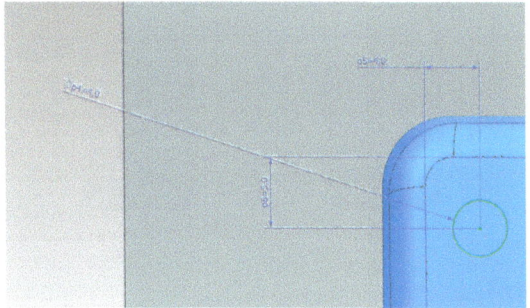
- 핀 지름(4), 핀 중심 위치 치수기입

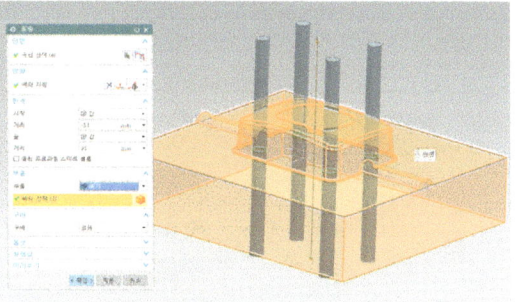
- [돌출]을 실행하여 핀 구멍 뚫기여기서는 밀핀 구멍을 단순히 작업하였다.

8 코어 적용하기- 4캐비티 작성

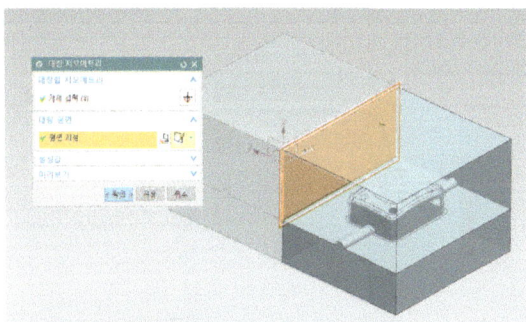
- 2CAVITY 대칭복사

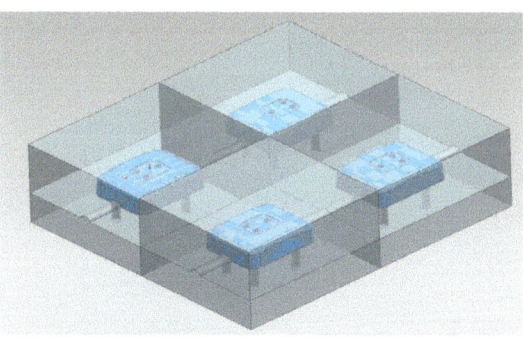
- 네군데 배치상태

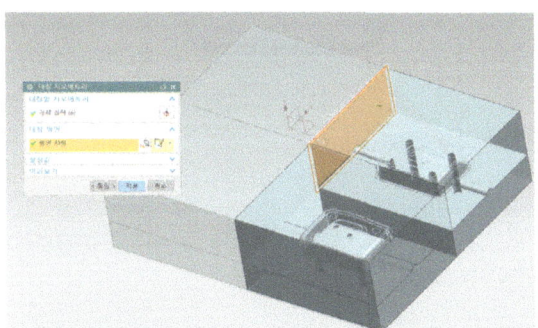
- 4CAVITY 대칭복사

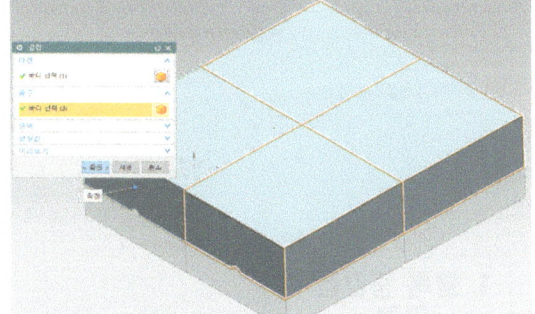
- 상측끼리 결합

9 코어 적용하기- 코어 및 캐비티 블록 정의

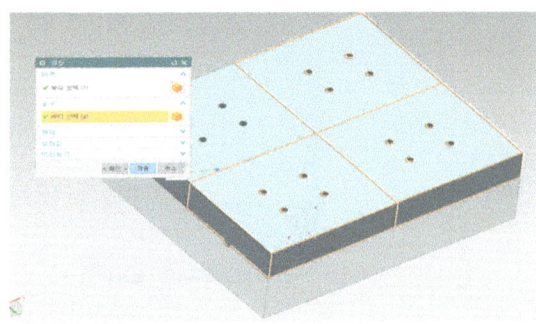

• 하측끼리 결합

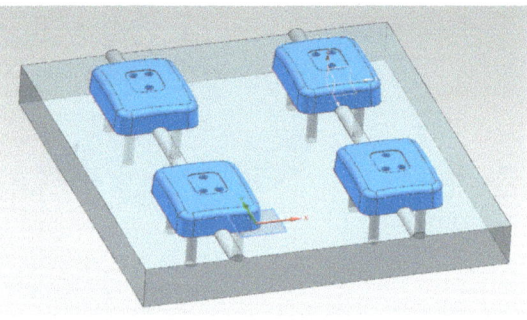

• 하측코어와 제품 4개 모두 보이기

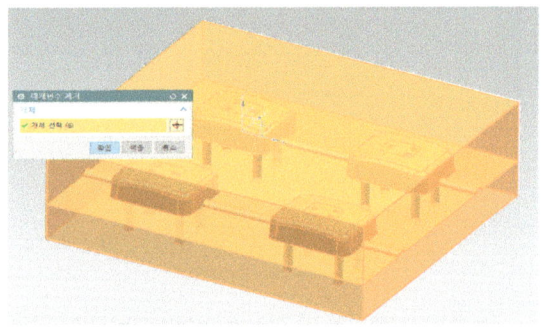

• 데이터 단순화

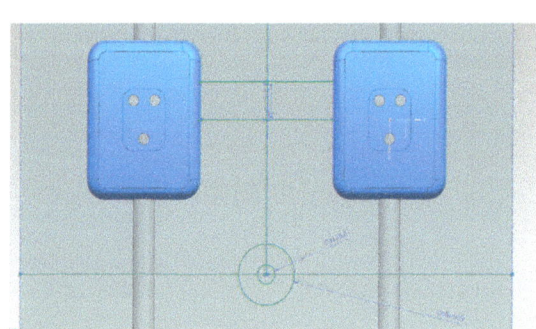

• 런너와 게이트 위치 잡기

10 코어 적용하기- 런너와 게이트 위치

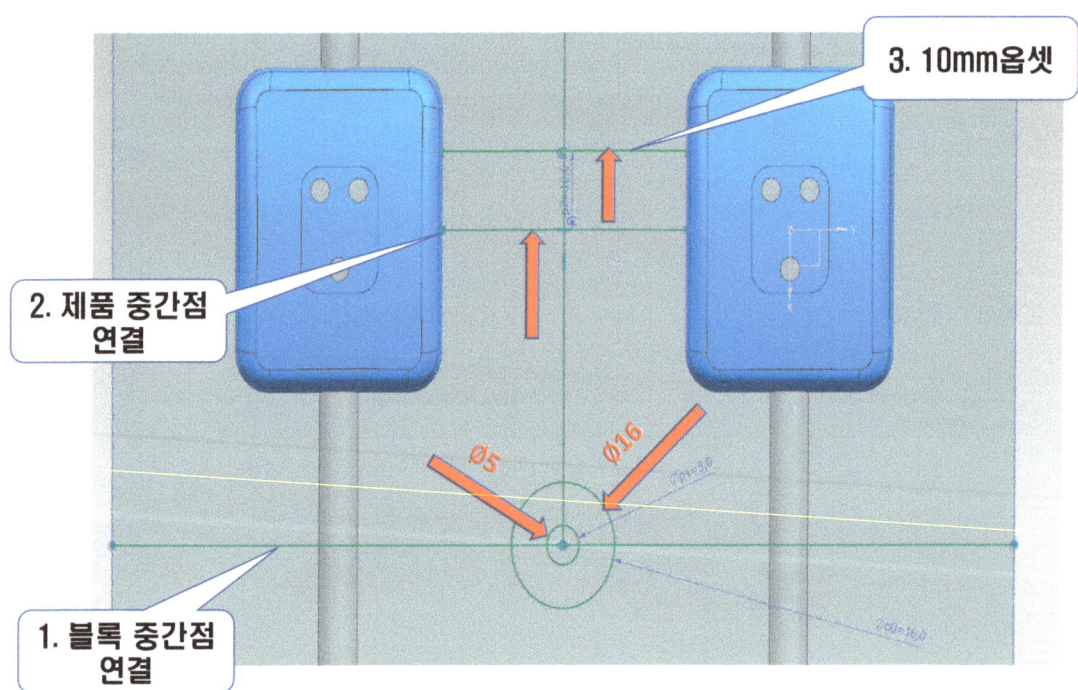

11 코어 적용하기- 게이트 사이즈 잡기

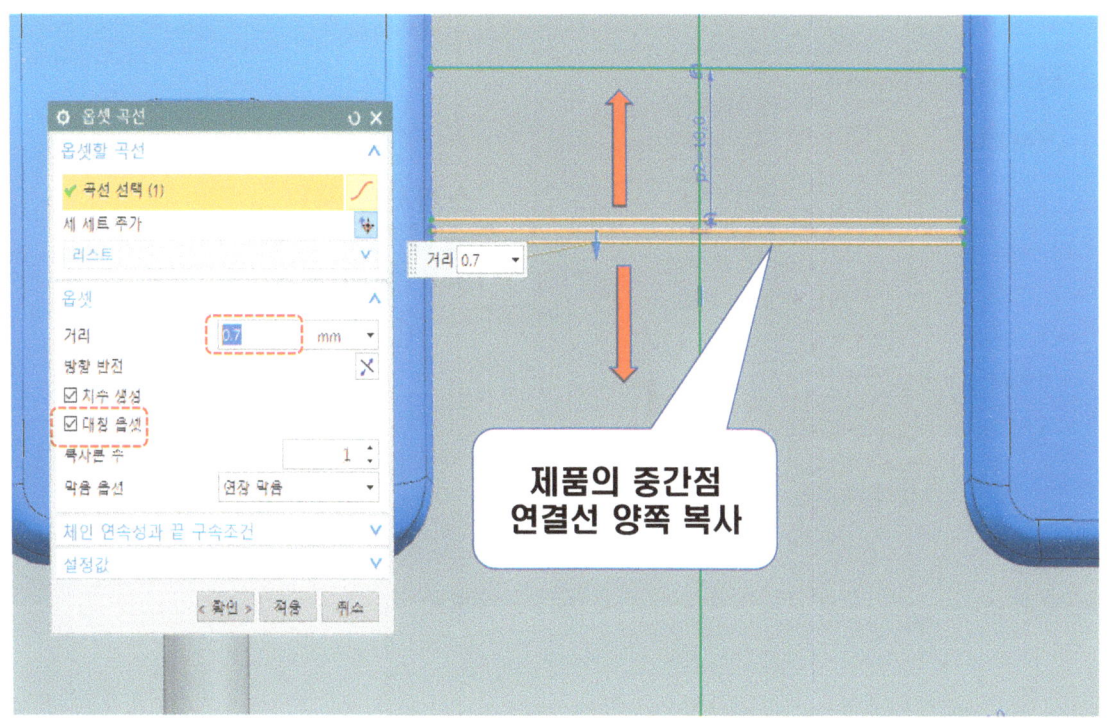

12 코어 적용하기- 게이트 길이 잡기

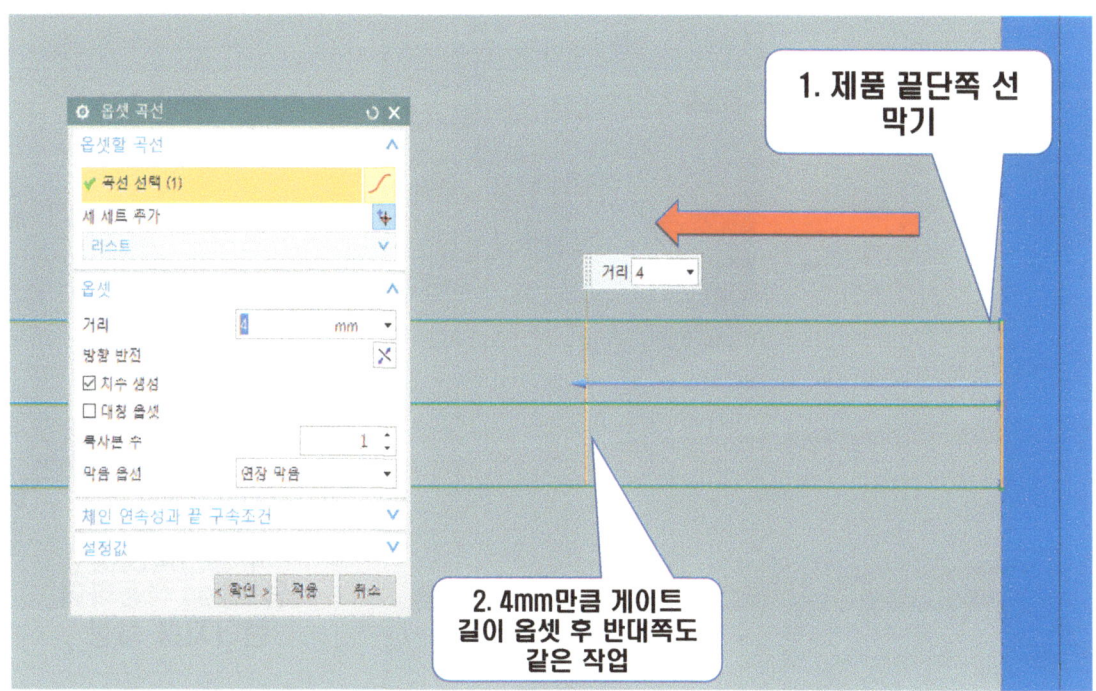

13 코어 적용하기- 게이트 모델링

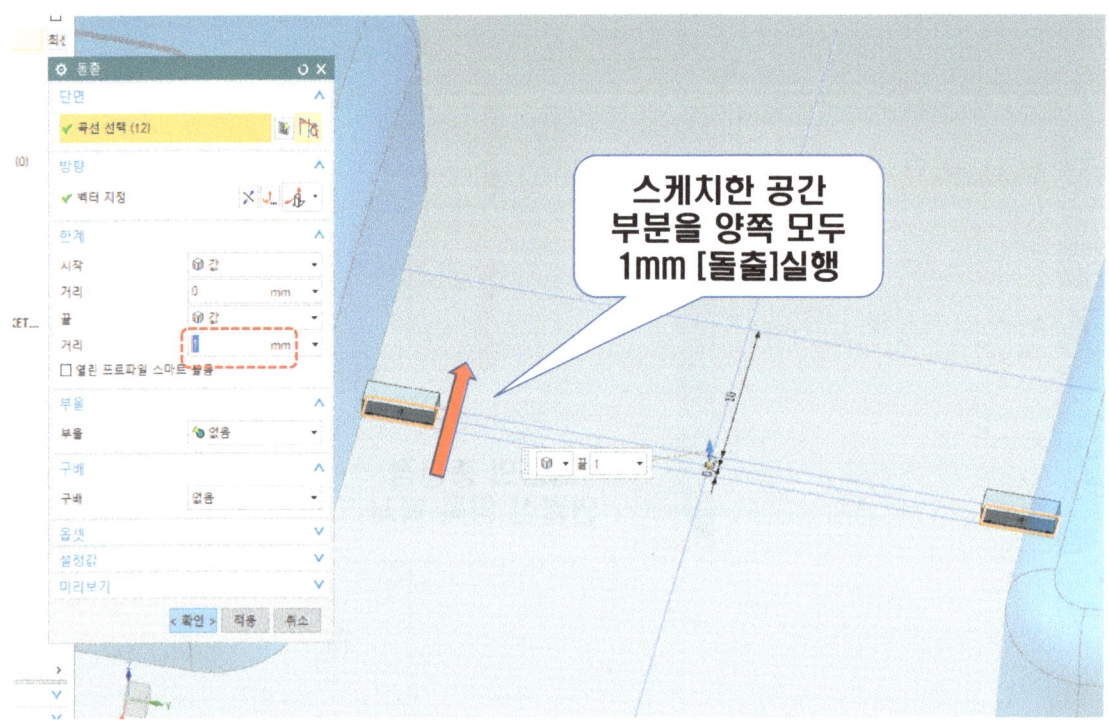

14 코어 적용하기- 런너 지름 만들기

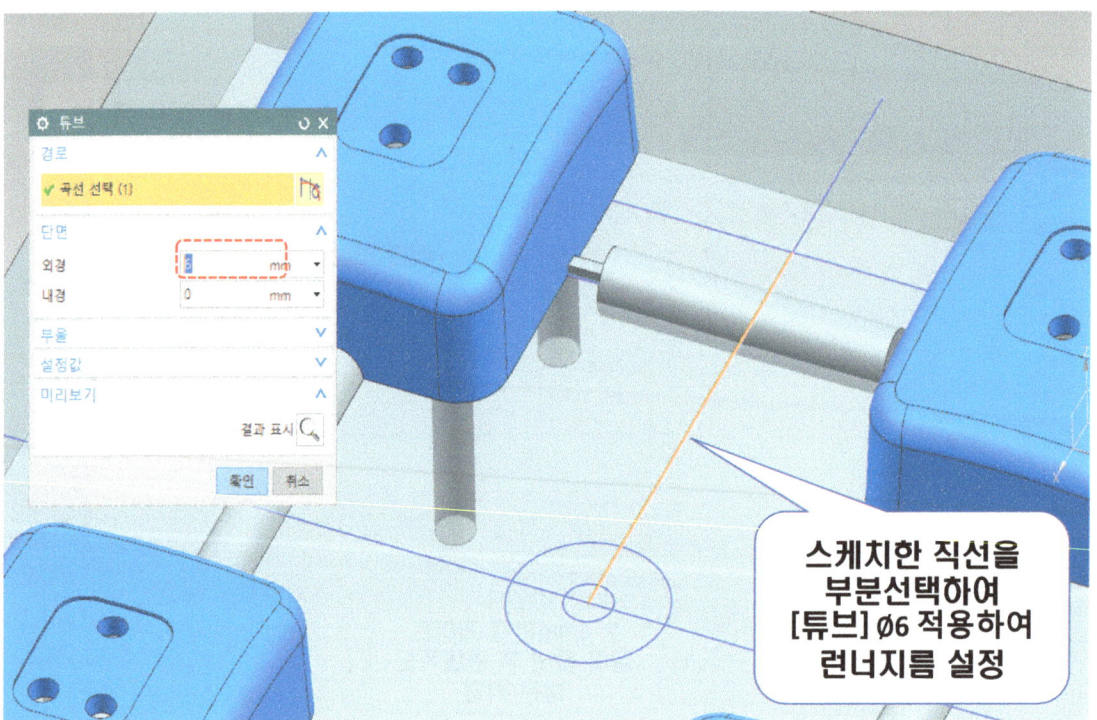

15   코어 적용하기- 게이트와 런너 조합

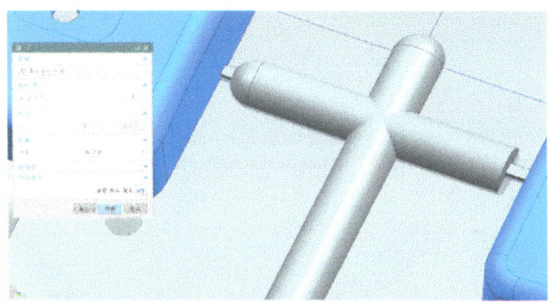

- 반대쪽 직선에도 튜브를 적용한후 [구]를 실행하여 런너 끝단 정리

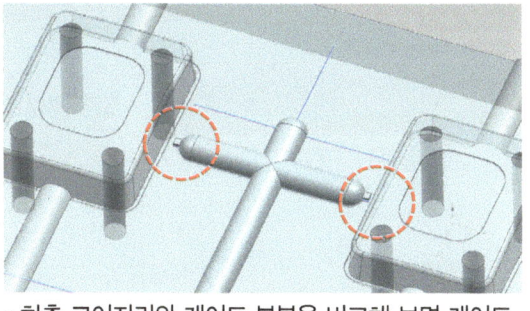

- 하측 코어자리와 게이트 부분을 비교해 보면 게이트의 길이가 짧아 제품까지 수지를 연결하는데 문제가 되는 부분이 있음을 확인한다.

- 게이트와 런너, 구 모든 객체를 결합시킨다.

16   코어 적용하기- 게이트 길이 정리

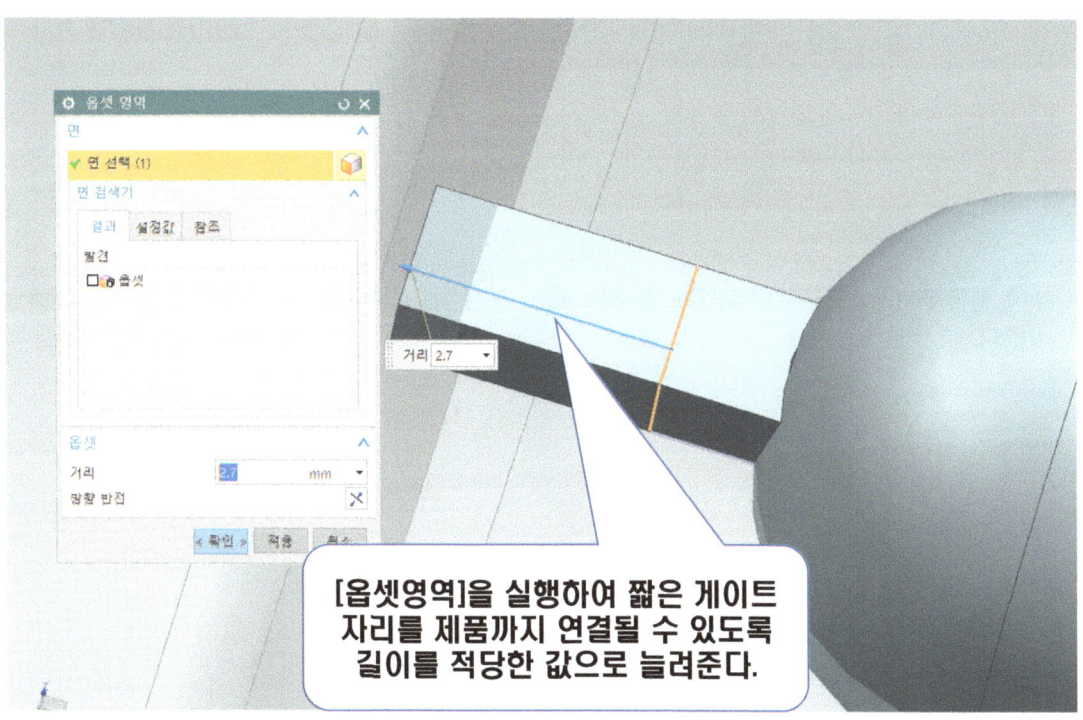

[옵셋영역]을 실행하여 짧은 게이트 자리를 제품까지 연결될 수 있도록 길이를 적당한 값으로 늘려준다.

17　코어 적용하기- 따라하기

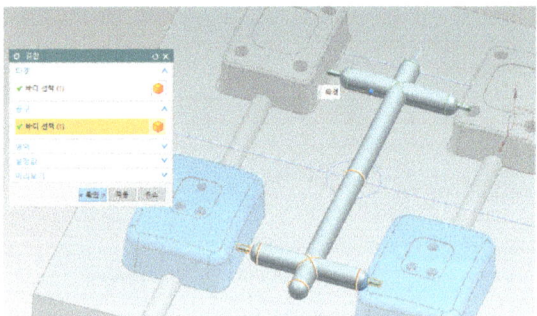

- 런너 모형을 대칭복사 후 양쪽을 결합한다.

- 상측의 블록에서도 런너 모형을 [빼기]한다.

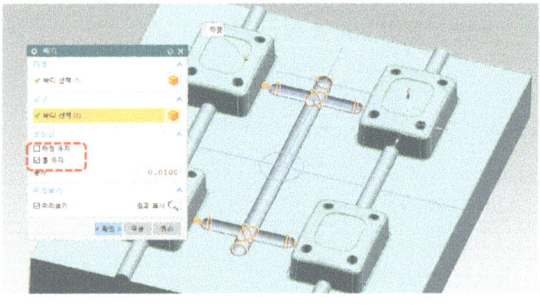

- 하측의 코어블록에서 런너 모형을 [빼기]한다. 이때 런너 모형은 남겨둔다.

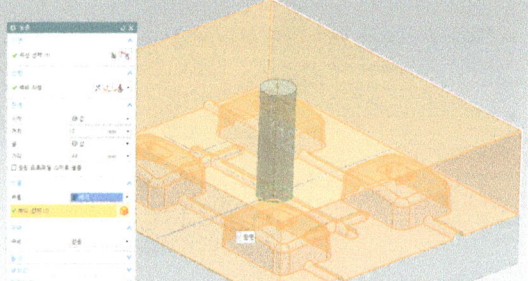

- 상측의 블록위치의 스프루부시 16구멍을 [돌출]로 뚫어준다.

18　코어 적용하기- 조립 상태 배치하기

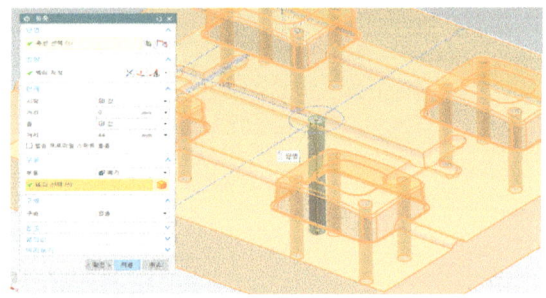

- 하측 블록 위치의 스프루 록핀 4구멍도 [돌출]로 뚫어준다.

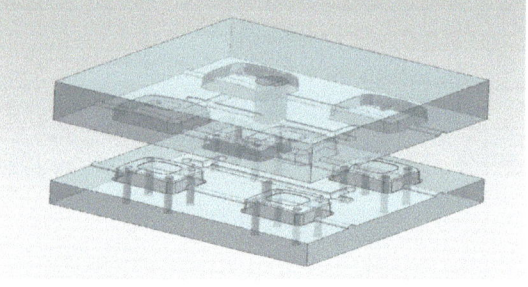

- 완성된 상하측 코어를 분리시켜 배치한후 Drafting 환경에서 2D 조립도와 코어 2D, 3D 부분 전체를 배치한 후 CAD파일로 변환 후 저장한다.

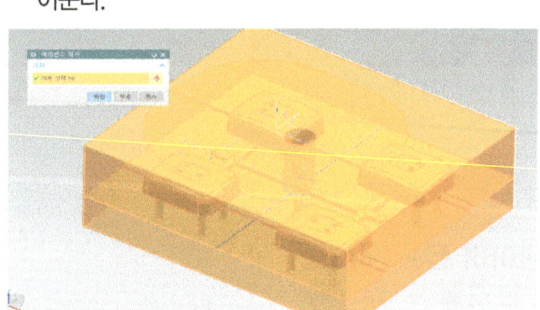

- 모형이 완성된 단계이므로 [매개변수 제거]로 데이터를 정리한다.

19 드래프팅 배치방법

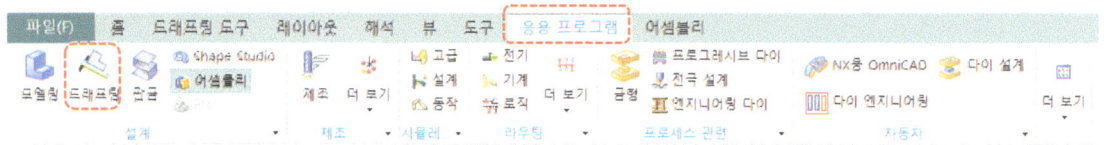

- 모델링 환경에서 [응용 프로그램]-[드래프팅] 실행

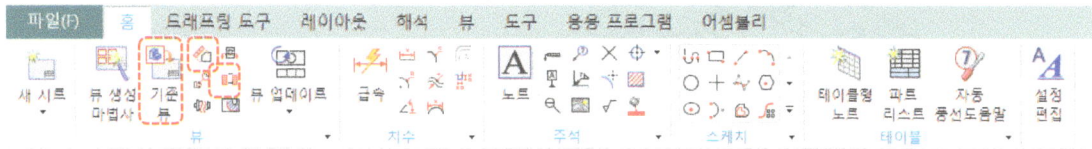

- 드래프팅 환경으로 바뀐 상태의 리본 메뉴 바

기준뷰 / 투영뷰 / 단면뷰 아이콘 기능 위주로 캐비티와 코어를 삼각법으로 배치하며, 단면도 작업까지 수행한다.

다음 장의 뷰를 참고한다.

20 드래프팅 배치방법

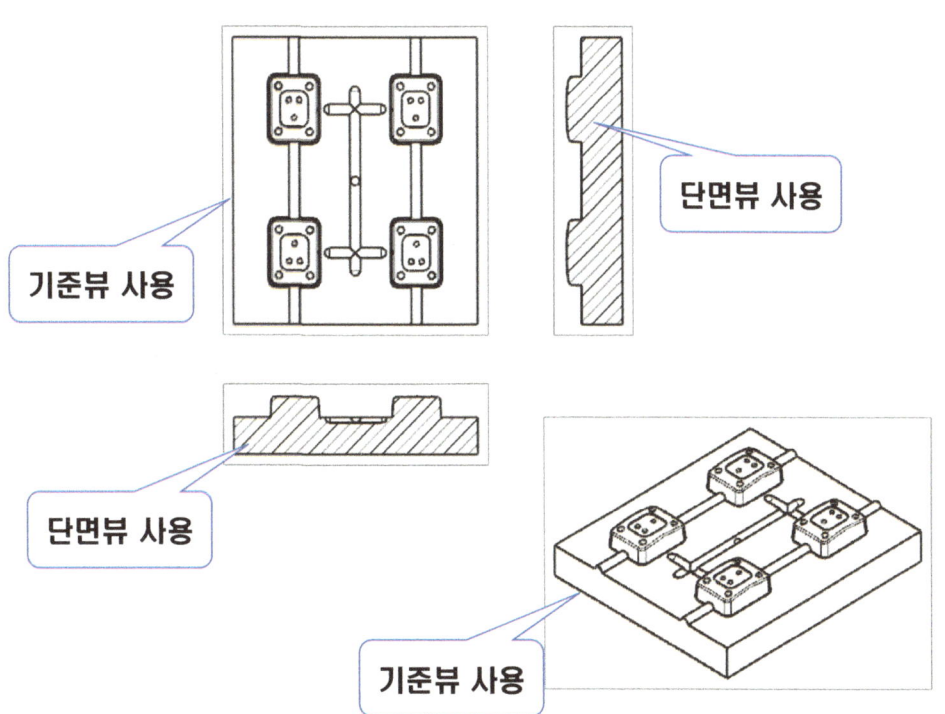

21 드래프팅 배치방법

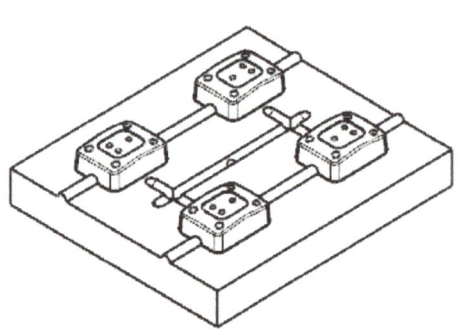
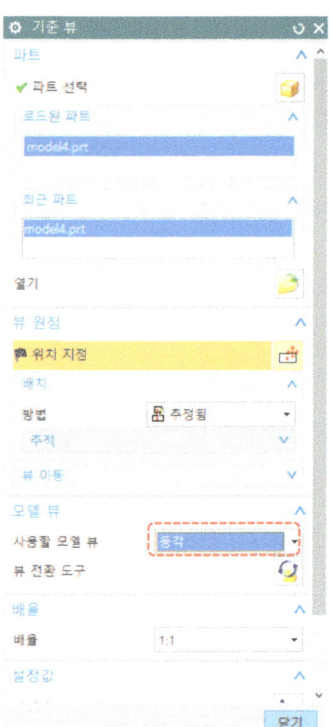

• 기준뷰에서 등각뷰로 배치해서 3D로 배치한다.

22 NX 드래프팅에서 CAD파일로 변환저장

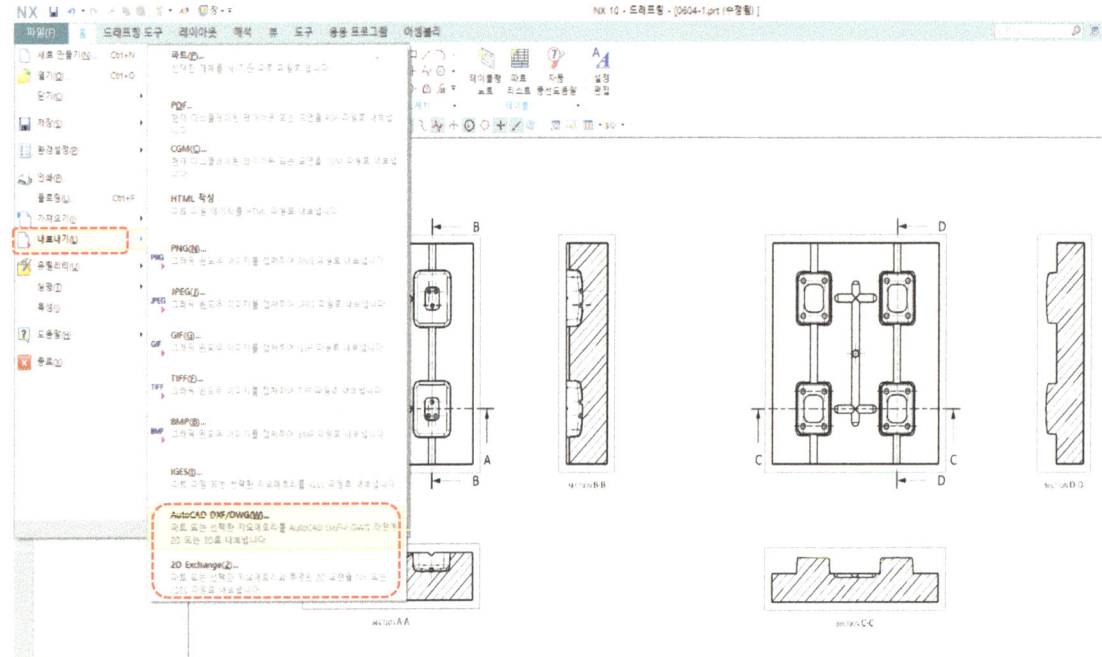

• NX버전 별로 호환성의 차이가 있으므로 AutoCAD DXF/DWG 2D Exchange 두가지 메뉴 중 호환성이 좋은 메뉴로 저장한다.

21

코어 , 캐비티, 복합조립도 2D CAD도면 배치하기

21 코어, 캐비티, 복합조립도 2D CAD도면 배치하기

1 코어와 캐비티 CAD 변환파일 불러오기

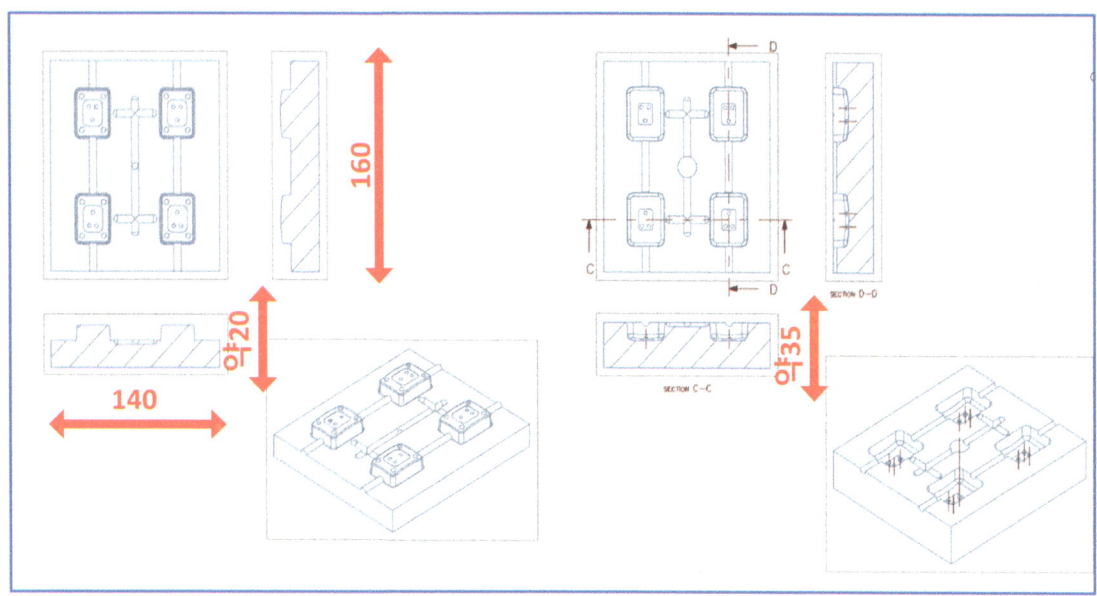

- NX에서 코어와 캐비티를 삼각법(단면도)으로 배치하여 dwg 파일로 변환하여 저장한 파일을 AutoCAD에서 open한다.

2 사출금형설계 편람 적용하기

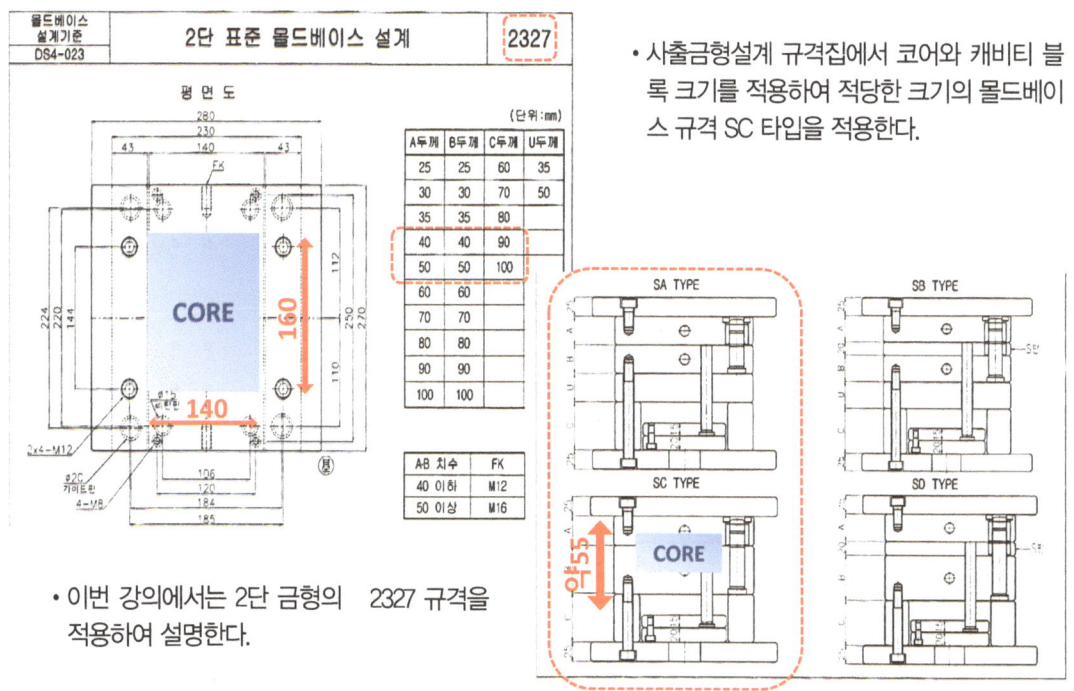

- 사출금형설계 규격집에서 코어와 캐비티 블록 크기를 적용하여 적당한 크기의 몰드베이스 규격 SC 타입을 적용한다.

- 이번 강의에서는 2단 금형의 2327 규격을 적용하여 설명한다.

3 가동측 형판 사이즈와 핀 위치 그리기

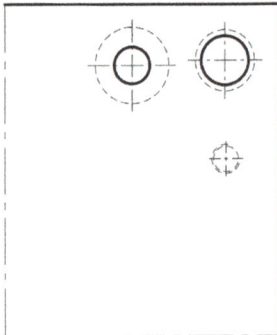

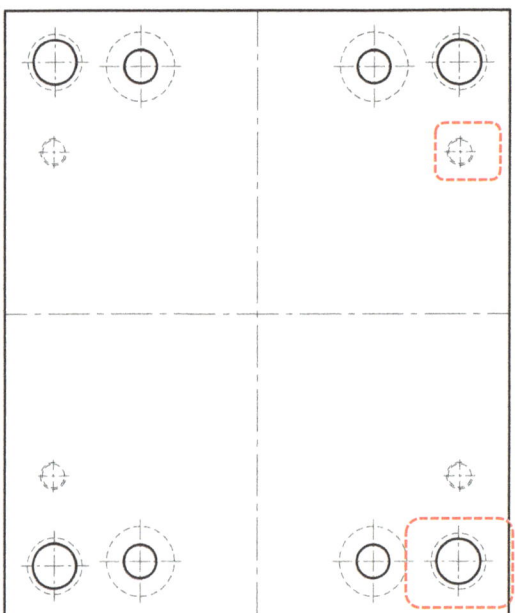

몰드베이스 규격의 치수를 참고하여 가동측 형판 크기의 ¼만 그려준다.
핀들의 위치를 그려주고, 중심선과 숨은선, 나사도시등을 함께 작업한다.

- 대칭복사 기능을 이용하여 그림과 같이 전체 형판을 완성한다.

표시된 부분에서 암나사의 ¼도시 방향을 수정한다.

가이드핀의 4군데 중심위치 중 위치가 다른 한군데의 위치를 규격치수를 보고 수정한다.

4 밀핀 위치 가져오기

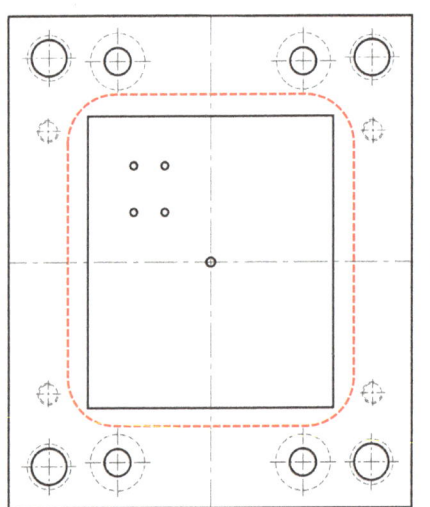

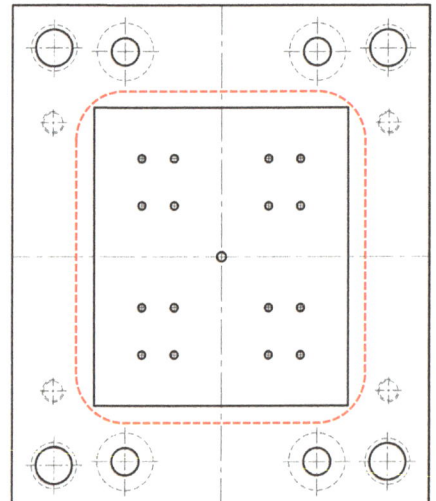

변환된 코아에서 4개의 밀핀 구멍과 중앙의 핀자리, 코어형태(포켓자리) 만 복사해서 형판에 앉혀준다.

밀핀 구멍과 중심선작업을 한후 대칭복사로 네군데를 모두 배치한다.

5 포켓

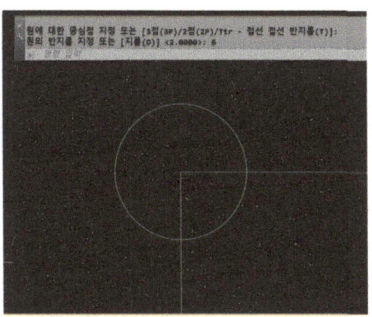

- 포켓자리 사각형 모서리 부위에 R6 짜리 원을 그려준다.

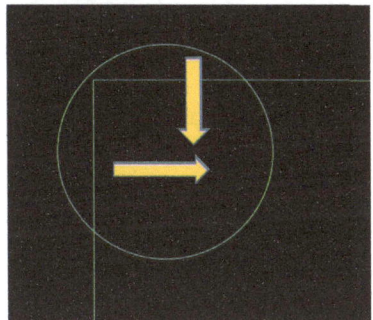

- 가로 세로방향으로 4mm이동

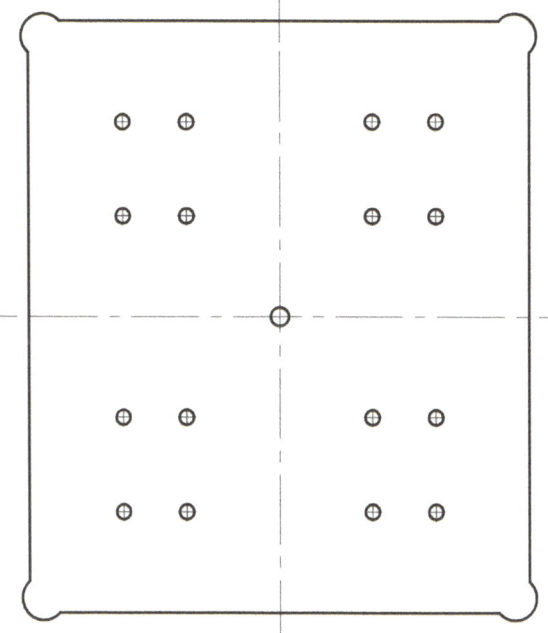

- 포켓자리를 대칭복사로 네군데를 모두 배치한다.

6 볼트구멍 자리파기 위치잡기

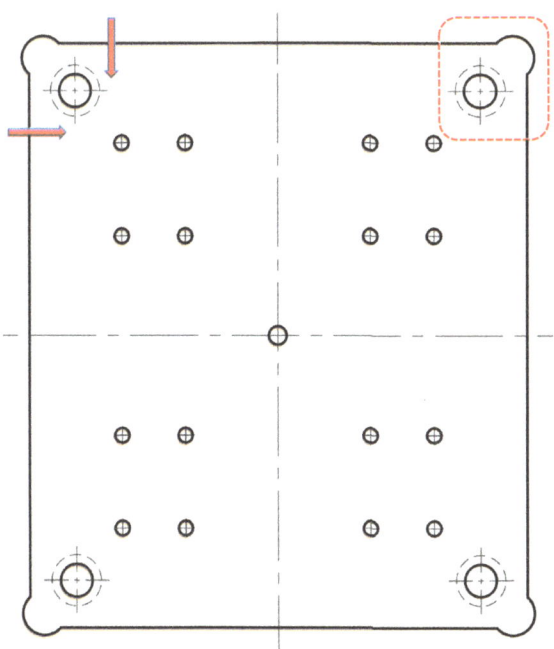

1. 포켓자리에서 화살표 방향으로 13mm만큼 offset한다.

2. 카운터보어 구멍을 그린다.
   지름9, 14 원 그리기

3. 대칭복사로 네군데를 모두 배치한다.

7-1 절단선을 이용한 단면도시

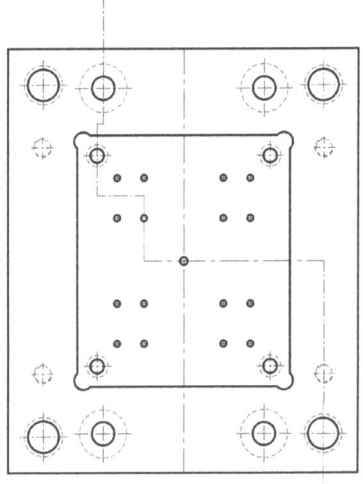

- 절단선 위치 정리하고, 측면도 크기를 잡는다.

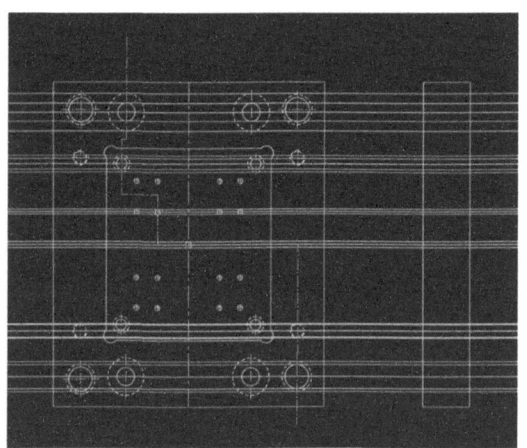

- Xline(무한선)을 이용하여 구멍들의 위치를 측면도에 연결시켜 그어준다.

7-2 절단선을 이용한 단면도시

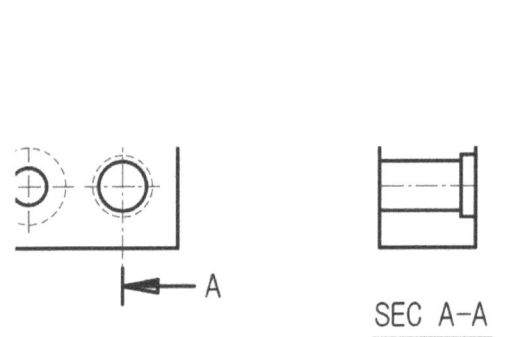

- 단면표시 문자크기 : 10

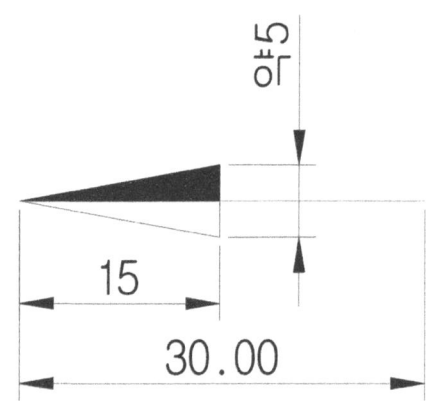

- 단면 화살표 크기 참고

7-3 절단선을 이용한 단면도시

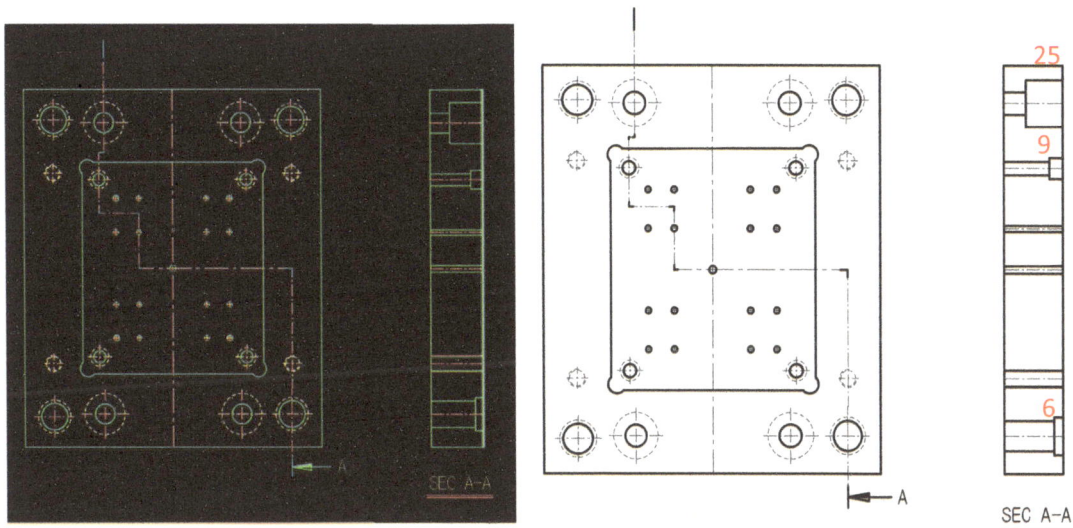

- 절단선을 중심선으로 정리한 후에 윤곽선 레이어를 절단선의 꺾어지는 위치에 덧그려준다.
- 측면도 구멍 작업시 표시된 구멍의 깊이값을 적용한다. 절단선의 화살표와 문자표시까지 완성한다.

7-4 절단선을 이용한 단면도시

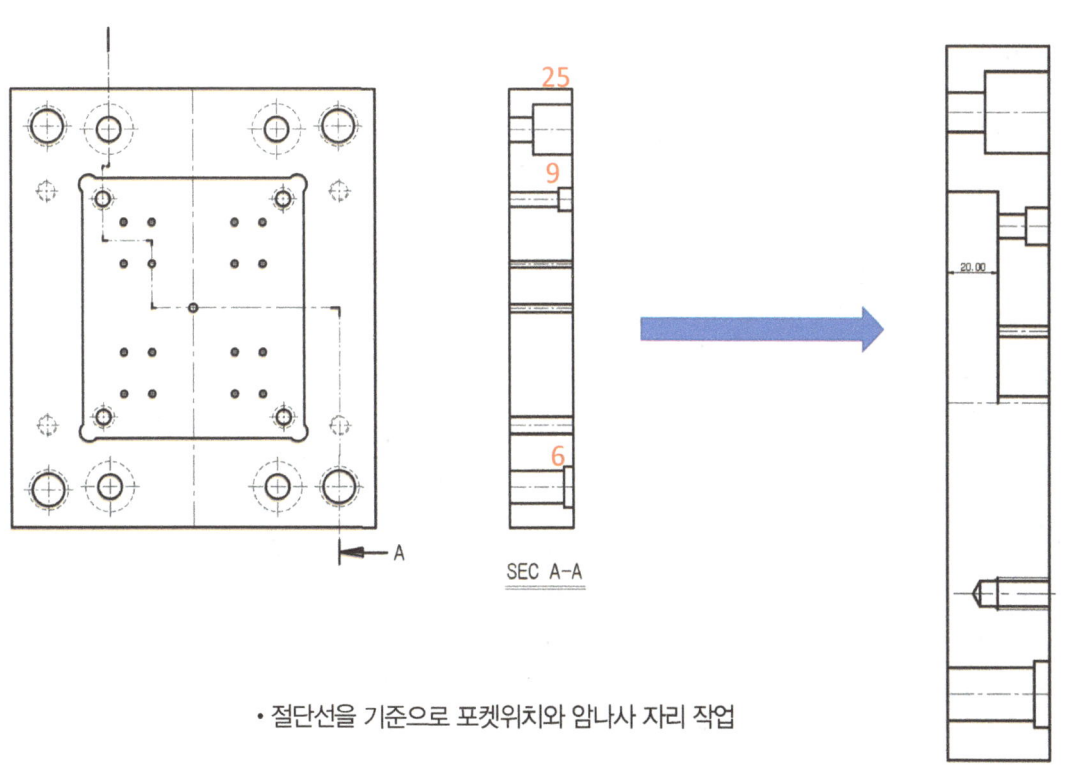

- 절단선을 기준으로 포켓위치와 암나사 자리 작업

8. 볼트 조립도 그리기 [M10 기준치수]

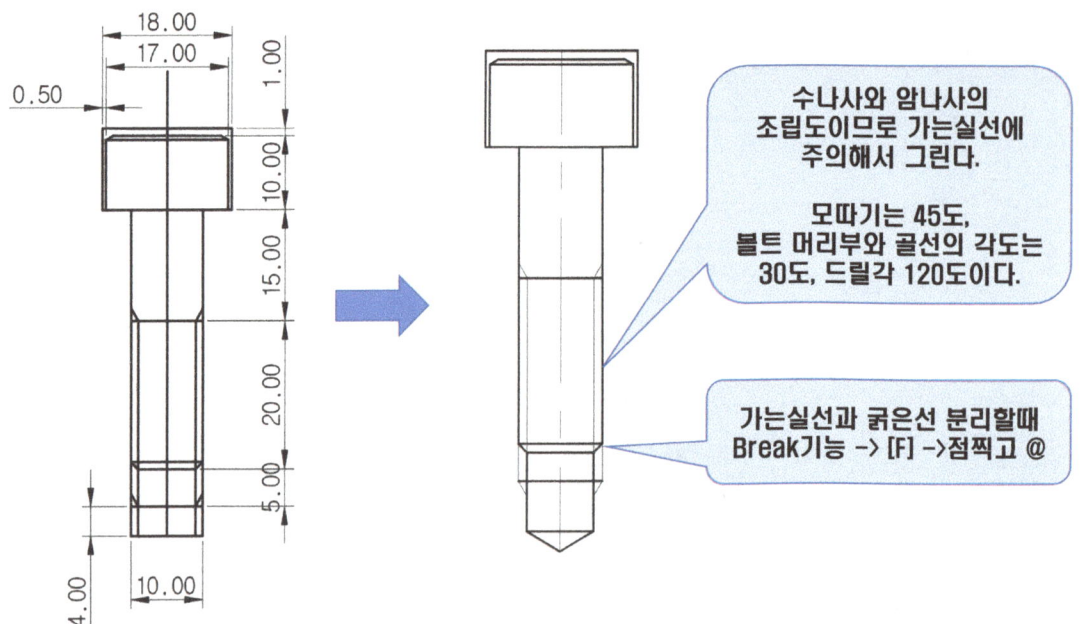

- 몰드베이스에 삽입되는 볼트의 크기는 총 4가지가 있다.
  그 중 M10짜리 볼트를 기준으로 복사하여 나머지 규격들을 만들어 사용한다.
  M10볼트의 크기 기준치수를 참고하여 그려보자.

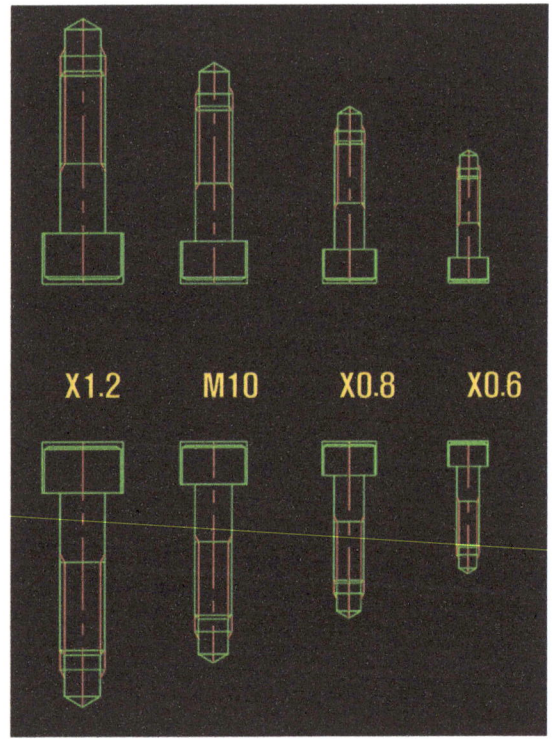

1. M10볼트를 기준으로 3개더 복사한다.

2. SCALE 명령을 이용하여 왼쪽그림과같은 값을 입력하여 크기를 조절한다.

3. 대칭복사를 이용하여 위아래로 배치한다.

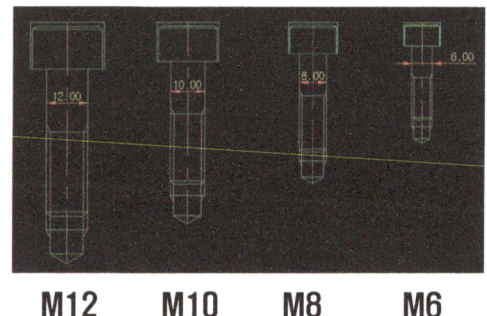

9 볼트 배치

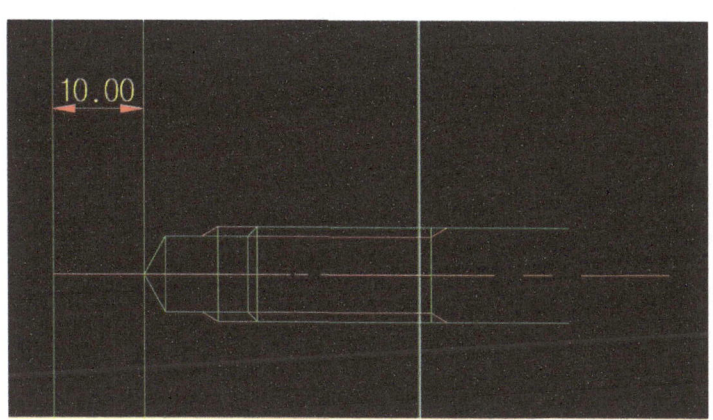
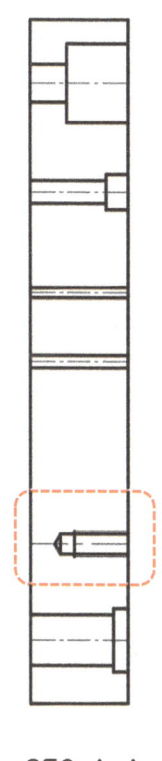

- 미리 만들어 둔 M10볼트를 가져와 측면도에 배치한다.
  바닥기준으로 10mm이상 남기고 암나사를 그린다.

SEC A-A

10 다듬질 기호

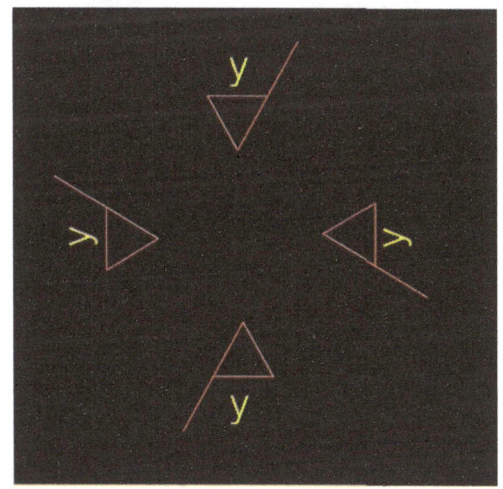
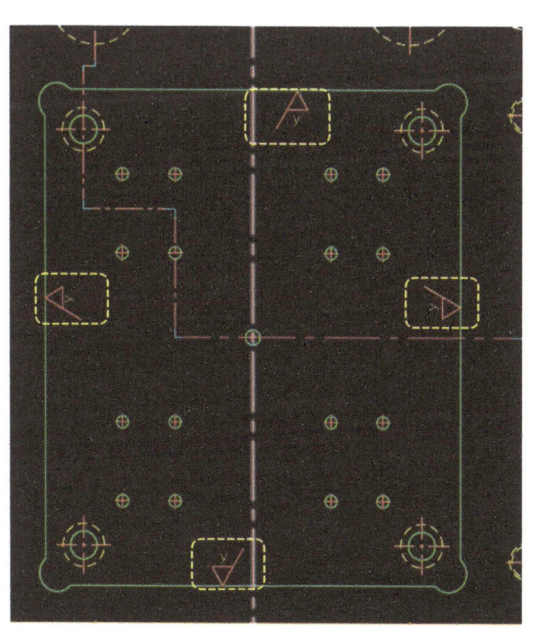

- 다듬질기호를 POLYGON (POL) 다각형-) E 옵션을 이용하여 한변의 길이 7mm로 그린다. 글자의 방향에 주의하여 회전복사로 배치한 후 레이어를 적용한다.

[포켓내부에 적용된 다듬질기호]

11 가동측 형판의 배치 마무리 단계

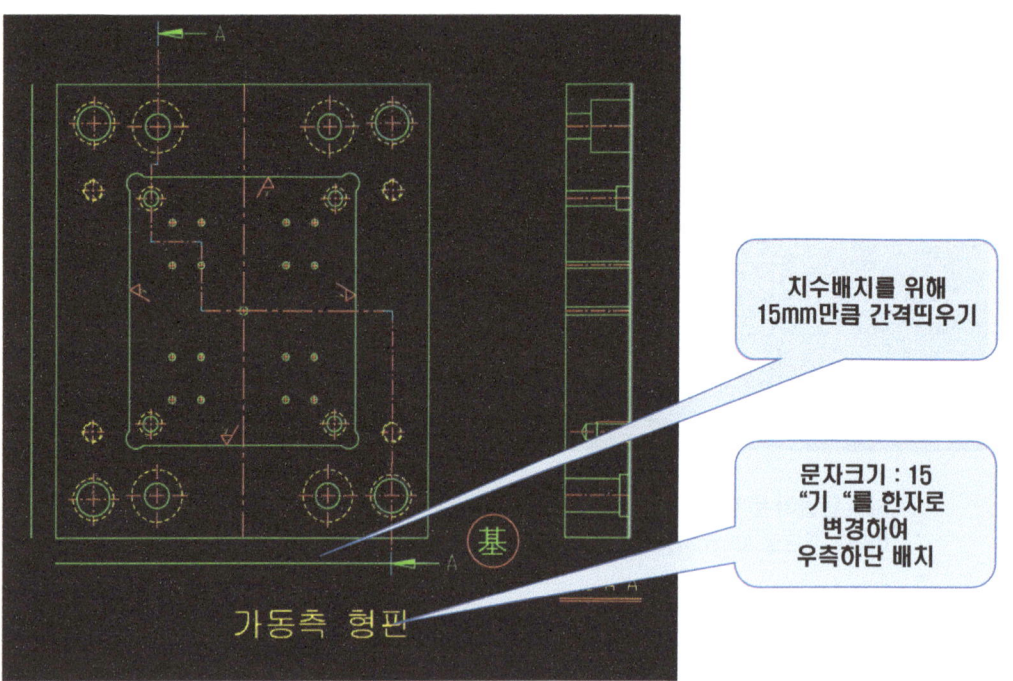

치수배치를 위해
15mm만큼 간격띄우기

문자크기 : 15
"기"를 한자로
변경하여
우측하단 배치

12 가동측 형판 치수기입

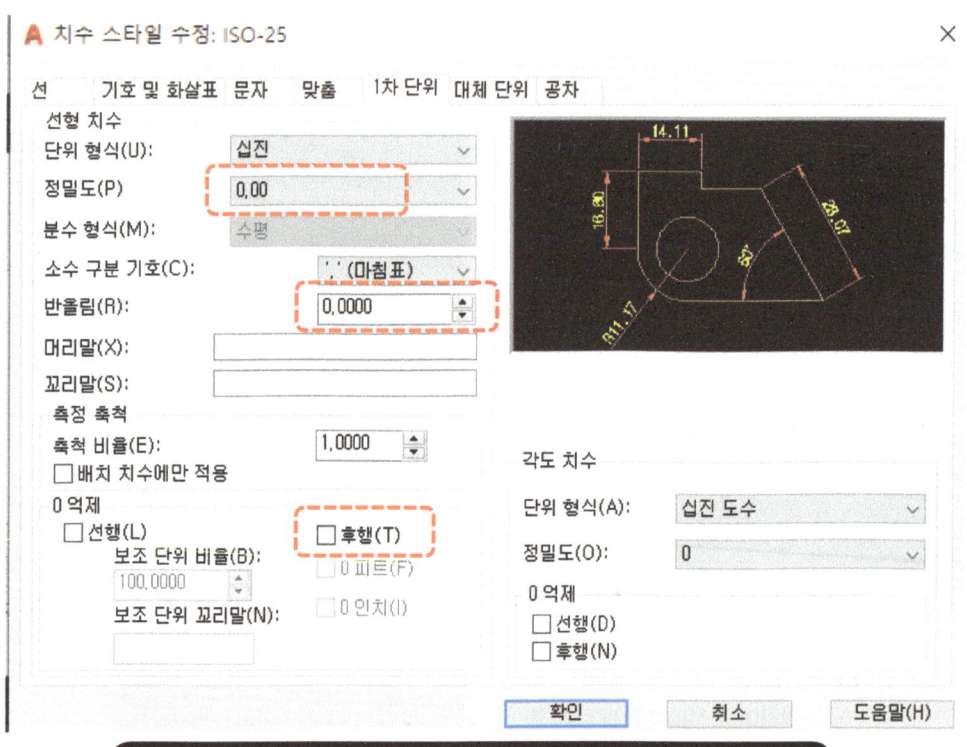

치수기입 시작 전에 치수 스타일에서 소수점 설정에 주의한다.

13-1 가동측 형판 치수기입

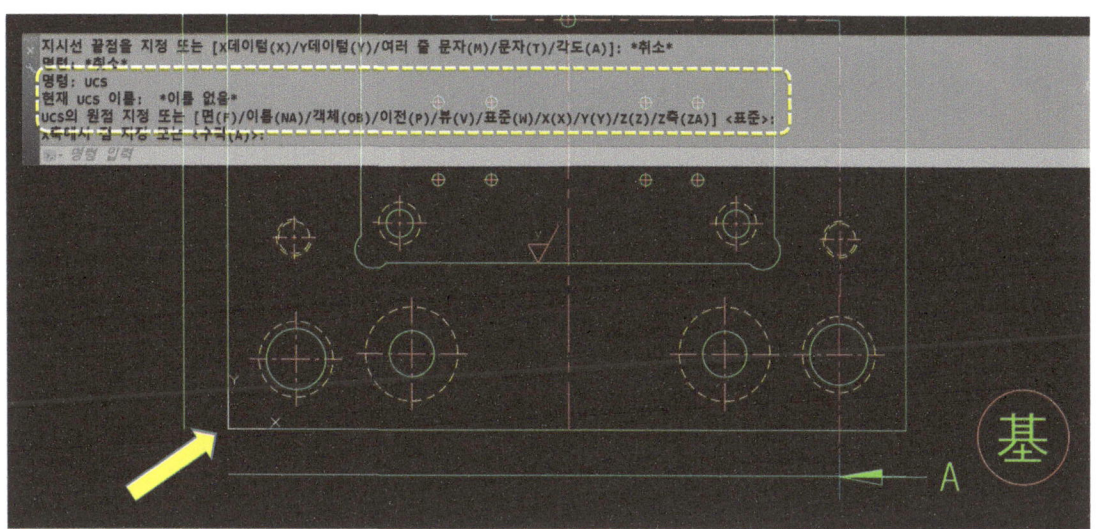

- 절대값으로 치수기입을 하기 위해 UCS 기능을 실행하여 형판의 왼쪽 하단부에 원점을 변경한다.

13-2 가동측 형판 치수기입

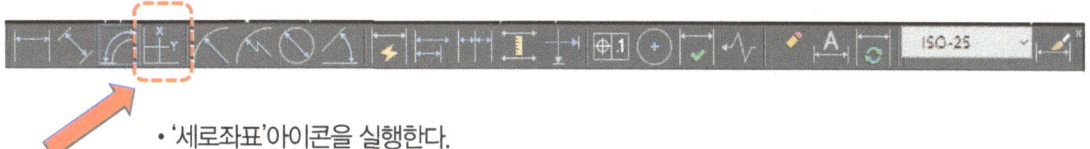

- '세로좌표' 아이콘을 실행한다.

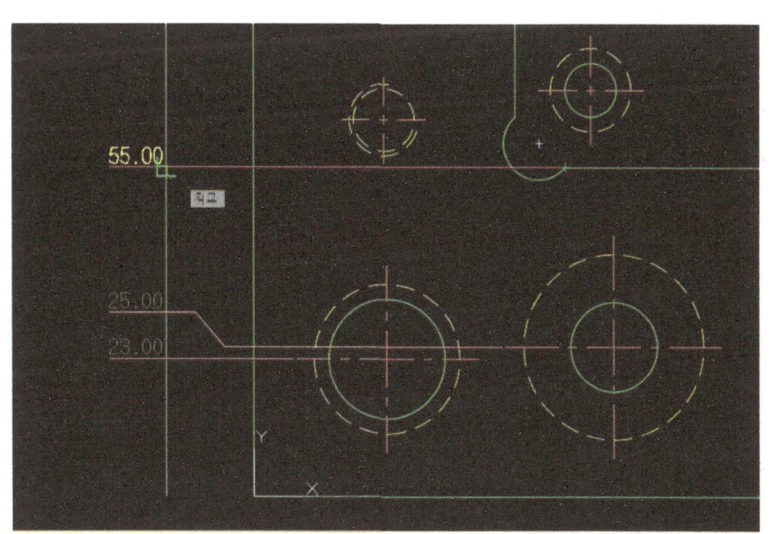

- 20mm간격을 띄운 위치에 치수를 맞춰 정렬 배치한다.

- 구멍의 위치 및 포켓의 위치등 모든 위치의 치수를 배치한다.

- 가로, 세로방향 모두배치

13-3 가동측 형판 치수기입

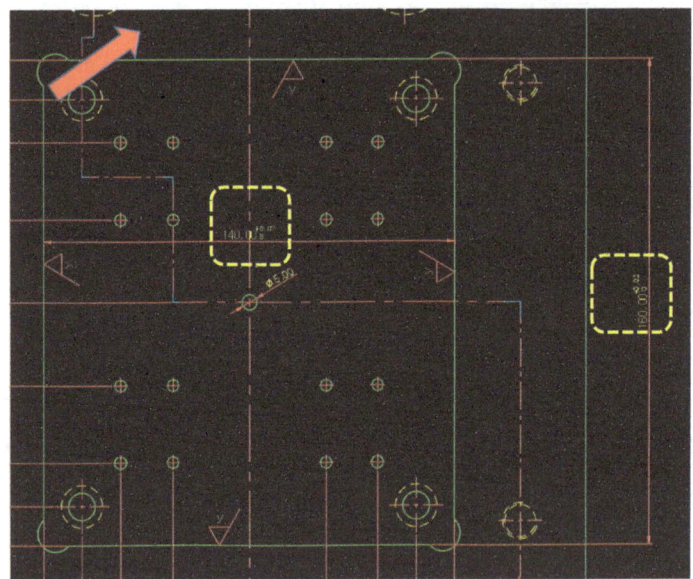

- 사각 포켓 자리의 가로폭, 세로 높이의 치수기입시 조립이 되는 위치이므로 공차값을 반드시 입력한다.

  가운데 중앙의 핀의 지름값도 치수기입을 한다.

$$140.00^{+0.02}_{\ 0}$$

134 가동측 형판 치수기입

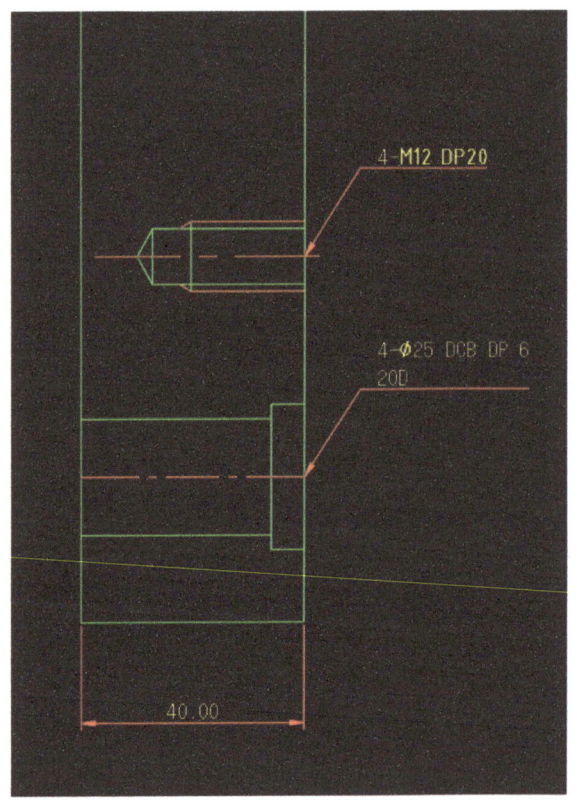

- 측면도의 탭이나 구멍자리등은 가급적 지시선을 사용하여 복사하면서 입력하는 것이 작업속도가 빠르다.

  마무리로 두께까지 입력하여 완성한다.

14 인서트 코어 정리

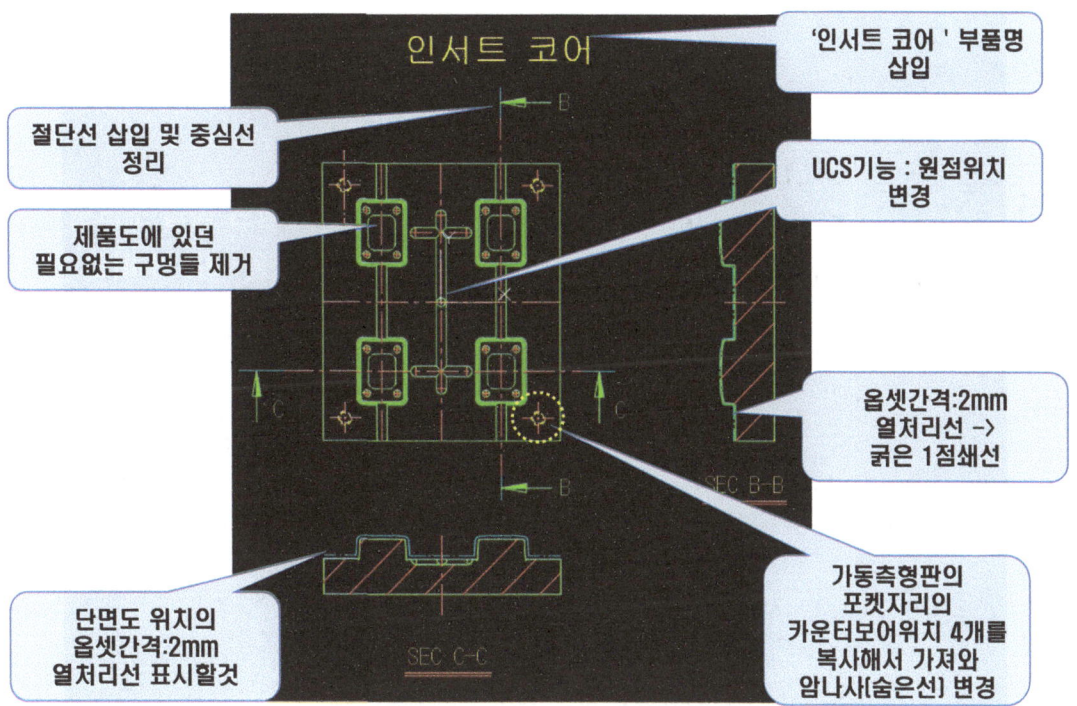

15 인서트 캐비티 정리

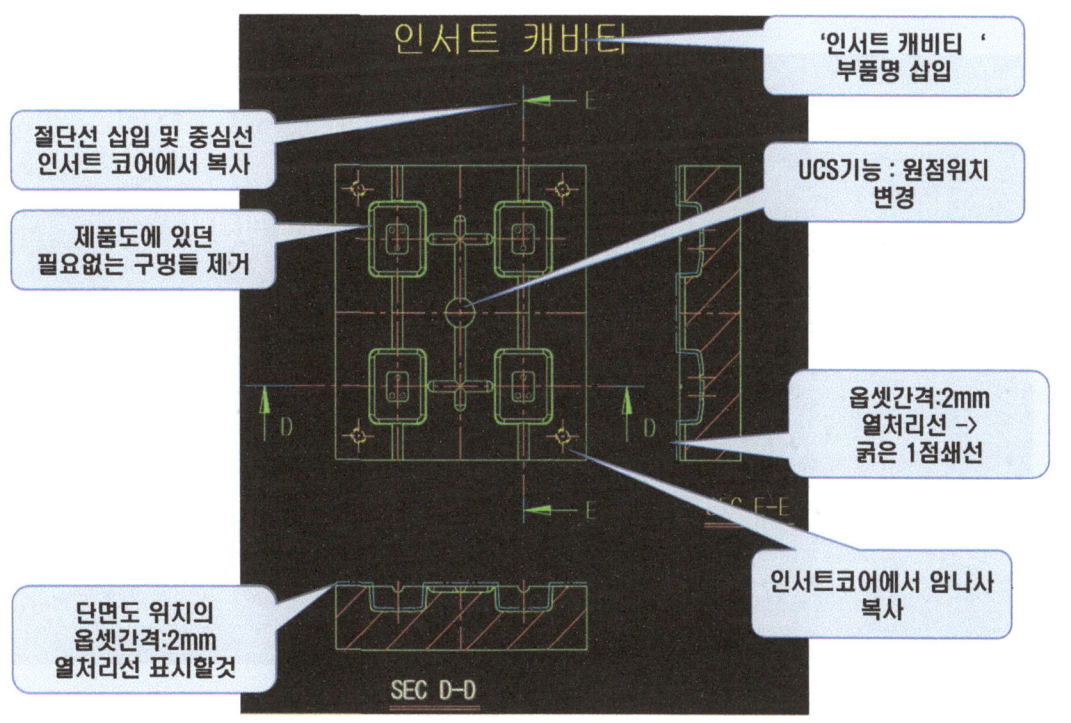

16 복합조립도 그리기 - 전체 크기잡기

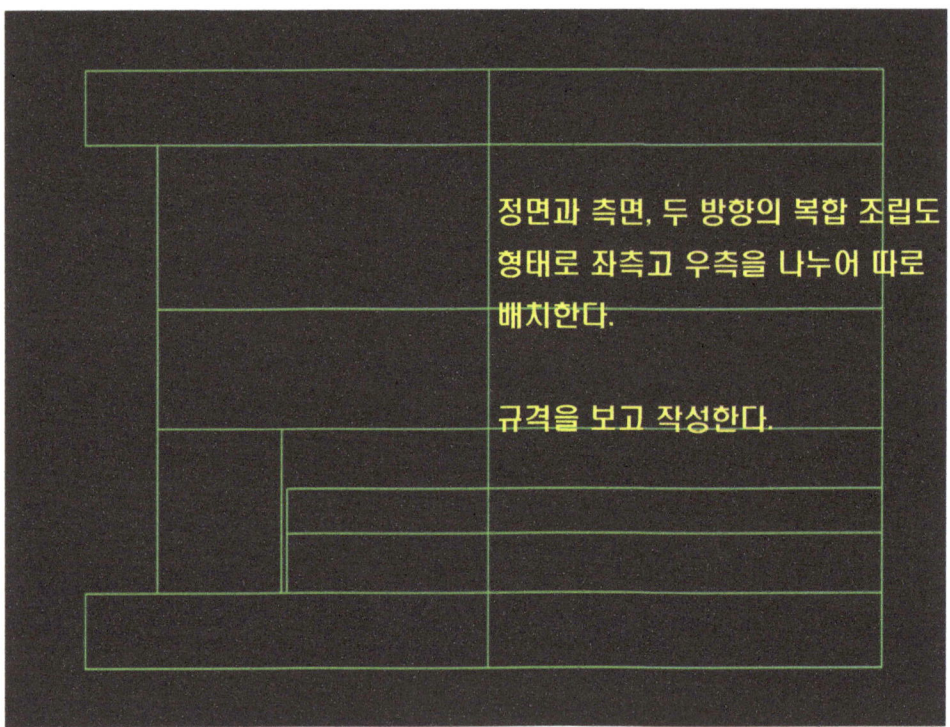

17 복합조립도 그리기 - KS 규격품 배치

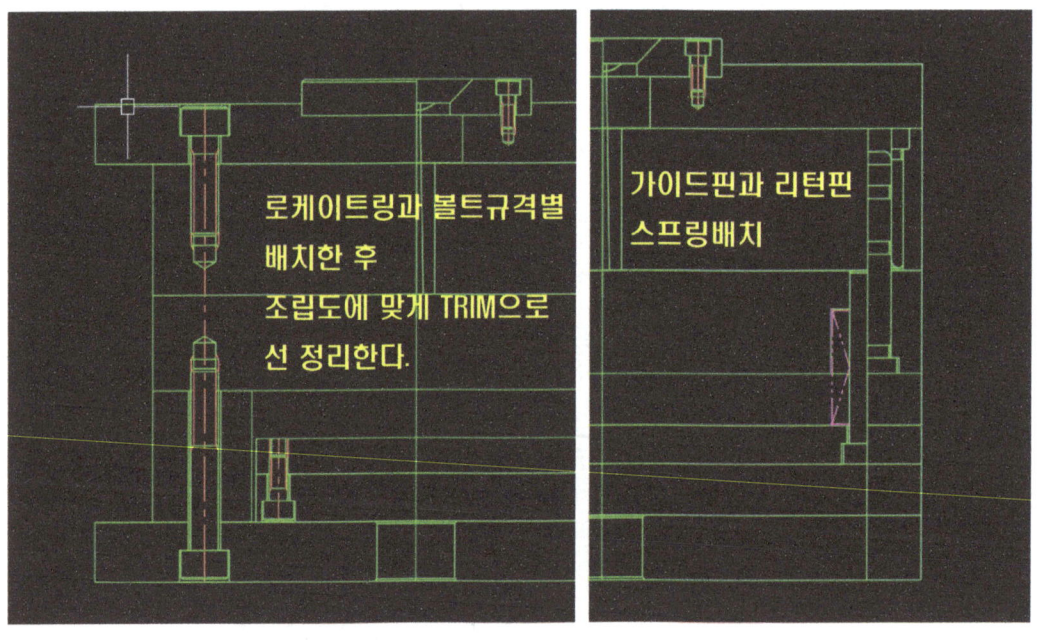

· 규격품등을 기본배치한다.

21 • 코어, 캐비티, 복합조립도 2D CAD도면 배치하기

18 복합조립도 그리기 - 코어 조립도 배치

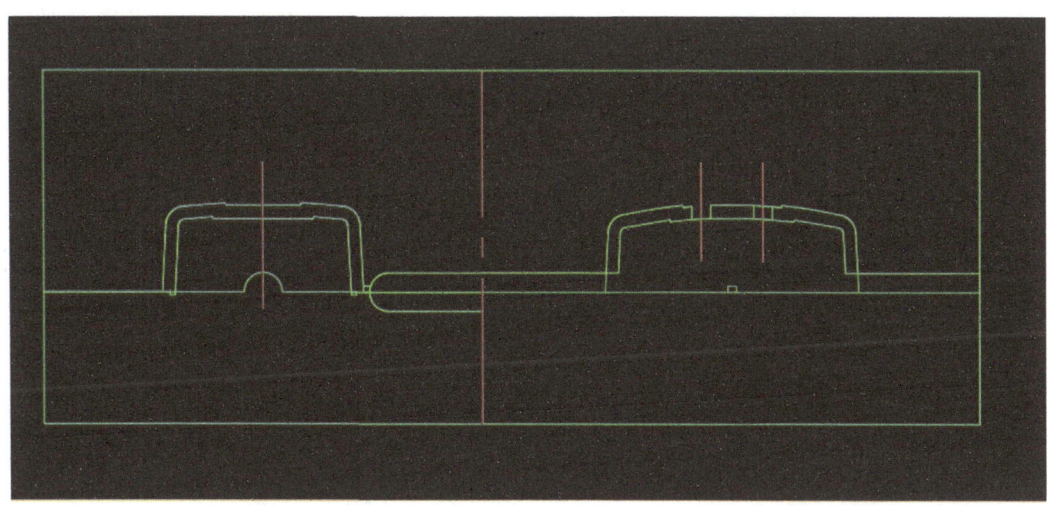

- 인서트와 코어의 단면도의 정면도와 측면도를 절반씩 조합하여 좌측과 우측으로 붙여 구성한다. 조립도를 만들어 코어블록을 완성해 준다.

18 복합조립도 그리기 - 코어 조립도 위치

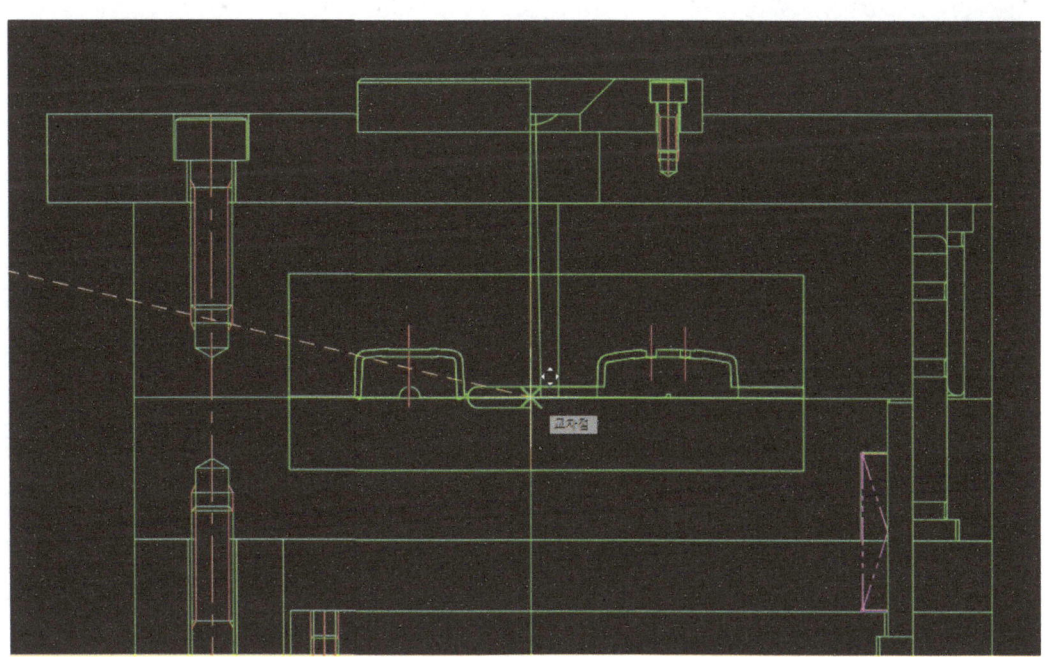

- 복합도의 파팅라인의 중심위치에 코어블록의 중심부를 끌어다 이동시킨다.

19 복합조립도 그리기 - 코어의 볼트 조립위치 파악

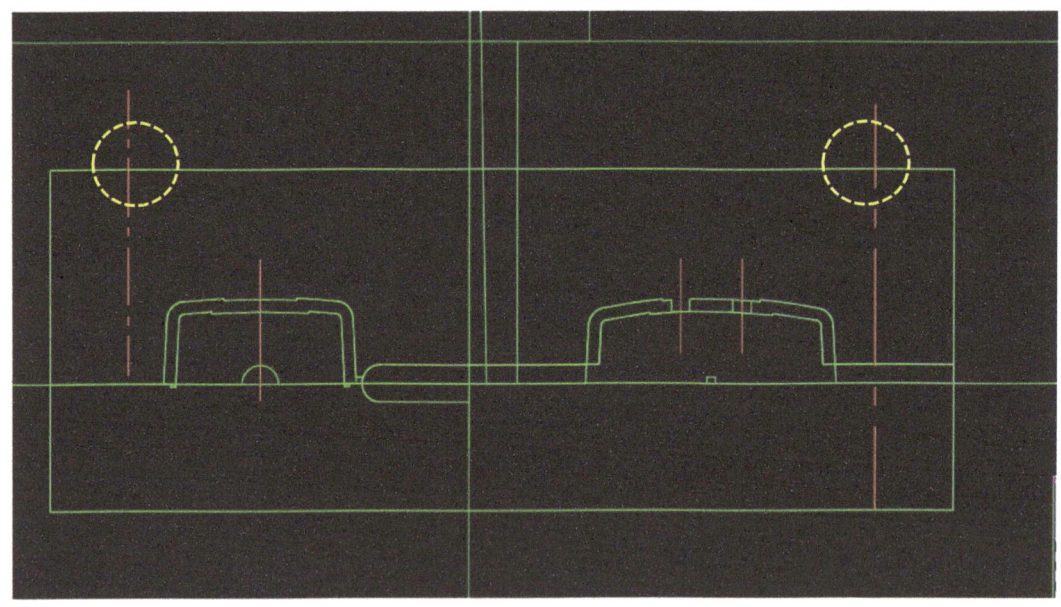

- 조립도와 코어블록을 배치한 후에 조립을 연결하는 M8볼트의 위치를 코어 배치도에서 중심선을 가져와 위치를 잡아준다.

19 복합조립도 그리기 - 볼트 원본 배치후 정리

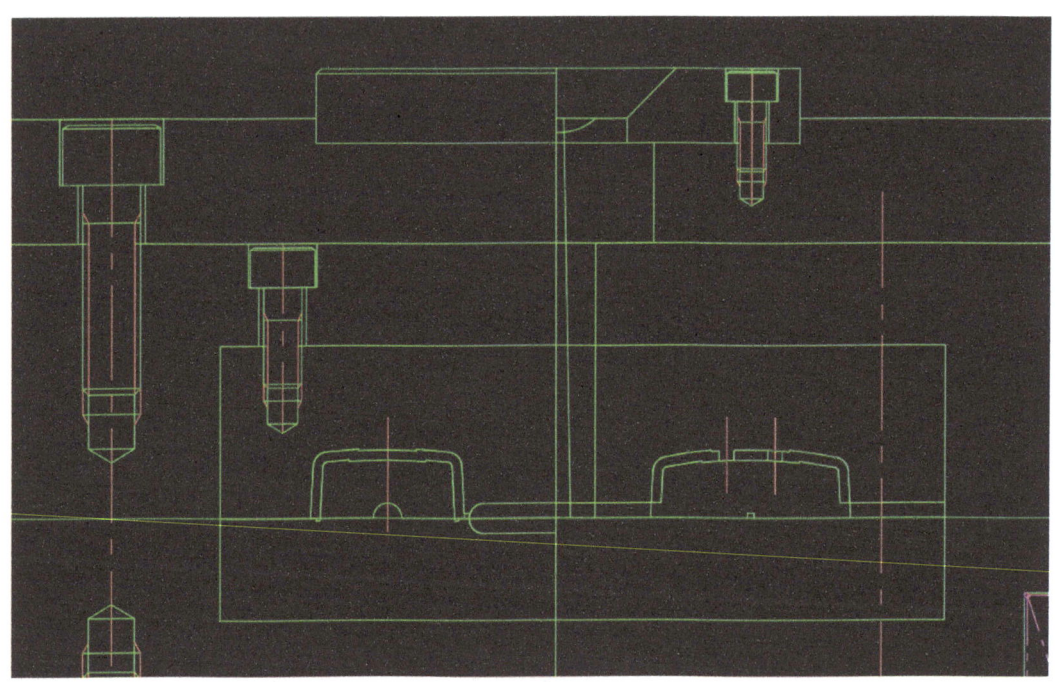

- 미리 작업해준 M8볼트의 위치를 한쪽만 배치하여 암나사와 수나사 배치를 정리하고 1mm씩 OFFSET을 하여 카운터 구멍자리도 만들어 배치한다.

19 복합조립도 그리기 - 코어 조립도의 볼트전체 복사

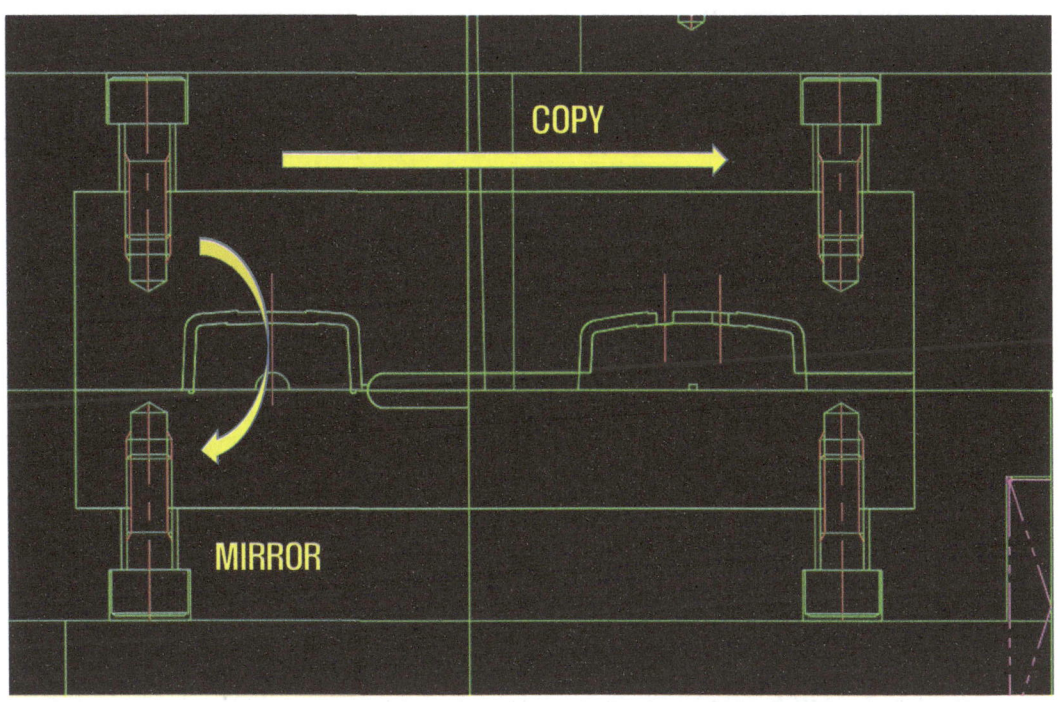

- 원본 1개의 볼트가 정리되면 COPY를 이용하여 오른쪽에 배치한다.
  다시 대칭복사를 이용하여 아랫부분의 볼트자리 배치도 완성한다.

20 스프루 록핀 그리기

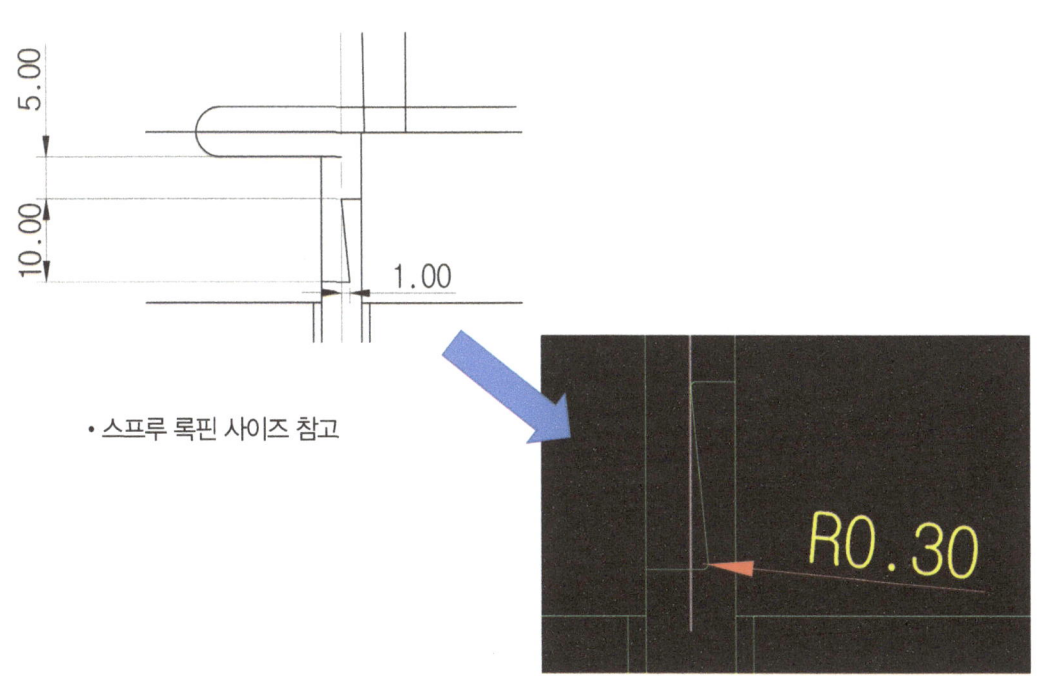

- 스프루 록핀 사이즈 참고

21 복합조립도 그리기 - 핀 배치 마무리

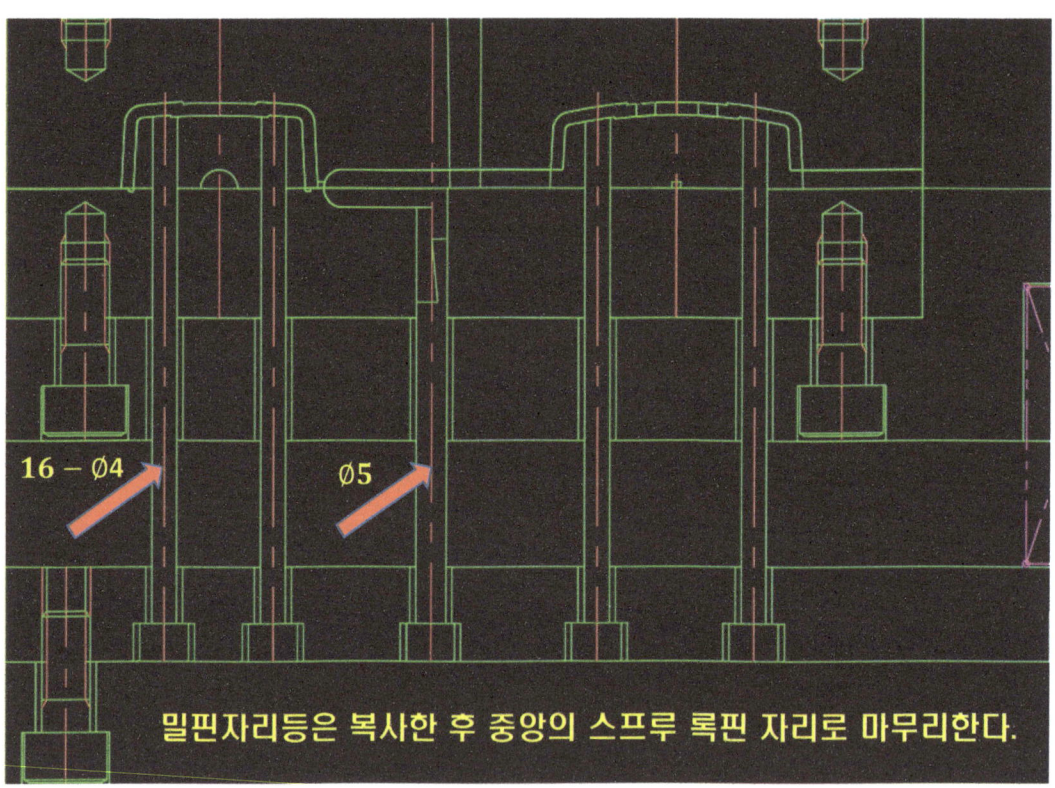

22 규격품 정리하기

1. 리턴핀과 가이드핀 배치
2. 스프링 배치
3. 냉각수 등 배치

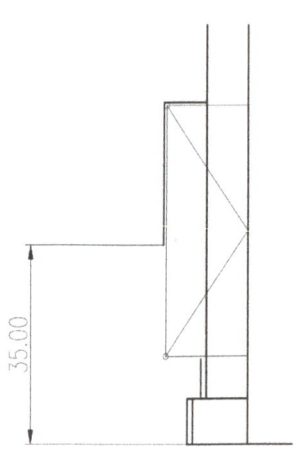

23 코어와 캐비티 치수 및 열처리 배치

인서트 코어

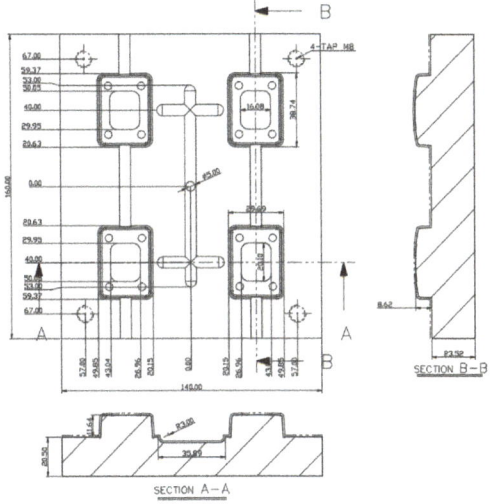

인서트 캐비티

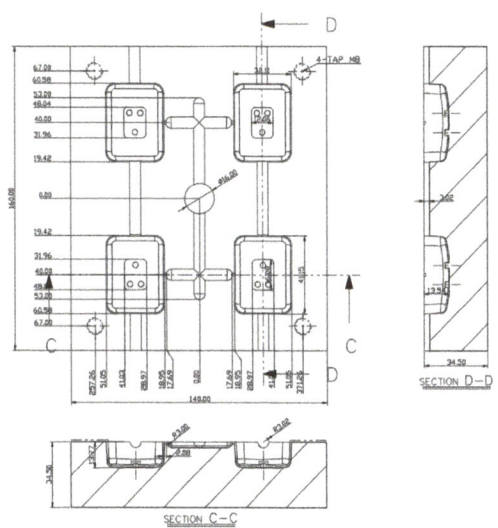

24 고정측 형판 치수 배치

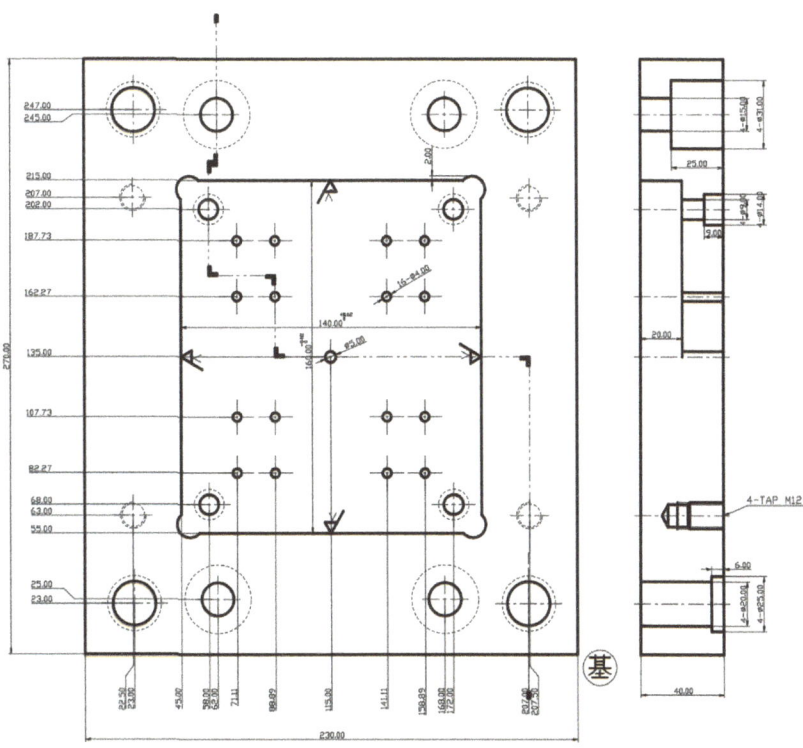

25 코어 3D 등각 배치

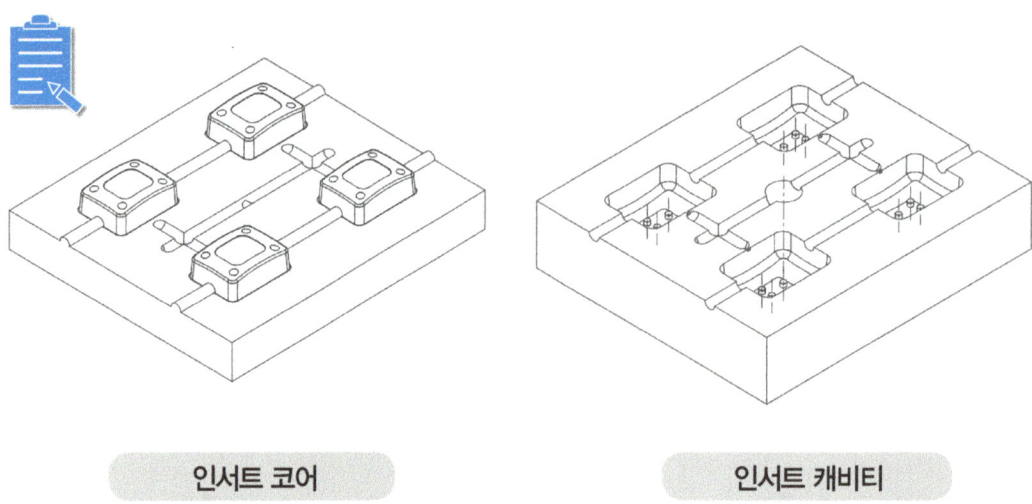

인서트 코어

인서트 캐비티

LIMITS : A2 (594X420)

26 주서 표시방법 정리하기

• 주서는 NOTE라고도 표기하며, 도면상에 주어진 치수나 공차 이외에 현장 작업자에게 참고할 지시사항을 기입하는 항목이다. 필요사항을 정리해보자.

주서

1.

2.

3.

4.

5.

6.

27 복합조립도 배치

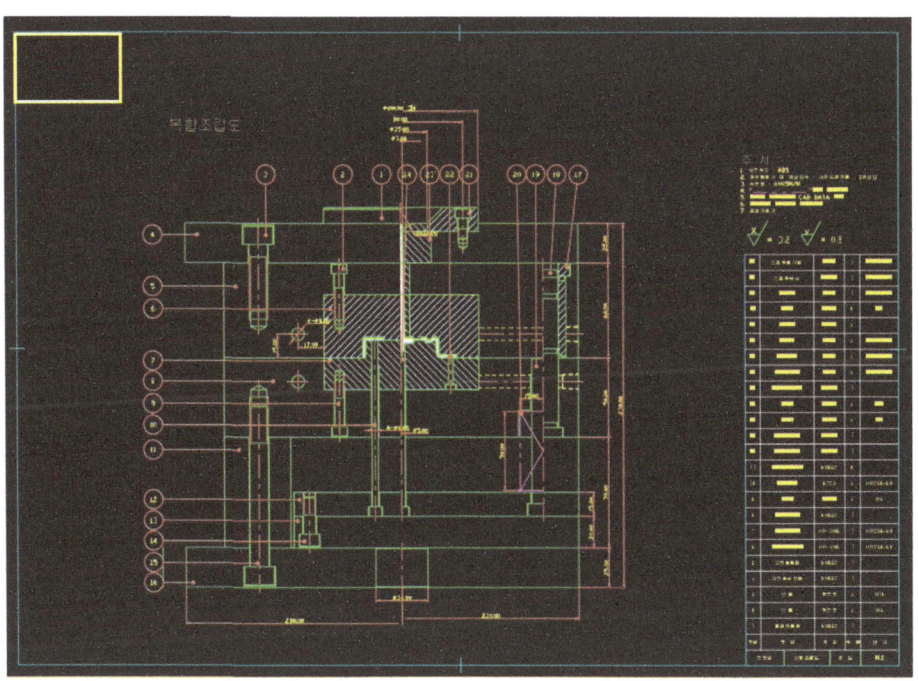

- LIMITS : A2 (594X420), 몰드베이스 치수 및 부품번호 표기, 표제란, 주서 작성

28 인서트코어, 인서트캐비티, 고정측형판 2D배치

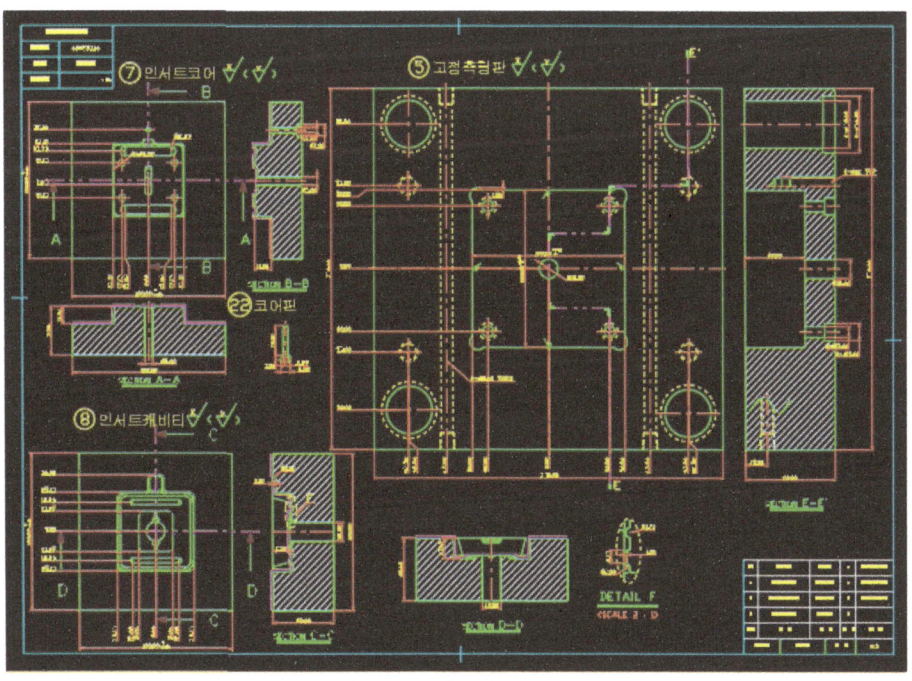

- LIMITS : A2 (594X420) , 치수기입 및 표제란 완성

29 Plot 인쇄하기

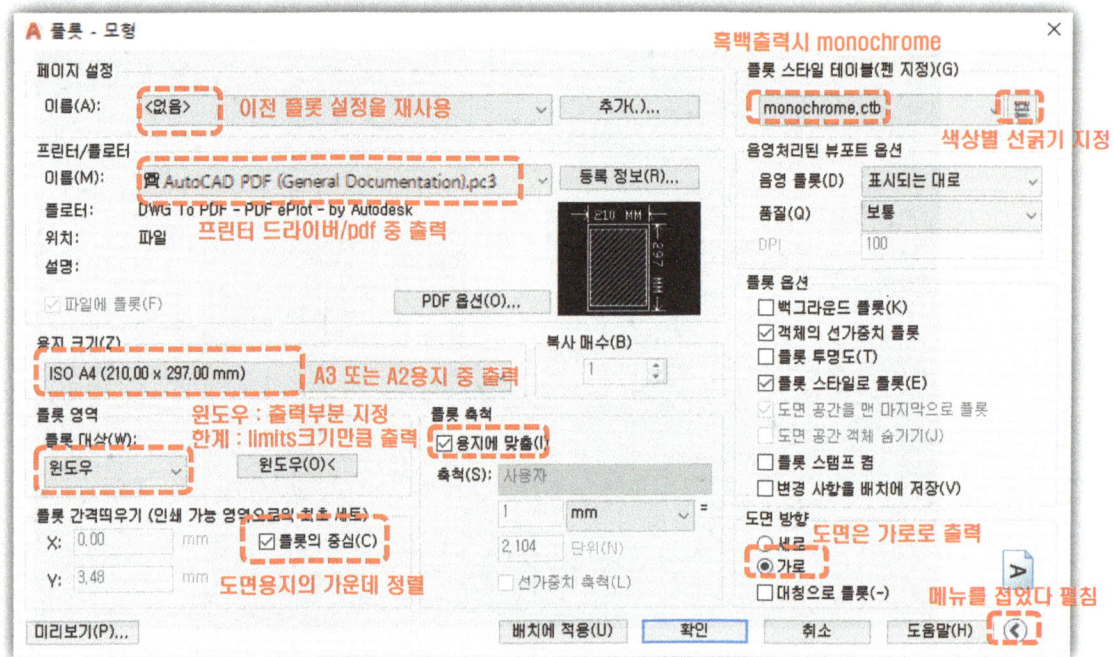

사출 연습도면

사출 연습도면

과제 일자 체크하세요.

/	/	/	/
/	/	/	/
/	/	/	/

요구사항

- 투상법 : 3각법
- 척도 : NS
- 용지 : A2
- 몰드 베이스규격 :
- 게이트형상 및 캐비티 수 : 사이드 게이트
  1 캐비티로 설계할 것
- 고정측 캐비티 및 가동측 코어 플레이트는 인서트 방식으로 설계할 것
- 조립도(정면도와 측면도가 복합된 조립도)작성 : 표제란 작성할 것
- 부품도(가동측 형판, 고정측 인서트 캐비티, 가동측 인서트 코어)를 설계할 것
- 재료 : ABS
- 수축률 : 0.005 M/M`

- 투상법 : 3각법
- 척도 : NS
- 용지 : A2
- 몰드 베이스규격 :
- 게이트형상 및 캐비티 수 : 사이드 게이트
  2 캐비티로 설계할 것
- 고정측 캐비티 및 가동측 코어 플레이트는 인서트 방식으로 설계할 것
- 조립도(정면도와 측면도가 복합된 조립도)작성 : 표제란 작성할 것
- 부품도(가동측 형판, 고정측 인서트 캐비티, 가동측 인서트 코어)를 설계할 것
- 재료 : ABS
- 수축률 : 0.005 M/M`

- 투상법 : 3각법
- 척도 : NS
- 용지 : A2
- 몰드 베이스규격 :
- 게이트형상 및 캐비티 수 : 사이드 게이트
  4 캐비티로 설계할 것
- 고정측 캐비티 및 가동측 코어 플레이트는 인서트 방식으로 설계할 것
- 조립도(정면도와 측면도가 복합된 조립도)작성 : 표제란 작성할 것
- 부품도(가동측 형판, 고정측 인서트 캐비티, 가동측 인서트 코어)를 설계할 것
- 재료 : ABS
- 수축률 : 0.005 M/M

Mold 1

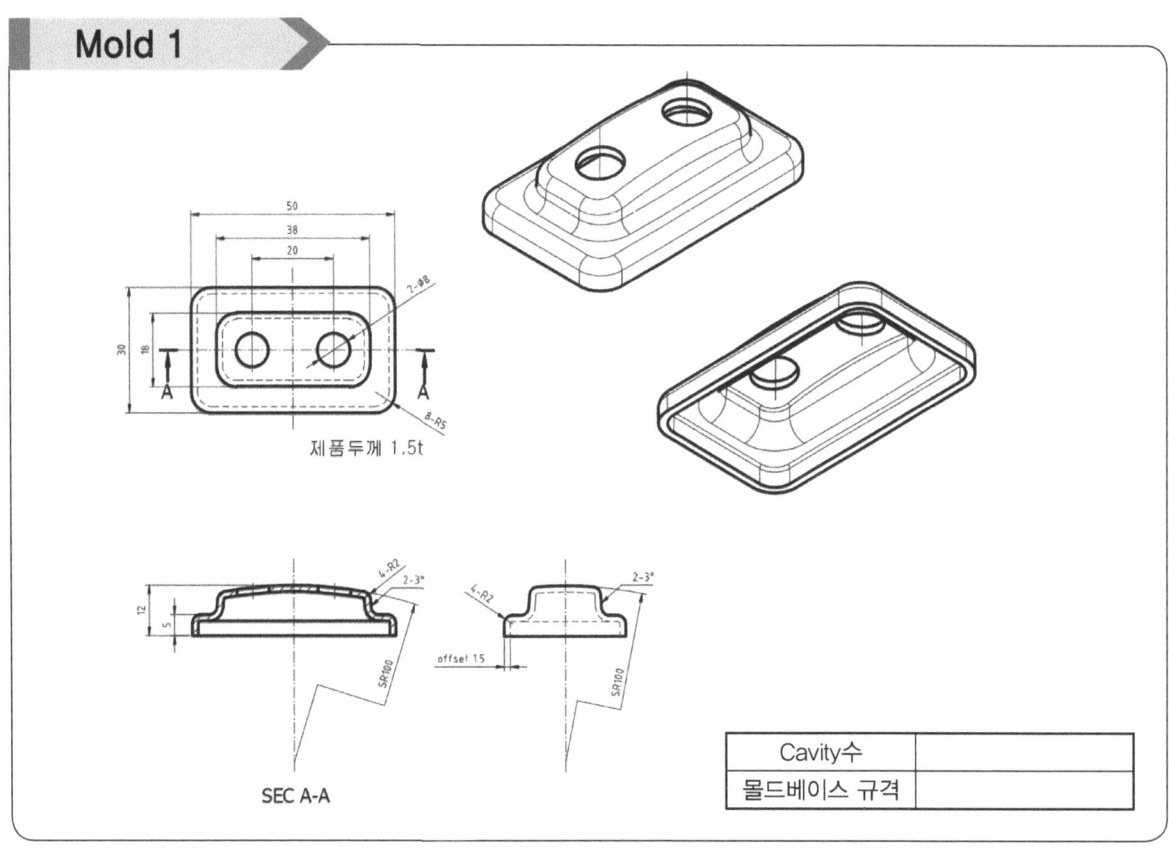

Cavity수	
몰드베이스 규격	

Mold 2

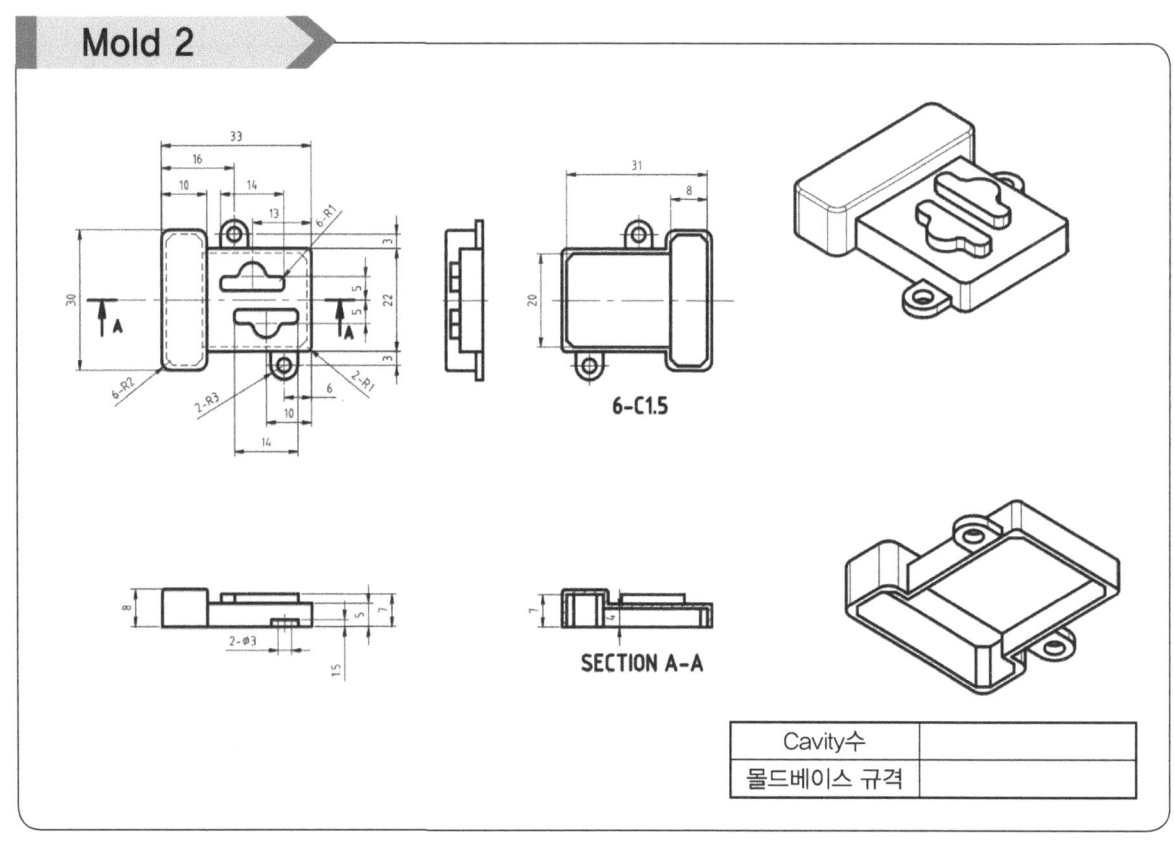

Cavity수	
몰드베이스 규격	

Mold 3

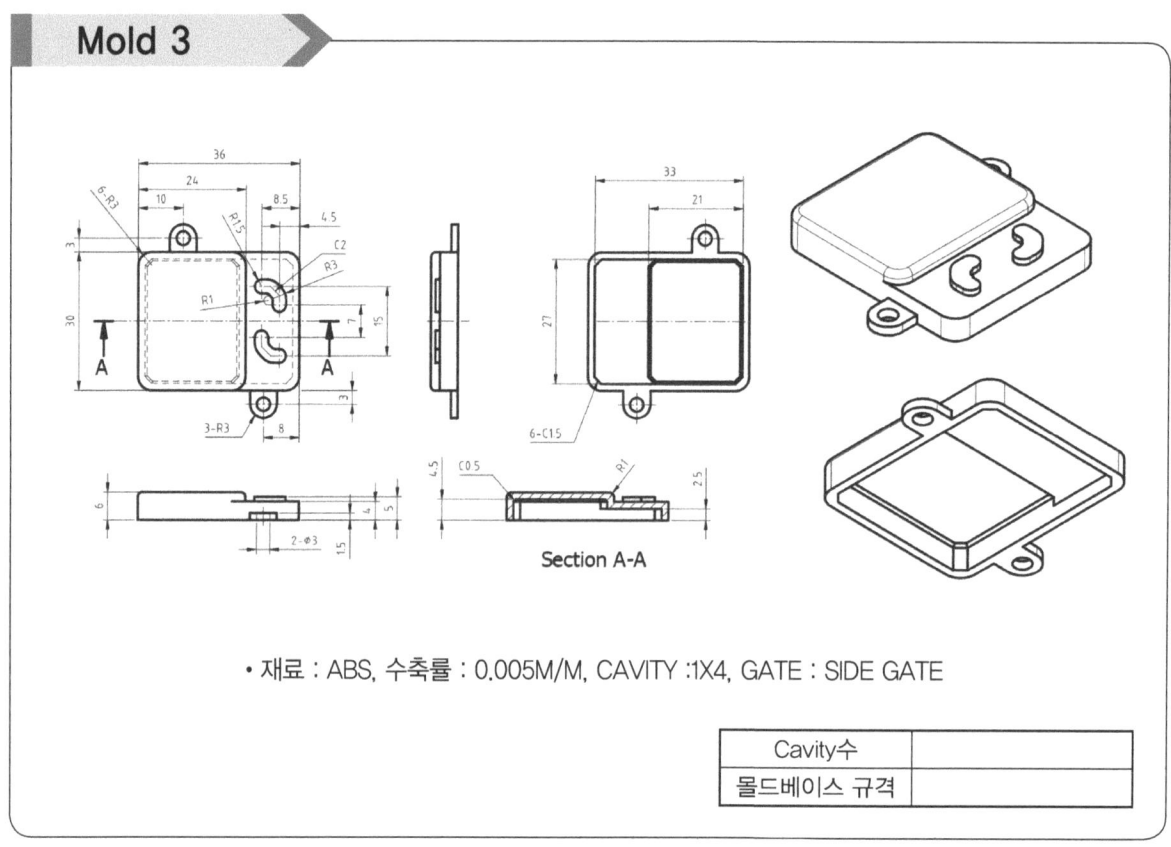

• 재료 : ABS, 수축률 : 0.005M/M, CAVITY :1X4, GATE : SIDE GATE

Cavity수	
몰드베이스 규격	

Mold 4

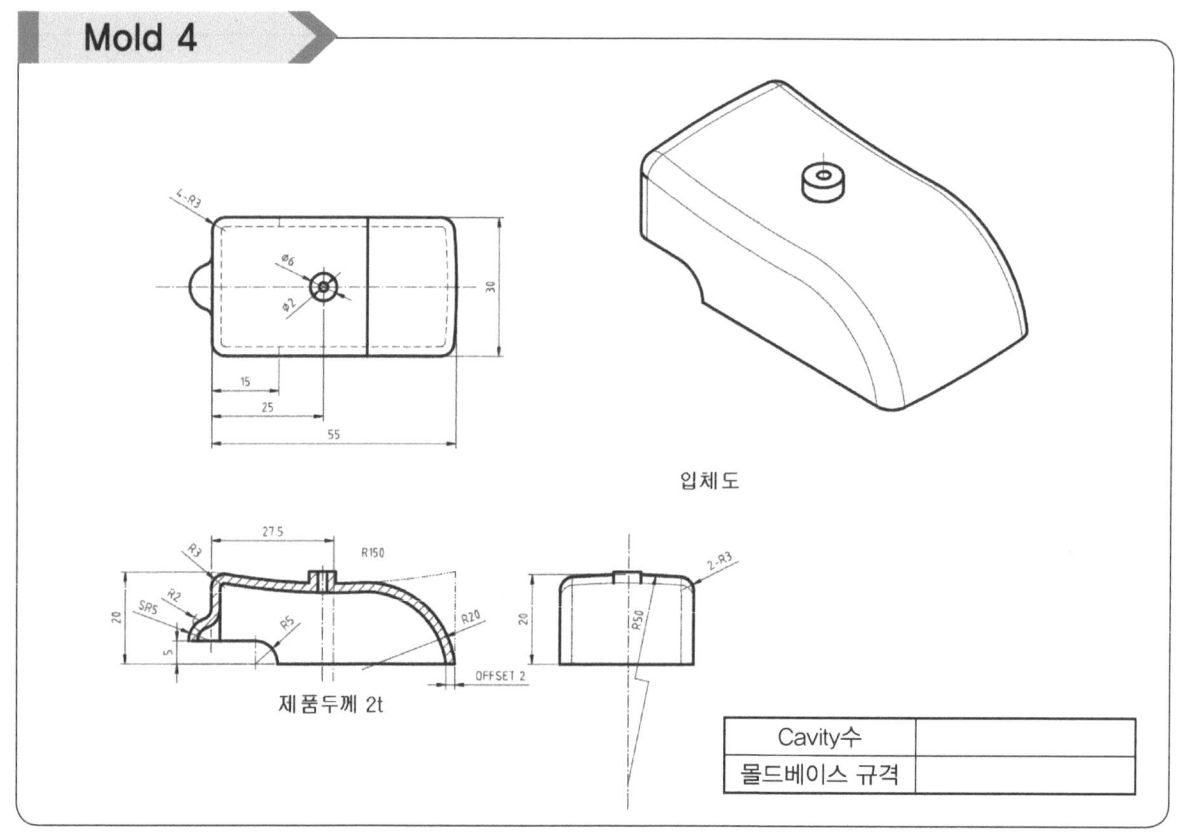

입체도

제품두께 2t

Cavity수	
몰드베이스 규격	

Mold 5

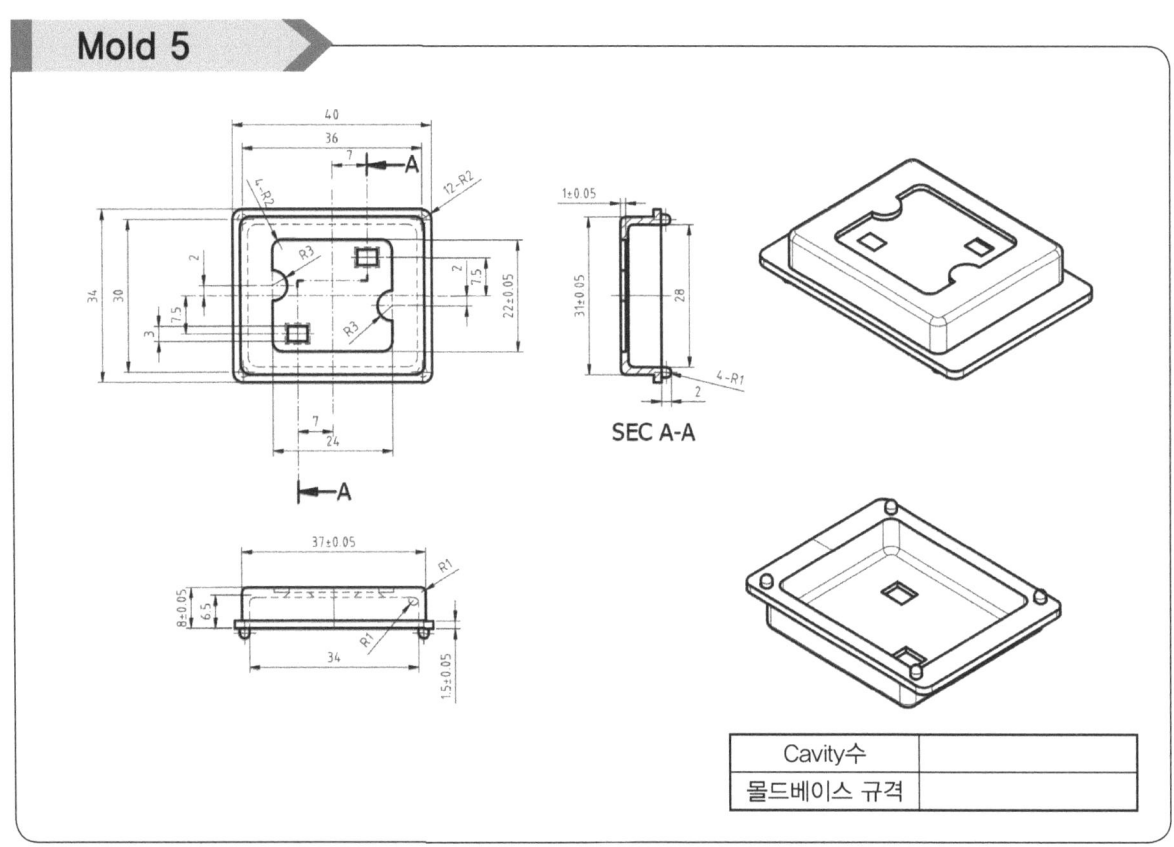

Cavity수	
몰드베이스 규격	

Mold 6

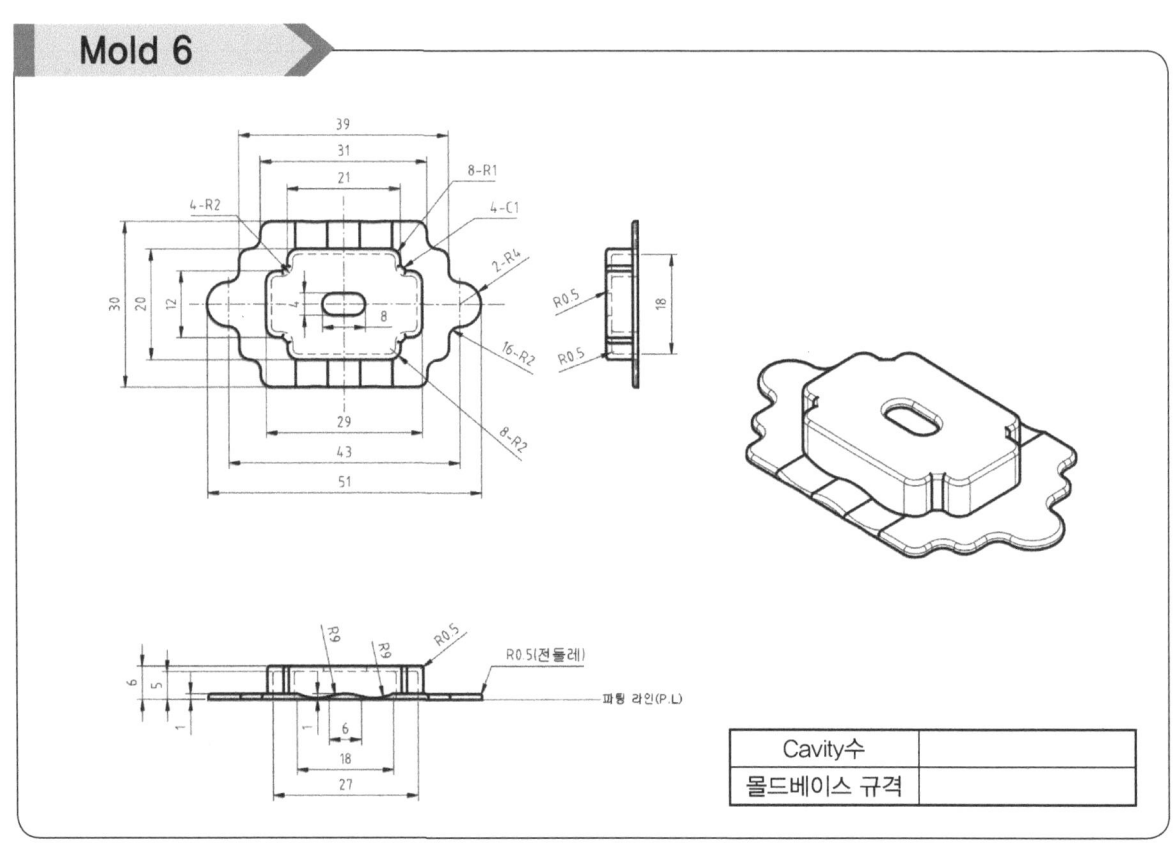

Cavity수	
몰드베이스 규격	

Mold 7

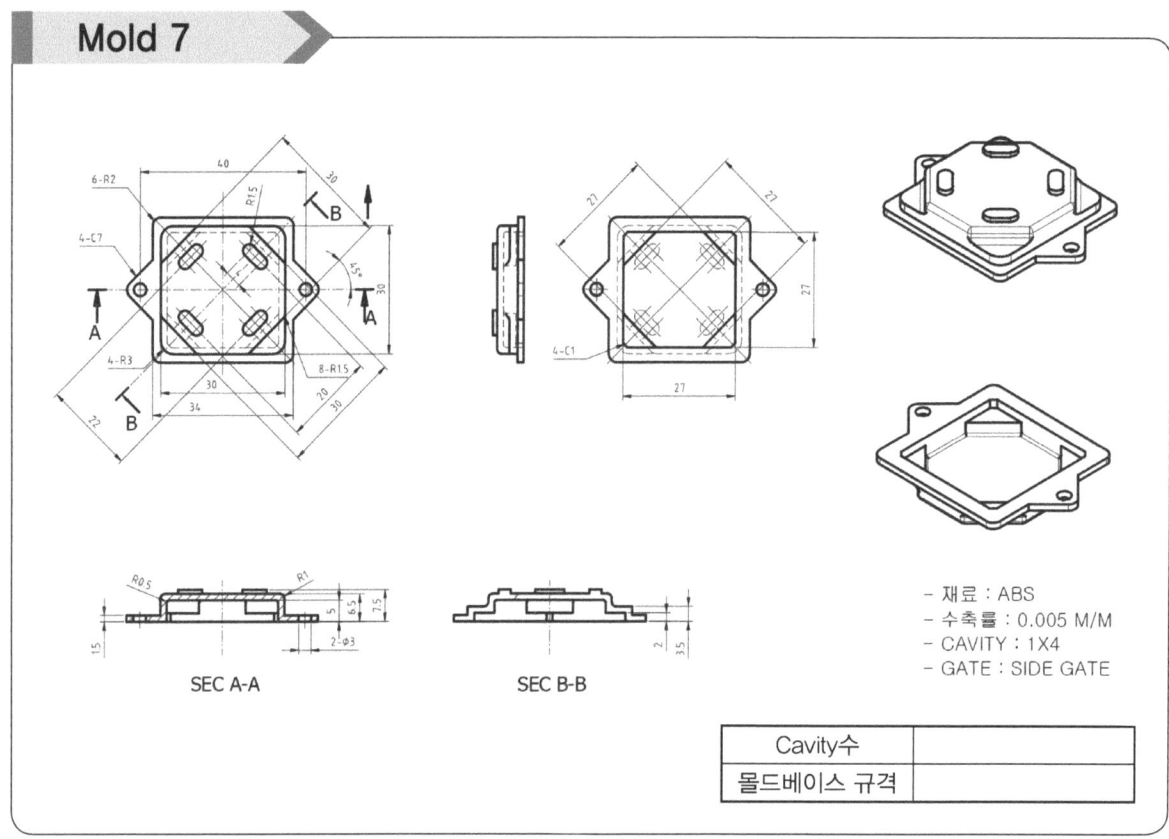

- 재료 : ABS
- 수축률 : 0.005 M/M
- CAVITY : 1X4
- GATE : SIDE GATE

Cavity수	
몰드베이스 규격	

Mold 8

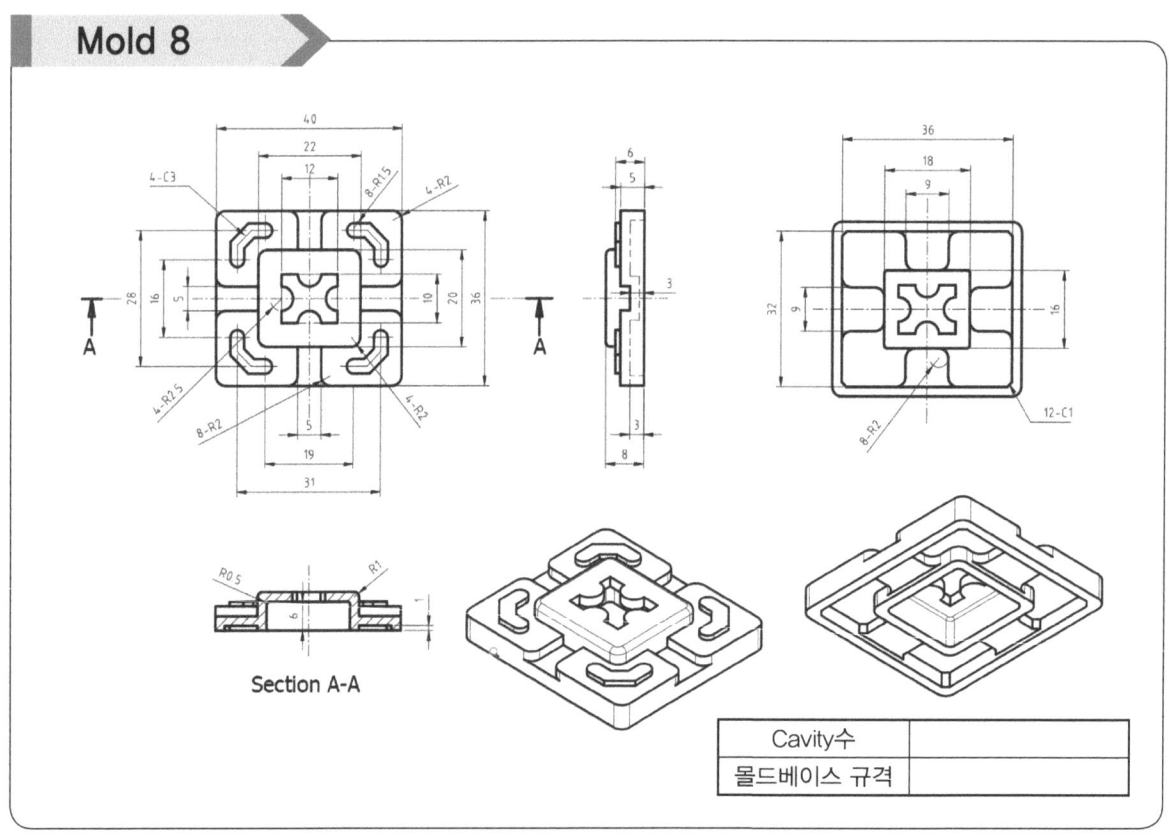

Cavity수	
몰드베이스 규격	

Mold 9

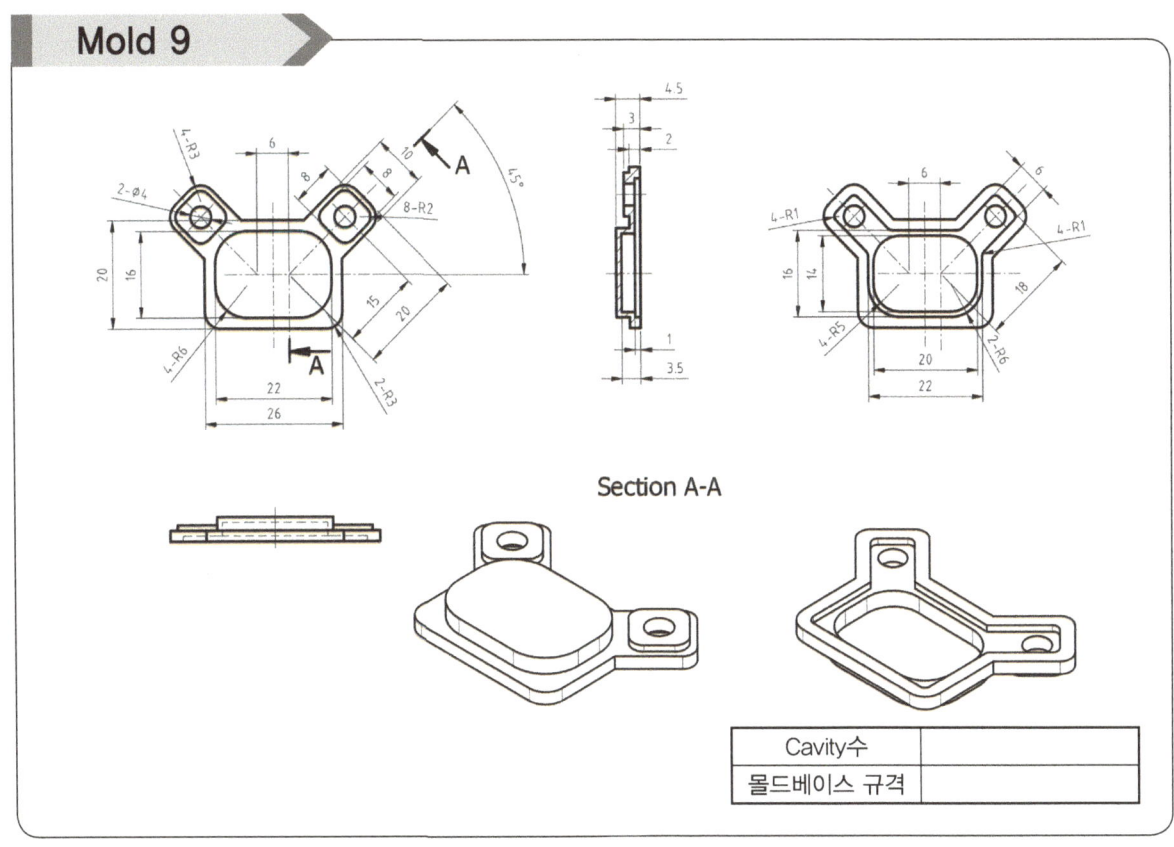

Section A-A

Cavity수	
몰드베이스 규격	

Mold 10

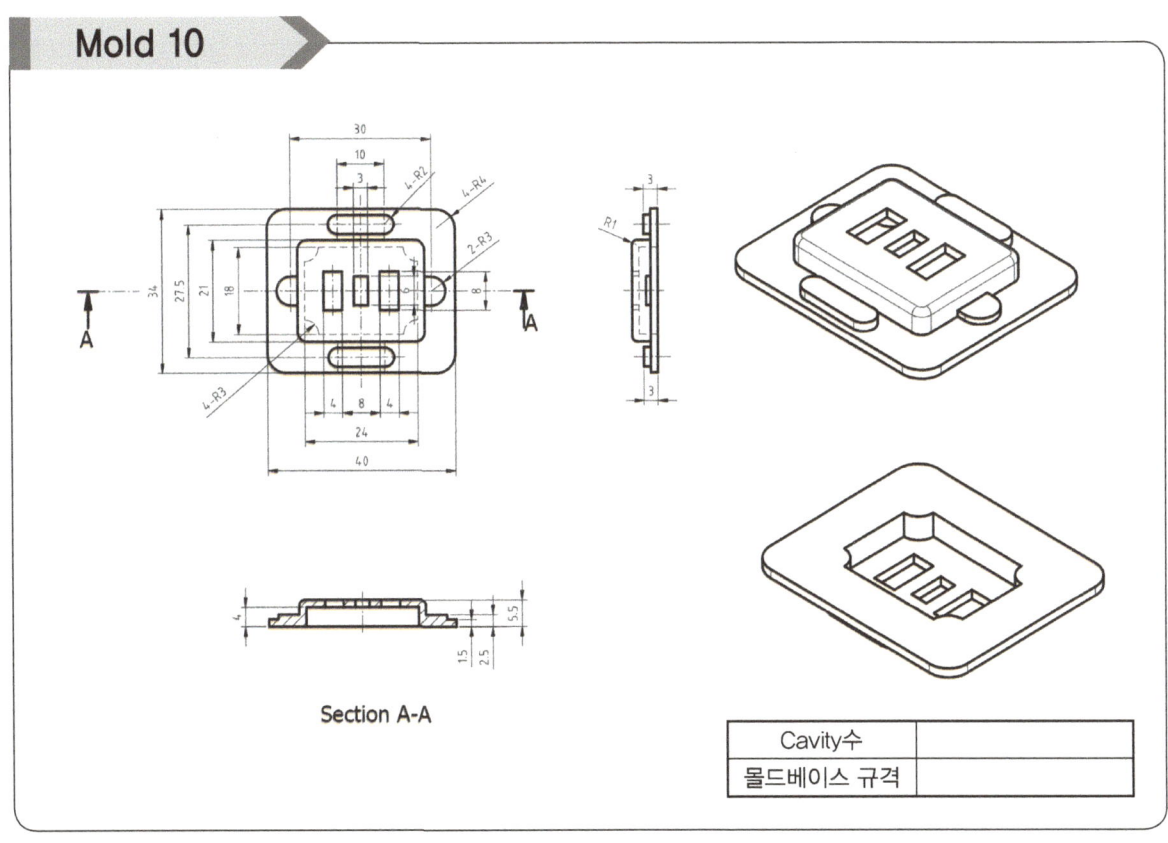

Section A-A

Cavity수	
몰드베이스 규격	

Mold 11

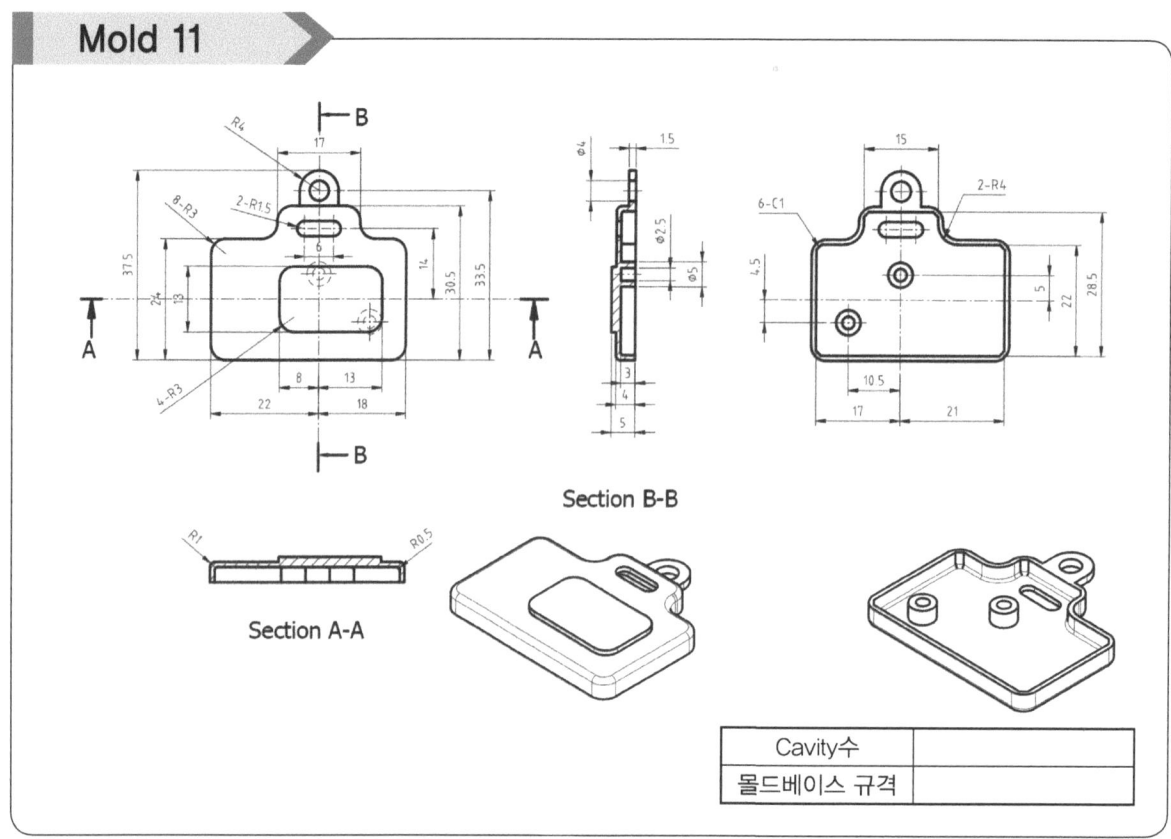

Cavity수	
몰드베이스 규격	

Mold 12

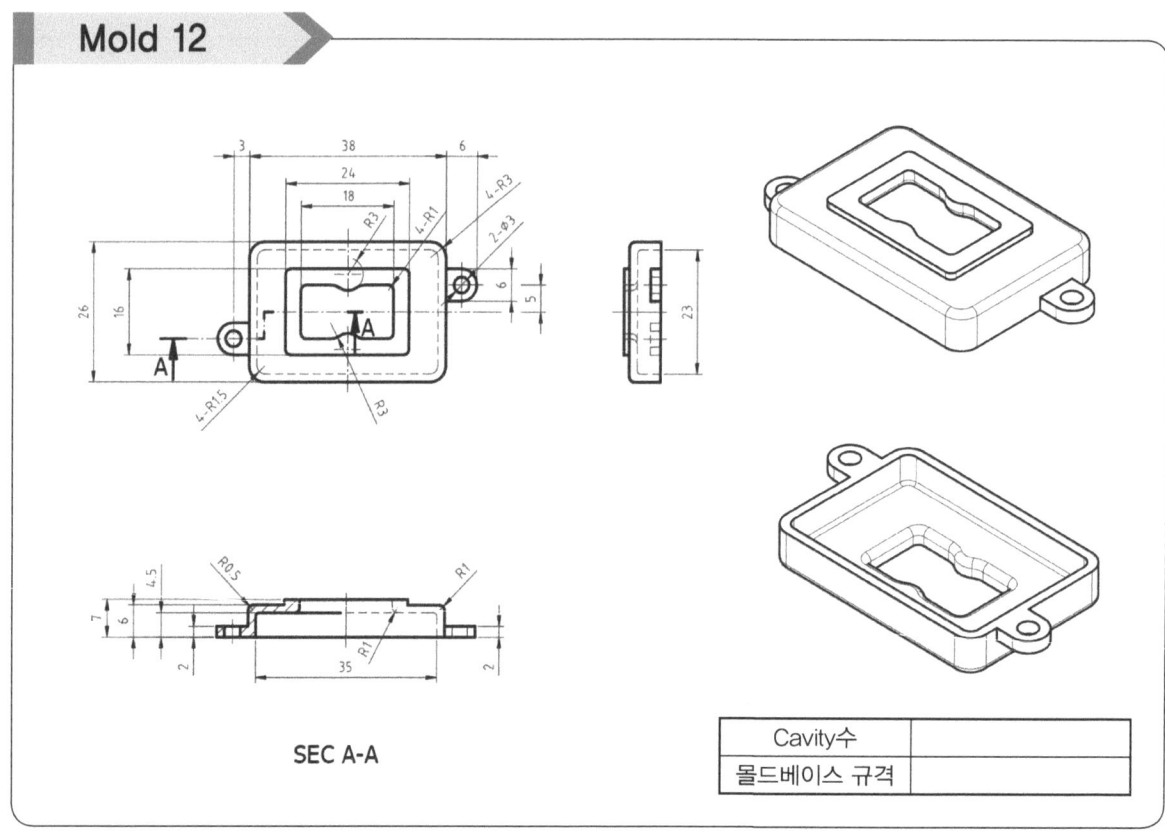

Cavity수	
몰드베이스 규격	

누구나 할수있는
제품 & 사출금형 NX모델링

1판1쇄 인쇄 2021년 9월 10일
1판1쇄 발행 2021년 9월 20일

지은이 | 이정원
펴낸이 | 이주연
펴낸곳 | **명인북스**
등   록 | 제 409-2021-000031호

주   소 | 인천시 서구 완정로65번안길 10, 114동 605호 (마전동,검단1차 대주피오레)
전   화 | 032-565-7338
팩   스 | 032-565-7348
E-mail | phy4029@naver.com
정   가 | 24,000원

ISBN 979-11-89757-32-8(93580)

이 책에서 내용의 일부 또는 도해를 다음과 같은 행위자들이 사전 승인없이 인용할 경우에는
저작권법 제93조 「손해배상청구권」에 적용 받습니다.
① 단순히 공부할 목적으로 부분 또는 전체를 복제하여 사용하는 학생 또는 복사업자
② 공공기관 및 사설교육기관(학원, 인정직업학교), 단체 등에서 영리를 목적으로 복제 · 배포
   하는 대표, 또는 당해 교육자
③ 디스크 복사 및 기타 정보 재생 시스템을 이용하여 사용하는 자

※ 파본은 구입하신 서점에서 교환해 드립니다.